科学第一课
彰显科学价值 · 开启精彩人生

潘建伟 ◎ 主编

科学出版社
北京

内 容 简 介

"科学与社会"研讨课是中国科大新生的"开学第一课",也是"科学第一课"。本书汇集了中国科大"科学与社会"研讨课开设以来近年的演讲报告精华内容,涉及能源、化学、新材料、生命科学、量子通信、医学科学、地球科学、信息科学及人工智能等前沿科技和院士专家们的人生感悟,并对科学领域的发展趋势和科技进步在人类社会发展中的作用等方面也作了详细阐述,可以很好地拓宽学生的眼界和格局,帮助学生了解未来科学的发展趋势、人类可持续发展所面临的问题与挑战等,并从中感悟科技发展的历史与作用,极大地增强学生的责任感和使命感,有助于新时代在校学生树立正确的人生目标和发展方向。

本书内容涵盖面广、权威性高、可读性强,可作为在校大学生、研究生的励志类科普读物,同时也可以兼作科技类通识教育读本,能有效地激发学生从事科研的兴趣和热情,还可以作为大学教师教学研究的参考读物。

图书在版编目(CIP)数据

科学第一课 / 潘建伟主编. —北京:科学出版社,2018.8
ISBN 978-7-03-058491-5

Ⅰ.①科… Ⅱ.①潘… Ⅲ.①科学知识-普及读物 Ⅳ.①N49

中国版本图书馆CIP数据核字(2018)第181935号

责任编辑:翁靖一 顾英利 / 责任校对:张小霞
责任印制:肖 兴 / 封面设计:东方人华

科学出版社 出版
北京东黄城根北街16号
邮政编码:100717
http://www.sciencep.com

中国科学院印刷厂 印刷
科学出版社发行 各地新华书店经销

*

2018年8月第 一 版 开本:720×1000 1/16
2018年8月第一次印刷 印张:19 1/2
字数:295 000

定价:88.00元

(如有印装质量问题,我社负责调换)

《科学第一课》编委会

中国科学技术大学新生"科学与社会"研讨课
主题报告集编写领导小组

主　　　任：潘建伟
副　主　任：陈初升　蒋　一
执行副主任：周丛照
编委成员：杨　凡　马运生
　　　　　　王晓燕　吴琦来

中国科学院

启科学航程
做国家栋梁

白春礼 题

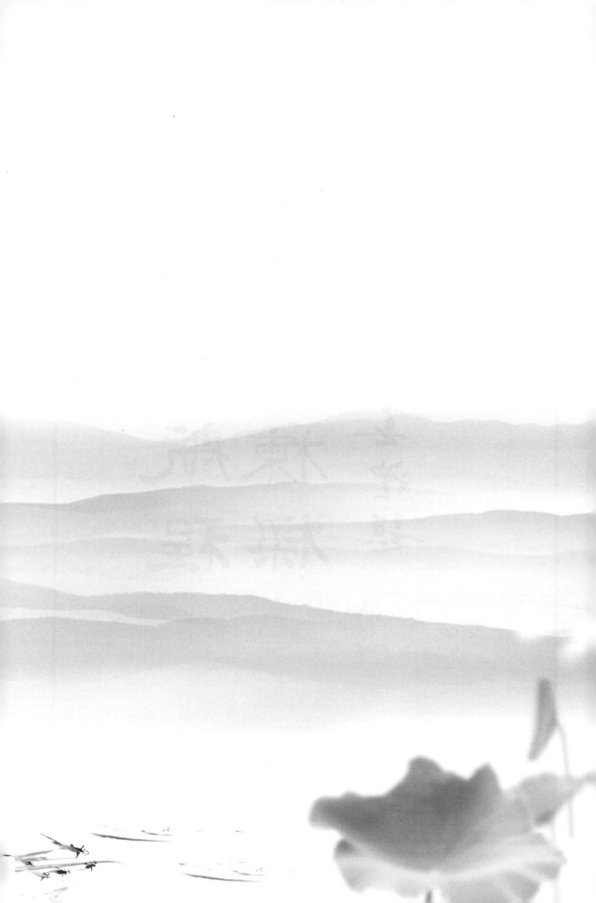

前言

科学技术是第一生产力，这句话大家都很熟悉了。纵观人类历史，科学技术的发展总是深刻地影响着人类文明的进程，推动着社会的发展，改变着世界格局，关乎国家的实力、人民的福祉、民族的未来。

科学之于个人，价值何在呢？在我看来，科学的首要价值，对于个人而言，在于它是赖以达到内心宁静的最可靠途径。为什么这么说？内心宁静的最大敌人，其实就是恐惧和忧虑。人为什么会感到恐惧、忧虑？皆源于未知，找不到自己的归宿。所以人自有意识以来，就一直在追问"我们从哪里来？到哪里去？"或许有人会说，科学的价值体现在现实世界，它可以让我们生活得更美好，但对于精神世界的贡献，可能就有所欠缺了。但是我觉得并非如此。面对浩瀚的宇宙，人们自当心存敬畏；但人类又并非仅仅只能敬畏。在自然界的规律面前，所有人都是平等的，不会因为地位的高低和财富的多寡而改变；而自然界的规律更是可以被理解和掌握的，认识自然、改造自然，正是人类作为万物之灵的标志。对于个人精神层面而言，纯粹的科学探究，足以让人痴迷，足以让人安顿心灵。我想表达的科学或教育的价值，其实早在将近100年前梁启超先生就已经告诉我们了。在谈到为学与做人时，他认为，教育应分为知育、情育、意育三方面，知育要教到人不惑，情育要教到人不忧，意育要教到人不惧。那么我们现在来看，其实科学正是达到不惑、不忧、不惧的最好方法。

科学之于社会，价值何在呢？我觉得科学不仅能给人带来心灵的自由和安宁，而且科学对于社会来说是非常有用的。人类社会是自然界进化到一定阶段的产物，人类社会与自然界既有同一性的一面，又有超越性的特征。人有思维，人有观念，人不单单是自然存在物，更是社会存在物，人的本质是一切社会关系的总和。科学之于社会的价值，除了我在本文开头说的几个方面以外，我认为还可以促进社会观念的革新。

大家知道，人类物质文明的迅速发展大约始于16世纪。而在此之前的漫长岁月里，为什么发展那么缓慢呢？虽然这涉及多方面因素，但观念的束缚无疑是相当重要的原因：面对自然界不敢甚至不愿去探究其背后的根源，反而认为一切都是上天的意志。近代科学的发现逐渐改变了这一切，尤其是1687年牛顿发表了巨著《自然哲学的数学原理》，将一切力学规律都统一为一个简单的公式 $F=ma$，再结合万有引力定律，人们忽然发现，原来神圣星辰的运行，居然都是可以计算的！观念的改变带来的是思想的解放，思想的解放带来了生产力的解放，直接导致了以蒸汽机为代表的第一次工业革命，而英国在这次变革中成为了世界头号强国。后来到了19世纪，在法拉第发现电磁感应效应等的基础上，麦克斯韦于1864年创立了经典电动力学，将一切光、电、磁的现象都统一为一个方程组。至此，人们能够亲身体会到的绝大多数现象都可以得到科学的解释，科学终于战胜了迷信，随之而来的，是以电力技术为代表的第二次工业革命，德国和美国在这次变革中相继成为世界强国。20世纪初，爱因斯坦相对论和量子力学薛定谔方程，动摇了牛顿经典力学的机械决定论，量子力学立即带来了一种革命性的观念：观测者的行为可以影响体系的演化！这种更加积极的观念，终于使人们意识到，微观粒子的运动规律完全不同于经典物体，而对像电子这样的微观粒子规律的深入认识，最终催生了现代信息技术，引发了第三次工业革命，在这个过程中，日本抓住了机遇成为了工业强国。如今，中国迈步进入了中国特色社会主义新时代，我们比历史上任何时期都更接近中华民族伟大复兴的目标，比历史上任何时期都更有信心、更有能力实现这个目标。中国要强盛、要复兴，就要更加重视科学技术对社会观念的革新作用，进而通过观念的进步推动科学技术的进步，努力成为世界主要科学中心和创新高地。

一直以来，中国科大努力争做高校科技人才培养的"排头兵"。"科学与社会"研讨课是中国科大新生的"开学第一课"，也是"科学第一课"。在课上，名师大家的引经据典、旁征博引促使着创新思泉的迸发；同学们各抒己见，集思广益促成创造思想的裂变；台上台下热情广泛的互动促使革新思维的推陈出新、吐故纳新。"百家争鸣"的舞台，激发着中国科大人无限的创新活力与文化自信。这门课很好地将科学之于个人和社会的价值有机地结合起来进行阐释，旨在引导同学们顺利地完成从中学到大学的转变，帮助同学们树立正确的世界观、人生观、价值观，培养科学精神和人文情怀，学会独立思考、自主学习，不断提升创新能力，成长为有理想、有追求，有担当、有作为，有品质、有修养的青年。

一代青年有一代青年的历史际遇。2016年4月26日，习近平总书记考察中国科大时强调："青年是国家的未来和民族的希望，年轻人在学校要心无旁骛，学成文武艺，报效祖国和人民，报效中华民族。"国家的前途，民族的命运，人民的幸福，是当代中国青年必须和必将承担的重任。在新的历史潮头上，青年一代应勇敢肩负起时代赋予的重任，志存高远，努力在实现中华民族伟大复兴的中国梦的生动实践中放飞青春理想。

本书是根据中国科大"科学与社会"研讨课开设以来近年的演讲报告精华内容，摘录并编辑而形成的一部励志类科普读物，同时也可以兼作科技类通识教育读本。希望这门引领求学方向、启迪生命智慧的课程，不仅可以持续地影响中国科大一代又一代的学子，而且还能惠及全国的大学生，乃至更广泛的读者群体，让他们也能在人格、人生发展的关键阶段分享到这门课的精华。

本书得以成功出版，首先要特别感谢本书每篇的演讲嘉宾，经他们的积极支持，百忙中认真校稿，才使得本书内容日臻完善，在此谨对他们的赤诚之心和无私付出深表感谢！此外，还要感谢中国科大教务处的积极组织，正是在他们的热心推动下，才将"科学与社会"研讨课的演讲视频顺利转录成文字版。

今年恰逢中国科大"六十周年校庆"，为及时成书，难以将所有的演讲报告都收录进来，书中也难免有疏漏和不足之处，敬请广大读者批评指正！

2018年8月2日

目录

包信和 开学第一课 /1
侯建国 可持续发展与科技创新 /23
万立骏 大学和大学生活的思考 /51
潘建伟 探索的动机 /63
饶子和 技术创新与创新成果——病毒与新药 /93
蒲慕明 大脑的可塑性——从突触到认知 /107
王中林 科学研究中的原创与创新 /131
赵启正 时代在呼唤你们 /149
刘修才 生物仿生材料的研究和应用 /161
孙立广 气候与环境变化 /171
李卫平 信息科学与社会发展 /189
罗　毅 做・学・问 /207
曹雪涛 中国医学科学发展与协和贡献 /217
周忠和 我们的好奇心都去哪儿了 /237
韩启德 医学不仅是科学 /249
刘庆峰 智能语音与人工智能的今天和我们的创业 /263

包信和　　中国科学院院士

中国科学技术大学校长

1959年8月生于江苏省。1987年毕业于复旦大学化学系，获理学博士学位；1989年获"德国洪堡研究基金"资助，在德国马普协会Fritz-Haber研究所进行合作研究。1995年回国，任中国科学院大连化学物理研究所研究员。2000—2007年任中国科学院大连化学物理研究所所长，2009—2014年任中国科学院沈阳分院院长。2015年7月至2017年6月任复旦大学常务副校长，2017年6月起任中国科学技术大学校长。中国科学院院士、发展中国家科学院院士、英国皇家化学会荣誉会士、全国人民代表大会常务委员会委员。

主要从事能源高效转化相关的表面科学和催化化学基础研究，以及新型催化过程和新型催化剂的研制和开发工作。在国际上首次提出了"纳米限域催化"概念，并在天然气（甲烷）直接转化制高值化学品和煤基合成气直接制低碳烯烃等研究领域取得重要研究进展。先后在Science等SCI刊物上发表学术论文650余篇。曾荣获国家自然科学奖二等奖、何梁何利"科学与技术进步奖"、周光召基金会基础科学奖、中国科学院杰出成就奖，以及国际天然气转化杰出成就奖和德国催化协会催化成就奖、2018年度陈嘉庚化学科学奖等诸多奖项。

科学第一课
KEXUE DIYI KE

开学第一课

主持人：

  各位同学上午好。我是教务处的周丛照。下面由我来主持"科学与社会"新生研讨课的第一堂报告。第一堂报告的报告人是我们的校长包信和院士。

  "科学与社会"研讨课，主要是为了帮助各位新同学尽快地适应大学生活。我们的课程总共是20个学时，1个学分，主要包括两部分内容：第一个部分是主题报告，在本学期和下学期，我们会安排六堂左右的大报告，第一场报告由我们的校长来作，后续报告的报告人包括：我们的常务副校长潘建伟院士、中国医学科学院院长曹雪涛院士（现为南开大学校长——编者注），以及一些其他各个领域的知名专家；第二个部分是讲座结合研讨，我们的1800名大一同学将被分成106个小组，由我们在校内挑选106名科研和教学都做得非常好的老师担任主讲老师，以讲座的形式，结合讨论，开展5~6次活动。最后，每个小组以一个学生汇报的形式来展示研讨成果。这是我们新生研讨课的整体安排，这门课将持续整个学年。

  我们知道，包老师是著名的化学家，是我们的新校长。下面，我们用热烈的掌声欢迎包校长给我们上第一堂课！

各位同学，大家早上好！

  很高兴、也很荣幸今天能有机会来到这个讲堂。刚刚主持人已经介绍了，我是新校长。新到什么程度呢？比你们早不了多少，我是今年6月份到中国科大的，算起来到现在也才两个多月时间，所以我也是中国科大的新人。今天有机会来作这场关于"科学与社会"的新生研讨课报告，我想分享一些我自己的体会，跟大家交流和讨论，谈一谈我们科学家的责任和义务。今天，我不想以非常正式的科学报告的形式跟大家讲，我想跟大家谈谈心。

  昨天下午我在北京举行的ChinaNANO国际会议上作了个报告，晚上才回到合肥。ChinaNANO是一个规模很大的国际会议，每两年举办一次，每次会上设五个大会报告，通常其中只邀请一位中国科学家作大会报告。今年，我非常荣幸被邀请作了大会报告。昨天我作报告的时候大概有两千多人，世界各地的相关学科的科学家来听我讲我们的纳米故事，昨天报告的部分内容我今天也会跟大家讲，同时，我也想跟大家交流一下我对科学与社会的一些体会。因为大家刚刚进入中国科大，所以我想先介绍一下中国科大的校史和中国科大最近的一些进展。我自己也是通过这个介绍，一边学习，一边领悟。

一、中国科大的发展简史

中国科大是1958年在北京建立的。老一辈革命家和科学家建立这个学校的初衷就是为中国的"两弹一星"发展培养合适的人才。可能大家会问，为什么造"两弹一星"就一定要创立这样一个学校呢？这就跟我们中国当时的国情有关。解放之初，我们国内的大学，无论是国立公办大学还是从私立大学转为公办的大学，基本上都是以文科和商科为主。因为中国在清朝和民国时期，科学技术相对不发达，在自然科学方面的教学和人才培养是非常欠缺的，没有形成体系。新中国成立后，我们跟苏联，也就是现在的俄罗斯，合作关系非常好，从他们那里了解到了"两弹一星"。但其中所涉及的都是当时的科学前沿问题，而我们中国的大学没有所需的学科基础，更谈不上培养专门人才，在这样的形势下，我们的党和国家领导人以及最早从世界各地回来的老一辈科学家，形成了一个共识：我们一定要办一所自己的大学来为造"两弹一星"培养我们自己的人才，当时的中国科学院就向中央建议：建立科学技术大学，所以才有了1958年我们中国科大的创办。中国科大在诞生之初就得到了周恩来总理和当时负责军事科技的聂荣臻元帅的高度重视，聂帅亲自参加开学典礼，迎接新同学。第一任校长是时任国务院副总理、中国科学院院长的郭沫若先生。

到2018年，正好是我们学校成立60周年。大家知道，在中国的传统文化里，"六十一甲子"是非常重要的纪念日。你们刚刚入校，就恰逢我们中国科大马上就要启动的"校庆年"系列活动。1958年中国科大的开学典礼是在9月20日举行的，所以我们今年的9月20日到明年9月20日，这一年时间里，学校会举行各种庆祝活动。我也希望我们在座的新同学在校庆年当中，积极参加各项活动，群策群力，把我们这个校庆搞得轰轰烈烈、充满创意。

1978年，我们中国科大还办了一件有意义的事——开办少年班，当时这件事得到了邓小平同志的认可和美籍华人李政道先生的支持。大家应该都听说过我们中国科大少年班出过很多赫赫有名的人物，可能他们的故事也曾激励过我们中学期间的学习热情。在我们中国科大之后，全国大概有20多所高校也都相继办起了少年班，但到现在过去了近40年，至今还在办少年班的只有两所大学，一所就是我们中国科大，另一所是西安交大。从各方面反映来看，少年班办得最成功的还是我们中国科大。我们现在每年在全国范围内招生大概50人左右，今天我们在座的少年班同学能不能举起手？我祝贺你们成为中国科大少年班的一员。在创办少年班之后，近年来，我们中国科大又创办了创新班。创新班是什么呢？是高二的学生跳过高三学习，经过我们中科大认可后，直接参加高考，达到分数之后，通过一系列的笔试和面试被我们中国科大录取，这就是我们创新班的学生。那么我们看看哪些同学是创新班的？我也祝贺你们。少年班和创新班的同学们，应该都是十五六岁、十六七岁年纪，这就是我们中国科大办学的一个特色，我们希望能把中国科大的这个特色保持下去。我认为一所学校办学的重点不在于"大"，重点是要有办学特色！中国科大的少年班、创新班，不仅是在中国，而且在世界上都有很高的知名度。我待会儿还会跟大家介绍从我们少年班出来的杰出人才，其中有很多在美国做院士，在中国做院士，都是在国内外学术界非常知名的学者。

大家都知道中国"985"、"211"高校这个说法，也就是说，中国高校根据办学情况是有分类的，下面我就要跟大家讲讲跟中国高校有关的两件事。第一件事是中国正在部署的"双一流"建设。"双一流"就是"世界一流大学，世界一流学科"，这两个部分连在一起就叫"双一流"大学。这样，中国就会出现"一流大学"建设和"一流学科"建设的高校，我们中国科大已经被列为"一流大学"建设的高校之一。这样，未来若干年之内，我们就是要按照习近平总书记的要求，扎根中国大地，建设世界一流大学。第二件事是十八大以后，大家可以看到习近平总书记在很多场合都在讲要建国家实验室，现在这件事正在逐步落实。不出意外的话，我们中国科大将是我国第一个国家实验室依托建设的高校，这个实验室可能会叫"量子信息科学国家实验室"。大家可能对美国的情况也有所了解，美国国家能源部承建了三十多个国家实验室，美国的好多大学就是借助国家实验室发展壮大起来的，比如斯坦福大学，在二战以前没什么特别的名气，但是借助运行国家实验取得了很多优秀的成果，国际声誉也迅速获得提升。包括劳伦斯伯克利国家实验室，以及之后许多的国家实验室情况都比较相似。因为大学与国家实验室结合就有了很大的优势，可以使大学进入发展的快车道。我们中国的国家实验室要达到什么规模呢？按照现在的设计，第一阶段研究人员大概要达到2000~3000人的规模。我们中国科大现在教职员工大概也就是两千多人，而这个国家实验室一步就要达到这个规模。在离我们中国科大不远的高新区，我们有一片新的园区，在那里，就要建设国家实验室。这是国内科学界一件非常重要的事情，当然更是我们中国科大发展史上的一件大事。

可以说，我们中国科大的校史是一部爱国史、奋斗史和创业史。刚刚我们讲了，1958年中国科大创建的初衷就是为了服务"两弹一星"，所以我们的老校长郭沫若先生提出了"红专并进，理实交融"的校训。后来"两弹一星"元勋钱三强院士，把"红专并进"用数学的方法描述了出来。他说，这个"红"，就是矢量的方向，这个"专"就是矢量的长度。我们都知道矢量和一般的数字不一样，它既有方向又有长度，方向不对，再长也没有用，所以说这个"红"很重要，但是方向是对了，如果长度不够，也达不到目标，所以才要"红专并进"。用我们的理科术语来解释，就是既要方向正确，还要做强做大。这么多年过去了，中国科大很好地坚持了这八字校训。

大家看看这个会堂，最多也就能容纳2000人左右，我们中国科大的这一届全部新生都坐了进来。大家有没有想一想这说明了什么呢？国内的其他高校，无论是"211"还是"985"高校，每年的招生规模通常都要远远多于2000人，比如吉林大学，差不多招11000人左右；浙江大学是6000多人，北大、清华招的学生相对少一点，大概也要有3500人左右；复旦大学原来是招3000人左右，他们的目标是到2020年左右，能够把招生数扩大到3500人。而像我们中国科大这样，每年的招生规模都控制在2000人以内，准确地说指标是1860人，国内找不到第二所。我看到过1958级到1960级学生的毕业照，当时一届学生的人数就是1600人，到了1999年增加到了1850多人，经过几十年的发展，中国科大一直没有扩招，始终保持着精英教育模式，在北京、上海、苏州这几个地方中国科大也设立了几个研究院，而在校的本科生四个年级加起来，还不足7500人，仅相当于有些大学本科生一个年级的人数。我们中国科大是研究型大学，研究生的数量大概有15000多人，

加上前面讲的2000左右的教职员工，从规模上来说，应该说中国科大在国内不是很大的大学，但是从人才培养和学术排名来说，我们中国科大是很有优势的。从学校园区面积来看，我们中科大也不是一所很大的学校。我们高新园区的新校区会相对比较大一些，加上已经建成的中国科大先进技术研究院和将要建设的国家量子信息科学国家实验室，大概有2500亩左右，这边老校区三个园区大概有2000亩土地，加起来大概也就4500亩土地，在国内这个面积也还是比较小的。我们安徽的黄山是举世闻名的风景名胜，但在国内它并不是最高的山，可黄山却因峰峰秀丽、处处有景，吸引了络绎不绝的中外游客。那么我们办中国科大，也要发展成这个样子，不求最大，但要"峰峰秀丽、处处有景"，我们不同的系科、不同的学院，要有自己的特色，不同的学生、不同的个体，从不同的方面都要为学校作贡献。

中国科大是1970年迁移到安徽的，当时的条件比较艰苦，但中国科大就硬是在这个地方扎下了根，并发展壮大起来。这也是我们老一辈的科学家和一代一代中国科大人共同努力的成果。

前面我简要介绍了一下中国科大的发展历程，下面我简单讲解一下中国科大的发展现状，增加一下大家的光荣感和使命感。我自己也刚刚到中国科大，也正在学习。我们中国科大是一所非常值得骄傲的学校，相信大家选择中国科大，一定也是有考虑的，中国科大在世界的各大高校排行中，都是非常靠前的，基本上都是在中国大陆高校中排名在第三至第五位之间，即使是在世界范围内，评价也是非常高的。

这几年，中国科大的各方面发展都是非常不错的，比如，中国科大获得的国家资助项目比例非常高。最近，获批国家自然科学基金项目数，包括国家杰青、国家优青项目，我们中国科大都是在前面，基本上很少落在国内高校的五名以后。如果拿中国科大与国内的其他高校相比的话，北大、清华因为特殊的原因许多方面都有很多优势，我们不跟他们比，但在C9（九校联盟）和华五（中国科大、复旦、上海交大、浙大和南大）中我们还是非常有优势的。我们中国科大有1200多名专任教师，其中两院院士、国家杰青、国家优青、千人计划等这些高层次人才加起来，大概占我们专任教师的30%以上，就是有近400名。这个数字在国内除去北大和清华以外的高校中是绝无仅有的，通过这个数据大家可以看出，近几年中国科大在教师队伍建设和人才培养方面都做得非常好。

我们中国科大在人才培养上有一套独一无二的机制，取得了很多骄人的成绩。近几年国家为了吸引国外的优秀人才回国发展，设立了中组部"青年千人计划"，据统计，在迄今为止所有获得中组部"青年千人计划"资助回国发展的青年才俊当中，有超过10%是中国科大毕业的学生。另外，在今年获得国家杰青和国家优青资助的人当中，在中国科大有过学习或工作经历的人占了很大的比例；其中，在90后的入选者中，我们中国科大占了20%。

我们中国科大有一种说法："千生一院士，硕博七八百"。就是说，每一千名学生中，就会出一名院士，有七八百学生会继续深造。迄今为止，中国科大毕业的学生有6万名左右，其中出了67名院士。邓中翰、潘建伟、庄小威、谢毅就是我们中国科大培养出来的杰出学者的代表。谢毅院士不光是当年新晋院士中年纪最轻的女院士，也曾经是最年轻的中国科学院院士。按照这个趋势，你们这两千名学生中，未来最起码要产生两名院士。我们中国科大"千生一院士"的业绩是全国其他学校达不到的，恰恰说明我们中国科大的人才培养是"少而精"。

那么，我们中国科大的学科建设怎么样呢？这方面大家现在可能还不是很关心，实际上我们有不少学科在世界上的排名都是在前一百名以内，比如物理、化学、材料等，这几个方面在全世界700多所参加排名的学校当中均位列前55位，这个非常不容易。所以，我们中国科大这方面优势是非常值得骄傲的。

平台建设方面，国内最重要的要算国家实验室了。讲到"国家实验室"，目前，国内仅有我们中国科大同时具有两个国家实验室，一个是"国家同步辐射实验室"，另一个是"合肥微尺度物质科学国家实验室（筹）"。我前面讲到了国家将要建设真正意义上的国家实验室这件事。按照总书记提出的要求，中国科大建立国家实验室以后，现有的国内几个冠以"国家实验室（筹）"名头的实验平台都将被更名为国家研究中心。届时，我们的"合肥微尺度物质科学国家实验室（筹）"，将也要更名为"合肥微尺度物质科学国家研究中心"。届时，中国科大将会是国内唯一一所既拥有国家实验室，又有国家研究中心和大科学装置的重点大学。

近几年来，中国科大的原始创新工作也是非常值得称赞的。大家可能都知道，近二十年国家自然科学奖一等奖仅评出了9项，也就是说每年最多1项甚至多年都是空缺，而我们中国科大从2013年以来就拿到了两项国家自然科学奖一等奖。一项是陈仙辉老师和我们的校友、中国科学院物理研究所的赵忠贤院士等人共同完成的高温超导研究成果获得了2013年度国家自然科学奖一等奖；另一项是潘建伟老师在量子科学方面的成果获得了2015年度国家自然科学奖一等奖。三年内连获两项国家自然科学奖一等奖，在国内的大学里是绝无仅有的。在一张去年国家奖的颁奖照片里，总书记后面站着两位专家，一位就是我们的常务副校长潘建伟，还有一位是我们中国科大的校友相里斌研究员。相里斌研究员获得了2015年度国家科学技术进步奖特等奖，也是站在总书记后面。那么也就是说，这一年的两项国家大奖，都跟我们中国科大人有关系。

那么我们的原始创新成果呢？大家都知道暗物质粒子探测卫星"悟空号"，我们中国科大也作出了重要贡献，它的首席科学家是我们中国科大校友、中国科学院紫金山天文台的常进研究员；还有世界首颗量子科学实验卫星"墨子号"，完全是由我们中国科大主导来做的；后面还有量子保密通信"京沪干线"，等等。大家有机会可以到高新区的中国科大先进技术研究院去看看，那里有量子通信"京沪干线"的总控中心，非常壮观。可以说，我们中国科大在这一领域不仅是国内最好的，在国际上也是很有影响的。大家都在预测未来计算机要慢慢过渡到量子计算机，而我们中国科大现在已经在国内处于独一无二的领先地位，在国际上也具有很高的影响力。我们的校友企业"科大讯飞"，在智能语音和人工智能方面做得很不错，2017年被评为世界上最具创新能力的公司（"全球50大最聪明企业"）之一，排名全球第六，中国第一。此外，我们中国科大还有很多原创性成果实现了应用转化。

我们一直在说中国科大是中国科学院主办的大学，为什么要强调是中国科学院主办的呢？这与国内的其他高校有什么不一样呢？中国现在的大学基本上都是由教育部主办和主管的，而在十几年前，各个部委也都曾经有大学，比如交通部的大学、机电部的大学，后来国家教育体制改革，各个部委的大学有被划归教育部或被划归到地方，现在，除了教育部的大学以外，剩下的就是工信部的几所和我们中国科学院主办的两所大学，一所就是我们中国科学技术大学，还有一所是中国科学院大学。国科大在北京，是中国科学院创办的一所以研究生培养为主体的新型高等学校，有很好的前景。而我们中国科大已经有比较长的历史，也是

"985"和"211"高校,马上也会进入创建"世界一流"大学的行列。与教育部的大学相比,我们中国科学院的大学有中国科学院一百多个研究所作后盾,而这一百多个研究所,恰恰就是我们国家创新的重要动力所在;有了这一百多个研究所,我们中国科大就可以建立"三段式"的人才培养模式。很多同学在中国科大校园学习三年,接下来的一年可以到中国科学院的研究所参加实习。这些研究所的技术都是一流的,研究所的科学家也都是一流的。所以大家来到中国科大之后,既能够享受到我们中国科大优质的教育资源,同时还兼得了中国科学院研究所的高技术实训机会,这一点大家在报考大学的时候可能是没有想到的。我们现在还在逐步与中国科学院的研究所进行科教融合,也就是说,有些研究所的研究生培养逐步归属到我们中国科大,研究所的研究生培养方案由中国科大统一制定,实行统一标准,由中国科大颁发毕业证书和学位证书。这样,我们中国科大的整体科研力量会大幅度增强。以上就是我们中国科大的一些基本情况。

二、新时代大学的责任

下面我讲讲我对大学责任的认识。我们的大学是由国家开办的,是国家财政支持的。今天在座的各位虽然也交了一些学习费用,但是这些费用与国家的投入相比还是非常有限的。比如大家的住宿,学校收取的费用与市场行情相比也仅仅是象征性的。那么我们开办学校所需的钱是从哪儿来呢? 是纳税人的钱,大家脑子里一定要记住这件事!为什么我们要讲"科学与社会"呢?进了大学,大家一定要知道中国科大是为谁培养人才?中国科大培养的人才是为谁服务的?不是说我来了大学,我就自己奋斗。即使大家毕业后要到国外发展, 比如去美国做博士后、做教授,大家也要记住,我们起步是祖国给的,是国内纳税人培养我们上的大学,我们是在祖国学到了基本知识才有机会到美国发展。我并不是说大家到美国去之后一定就要回来回报,要把美国的技术带回到中国来,而是一定要有家国情怀,要知道我们是中国人培养的,中国是我们的祖国!

在中国,我们大学的责任,除了对世界的科技发展有所贡献以外,还要为中国未来的经济和社会发展,实现中华民族的伟大复兴作出贡献。大家通过中学阶段的学习,肯定对我们国家的历史和国情都有一定的了解。中国曾经非常强大

过，在19世纪，中国的GDP曾占世界总量的33%。也就是说全世界1/3的财富在中国。但后来这个比例就慢慢掉下来了。到1980年的时候，中国GDP差不多仅占全世界的3%~5%。而改革开放以后这个数值又逐步上升，到2011年达到15%，目前是18%左右。所以我们的总书记说，我们比任何时候都更接近中华民族伟大复兴这个目标。以现在这个发展势头，我们经济指标已经超过了欧洲，正在慢慢接近美国。只有达到一个更高的经济发展总量，我们才能讲中华民族的伟大复兴，否则就是一句空话。那么是不是GDP越高就越强大？不是！历史上，中国在GDP达到33%时，仍被八国联军、被日本人侵略。所以，并非是GDP越高、财富越多你就越强大，真正的强大要强在我们的科技竞争能力，我们的核心竞争力上。

三、影响未来世界的创新科技

前几年，中国的GDP一直不断上升，自2015年起基本上是稳定在年增长6%~7%，但是达到10%以后就慢慢降下来了，中国经济呈现出"新常态"（有以下几个主要特点：一是从高速增长转为中高速增长；二是经济结构不断优化升级；三是从要素和投资驱动转为创新驱动）。这是各方面因素决定的，其中一个就是我们经济总量现在很大。打个比方，在10上面增长5%，要增加0.5，如果是100增长5%，就需要增加5，基数大了，增速肯定就会变缓。所以，国外发达国家GDP年增长1%~2%就是非常不得了了。那么什么样的努力、什么样的因素能够促进我们中华民族的伟大复兴呢？一句话，就是要靠创新！从历史来看，世界经济的几次快速增长与几个关键的技术突破是有很大关系的，比如蒸汽机、内燃机，还有互联网技术，可惜的是这些机会我们中国都没能很好地抓住。那么未来有哪些机会我们能够赶上呢？哪些领域我们能发挥出巨大的作用呢？下面我简要跟大家介绍一下最近由国外智库总结的影响未来世界的几大技术。

首先是移动互联网技术。互联网这个事大家应该都知道的。现在几乎是人手一部手机，我们到商店里面去购物，只要手机扫一扫就可以了。现在大家网上购物，物流公司每天要处理成千上万个快递，可以采用机器自动分拣，这些都是通过互联网、物联网、通过大数据和云计算来实现的。未来的发展，要求对数据的处理量非常巨大。我曾经听到一个说法，说未来可能就只有三大科学：一是物质科学,二是生命科学,三是数据科学。虽然我本人并不完全认可这个说法,但最起码说明数据科学在未来会成为非常重要的科学。我们每天的行动、工作,实际上都形成了一些数据。这些大量的数据综合起来,都是有一定规律的,里面就有很多科学的东西。所以大数据、数据科学等,已经变成了一个非常重要的学科。那么未来高端的机器人,比如刚才讲到的科大讯飞的机器人,很有可能在某些方面替代人类,特别是在一些低端、重复性的劳动领域。

最近,我有幸因为我们中国科大的两个项目参加了中央电视台一个叫作"机智过人"节目的开播仪式。我们中国科大的"计算机读片"项目参加了这个节目的录制。具体是做什么呢?让"读片机器人"识读医院给患者拍摄的CT片。目前医院的医疗诊治都是由医生来查看CT片进而做出判断,未来很可能就不是这样,所有的CT扫描数据全部录入计算机,由"读片机器人"来读片。我们中国科大做的这个读片机器人,它的读片能力相当于100名医生。一名医生读一张CT片大概需要5到10分钟左右时间,而我们的读片机器人是把所有的片子都读进去,然后构建出一个三维的模型,很快就能判断出哪里可能有病灶。这次在中央电视台的节目里,现场请来了10名医生与我们的读片机器人较量,结果大家可想而知。医生做出判断靠的是知识、经验和感觉,而机器人是通过在对几万个病例数据的"深度学习"后,形成判断依据和标准。当输入新的片子后,机器人对比数据库中的信息做出判断。还有一个不能忽略的因素是医生在诊治的过程中很可能会受到很多外部因素的影响,但是机器人却没有这个问题,只要输入指令和数据它就会严格执行。

我今天到安徽省立医院去参观了一下我们在安徽省立医院成立的智慧医疗实验室,讯飞机器人正在那里读片子。实验人员还把近几年的医生读过的片子给这个机器人看,据说讯飞机器人还真发现了一些漏诊——医生当时没有指出来的病症,计算机看完这个片子后跟踪了这些患者,发现有些确实是得了这个病。但是,尽管说未来高端机器人是非常大的一个发展方向,但这里面还是存在着很大的问题,包括伦理问题。

接下来,我讲讲自动驾驶汽车。大家知道,现在各大汽车公司和一些互联网公司都在研发自动驾驶技术,并且说自动驾驶汽车很快就可能上路。但实际上除了复杂的技术问题以外,这里面最大的问题是伦理问题和社会问题,比如自动驾

驶汽车发生交通事故该由谁来负责任呢？是自动驾驶的汽车负责，还是由车内的乘客来负责？遇到人员伤亡的事故，没有驾驶员，让机器人承担法律后果也不合适。这个伦理问题怎么解决？我们科学家要解决的是科学问题，但真正能把科学技术用到社会上去，还会有社会问题需要研究和解决。

　　第二大科学领域是生命科学，比如下一代基因组学。我不是生物学专家，这里只简单地讲一讲。我们每个人都是从父母那里获得遗传基因的，实际上遗传物质的量很少，但它所携带的信息量却很大。前几天看到了这样的一个实验，让一台计算机通过人脸识别技术在20个家庭中判断亲子关系，也就是完全根据面部遗传特征来找到哪个父母生了哪个小孩。人的面部特征实际上就是由遗传基因决定的。而人们所患的很多种疾病实际上好多也是由遗传基因决定的，比如遗传病家族史，都是通过基因一代代传下来的。既然我们今天已经知道了遗传的规律，那么未来如果能够实现基因的编辑和改造，去除不想要的特征基因，是不是能够解决遗传病呢？我认为，未来都是有可能的。

　　3D打印技术将对制造业产生重大的影响。传统的加工方法是做"减法"，是一个减材的过程，什么意思呢？比如加工螺丝，最初要准备1000克的金属材料，然后经过切割打磨最后剩下100克的螺丝，而切割掉的900克则变成了废料。而3D打印技术则不同，是增材技术，是增加材料的过程。这个打印过程是从零开始慢慢地逐层地打上去。原理上来说，这个过程本身不产生废料，打上去的东西完全都是结构所需的。而且对于结构非常复杂，特别是车床无法加工的复杂内部结构，3D打印技术都显示出很好的优越性，所以，3D打印技术可能对制造技术的发展产生非常重大的影响。我前不久去东北师范大学附属中学，看到初中生搞出来的3D打印作品，感到非常惊喜。他们自己设计程序打印出来的武士，具有很多非常细小的结构，非常精致，还获得了国家级创新奖。东北师范大学附属中学也给我们中国科大输送过很多优秀人才，我想在座的也一定有从东北师范大学附属中学来的学生吧。

　　在农业方面，农业的耕种方式经过几千年一直没有很大的变化，需要阳光、水和土壤，那么未来的耕种方式可能会怎么变化呢？比如立体农业，把作物一层层地叠起来；比如改进光照技术，使用LED技术选取植物生长所必需波段的光源进行光照，提高作物吸收的效率。

还有纳米技术。前面也跟大家讲了，中国举办了ChinaNANO的国际会议，新型的纳米材料石墨烯、碳纳米管、C_{60}等未来也都会起到非常重要的作用。

储能技术也是非常重要的发展方向。现在我们都很关注环境问题，比如汽车尾气的减排，如果能用上电动汽车不就解决了这个问题吗？现在确实有很多人开始用电动汽车，但是现在的电动汽车行驶里程不够，比如充一次电，车子一般才行驶一百多公里，那从合肥到北京，到上海，这么远的路程需要充好几次电，并且每次充电的耗时以小时计，这就限制了电动汽车的发展。目前的电动汽车更适用于家庭日常生活的代步，未来电动汽车的发展储能技术将起非常重要的作用。

以上就是面向未来发展的一些创新技术。

大家看一看，我们身边每天使用的、接触的东西，比如计算机、摄像机、手机，有哪些核心技术是我们中国人发明的，而且掌握在我们中国人手中的呢？比如苹果手机，虽然大量的苹果手机都是在中国组装的，但是我们拿的利润是多少呢？只有1.8%，而60%的利润都被苹果公司拿走了，因为他们持有手机相关的专利。中国的企业承担了手机制作过程中最艰苦的工作，却只拿1.8%的利润，就是因为我们没有掌握核心技术。但就仅仅是这1.8%的利润，还有很多其他国家，比如柬埔寨、越南，在跟我们竞争。所以作为科技工作者，我们要承担起我们的社会责任和义务，要加速知识创新，要取得我们自己的知识产权，在未来让我们中国人也能拿60%的利润。

No.4 四、我的"能源梦"

我一直是做能源方面研究的，那么下面我就讲讲我自己的梦想。

能源对人类发展非常重要，小到我们每天用的手机、室内照明、家用电器、电子设备，大到飞机发动机，卫星上天的火箭推进器，都需要能源，所以能源在方方面面都是非常重要的。目前，世界总体的能源格局大概30%以内是煤，30%左右是石油，20%~30%是天然气，剩下的是其他能源和新能源。

我们中国的能源格局和世界的不一样，当今，中国能源中的近70%还是煤，20%左右是石油，天然气只占1%~2%。世界上每个国家都有各自的能源发展战略，所以我们不能盲目跟美国、跟欧洲比，因为他们的资源结构同我们中国完全不一样，美国现在大量使用天然气、页岩气和页岩油，而欧洲主要用可再生能源，比如德国人搞风电和光电，法国搞核能，还有南美的巴西是在搞生物质能源。那么，我们中国到底要怎么做呢？首先，我们看看中国的能源现状。我们中国的能源有几大问题，一个是我们能源供给不足，特别是液体能源供给不足。中国现在一年消耗的石油大概是5.5亿吨左右，我们自己仅能开采2亿吨左右，也就是说近65%的石油要靠进口，相当于我们开车加1升油，里面近0.65升是从国外进口的。那么美国的石油进口比例是多少呢？以前也就是30%多。中国的石油进口量是每年3亿多吨，如果用10万吨级的船舶运输，那么就是平均每天要有十几艘油轮把石油运来中国。所以说，石油是人类社会生产和生活不可缺少的能源，是关乎我国经济命脉的战略资源，在国际石油资源争夺日趋激烈、国内石油资源储藏有限的形势下，开发新能源、解决我国能源问题是我国科学家们的使命。

下面，我们再看看如何把油变成化学品。原油要经过炼制，转化成汽油、柴油以及其他化学品。我先要问问大家了，谁能讲一讲汽油和柴油有什么不同？（学生A说：汽油和柴油的碳链长短不一样。）有没有人能讲清楚汽油这个碳链短到什么程度？你这个基本意思讲到了，但还不精确。（学生B说：汽油一般是5~10个碳，柴油一般是11~25个碳。）谁能讲得更精确一点？（学生C说：汽油是8~10个碳，柴油是12~16个碳。）这个答案就基本上对了。开车加油的时候，加油站有95号汽油和92号汽油的标志。这个92或95号叫辛烷值，是指汽油抵抗震爆的指标。辛烷就是具有8个碳的烷烃。而对柴油而言相似的指标就叫十六烷值。十六烷，顾名思义就是说具有16个碳的烷烃。汽油、柴油是怎么来的呢？原油经过蒸馏处理和催化裂解，按照碳链的长短被分成不同的产物，2个碳原子的就是乙烯，乙烯是非常重要的基础化工原料；3~4个碳原子的就是我们家里用的液化气；8个碳原子左右的产物就是汽油；16个碳原子左右的产物是柴油等。我们中国的石油储量很少，人均只有大概2吨左右，一辆车子如果行驶里程多一些的话，一年就要用掉几吨油。我们中国储量比较多的是煤。接下来的问题就是有没有可能把煤变成我们短缺的油呢？煤的主要元素是碳，油的主要元素也是碳，有没有办法可以把煤变成我们需要的化工产品？我们化学家就做了这件事，先把煤变成合成气，再把合成气催化合成汽油、柴油、芳烃等。除此以外，天然气，还有地球上大量生长的生物质，以后也是生产汽油、柴油、芳烃的原料。未来我们还能把二氧化碳也变成汽油、柴油、芳烃等。我们中国科学院的一个研究所已经在宁夏的宁东地区建造了年产400万吨油的装置。我们现在的年进口量是3亿吨，如果能够建造30~35个400万吨油的装置，就可以替代一半的进口。总书记在2016年7月19日也亲自去视察了宁东的装置。第二件重要的事情就是生产乙烯。现在乙烯的生产都是以石脑油为原料，它是石油蒸馏产生的介于汽油和柴油之间的馏分。通过催化裂解把石脑油的碳链"剪短"，"剪"成2个碳，就是我们所需要的乙烯。我之前所在的大连化学物理研究所就一直在做煤基合成气转化制烯烃技术的研究，以替代石脑油为原料生产乙烯的路线。为什么要做这方面的研究呢？大家知道，要生产1吨乙烯，需要用到3吨石脑油原料；而炼制3吨石脑油需要10吨的原油，也就是说10吨的原油才能炼出1吨乙烯（当然，不是说10吨原油就炼1吨乙烯，它还能炼出其他产品，而是需要这么大的炼油能力）。采用大连化学物理研究所的技术，未来就可以实现以煤为原料生产烯烃，按照现在的生产能力，用煤生产1600万吨的乙烯相当于替代1.6亿吨的原油炼制能力获得的石脑油。

　　煤制烯烃过程有一个很大的问题，就是需要加氢。那么多氢从哪儿来呢？现在的技术是通过一氧化碳与水反应，从水中置换出氢，同时一氧化碳转化为二氧化碳。就这一部分来说，生产1吨的乙烯，大概需要消耗3吨水，放出6吨二氧化碳。生产其他的化学品，比如甲醇，也都会放出大量二氧化碳。大家都知道煤化工的一个问题是二氧化碳排放，二氧化碳是温室气体，大气中二氧化碳含量的提高加剧了温室效应，是造成全球气候变暖的主要原因。煤化工的另一个问题就是耗水。这两个问题不解决，就会破坏环境、破坏生态，这样发展下去国际社会也不会同意，中国的煤化工就走不远。

　　那么，我们能不能不耗水来做煤转化呢？这也是我一直在做的研究，下面我就来讲一讲。大家一讲到煤化工，就会提到两个非常重要的德国人，Fischer和Tropsch。他们在20世纪20年代就发明了一个把煤变成油的工艺——费托（F-T）合成（图1），此后"费托合成"就变成了这一领域的"圣经"。说到这里还不得不说德国人在20世纪前半叶在科学上确实取得了非常多的成就，比如普朗克提出了量子理论，爱因斯坦提出了相对论，哈伯发明了合成氨，纳塔等发明了聚乙烯等，如今德国在新技术方面的创新报道少了，现在世界技术创新的中心已经慢慢移到美国去了，那么从我们发展的趋势来看，未来这个中心也完全有可能迁移

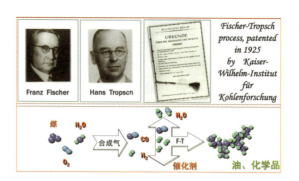

图 1 传统的合成气转化的费托（F-T）合成

到我们中国。我希望你们这代人能够参与其中。还是回过头来讲催化，催化是一项非常神奇的研究，例如，都是以一氧化碳和氢作为原料，用不同的金属和化合物作催化剂，得到的产物却完全不一样。采用基本一致的反应条件，30个大气压，200~300℃，如果把催化剂稍微变一变，甚至不改变催化剂，只是把组分的含量稍微改变，添加剂稍微改变，得到的产物也会完全都不一样，这就是催化的魅力所在（图2）。那么"费托合成"究竟是个什么过程呢？我简要讲一下：采用金属催化剂，气相中的一氧化碳吸附在催化剂金属表面上后，这个碳原子和氧原子中间的键就"剪"开了，在表面形成氧原子和碳原子；当氢也吸附在催化剂金属表面上时，解离成两个氢原子，解离的氢原子与氧原子反应生成一个水分子，并且从催化剂表面释放出去；在这一过程中，从水中置换出的宝贵氢又与氧原子反应生成了水，也就是说这一过程需要一个水循环；另一个过程是碳碳的偶

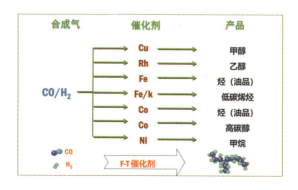

图 2 催化剂对煤转化过程的神奇调控

联反应，在费托反应中的碳碳偶联遵循统计规律，所得到的产物有两个碳、三个碳的烃，还有碳链更长的，这个反应产物的分布被称为ASF分布，产物中既有乙烯、丙烯，也有汽油、柴油，很难得到高选择性的目的产品。这个技术经过了90多年的发展，以制低碳烃（C_2~C_4）为例，目前选择性最高不会超过58%。换言之，如果你想生产低碳烯烃，原料气100个碳原子只有20个碳原子能够变成我们需要的产物，所以说这个反应的选择性非常差（图3）。

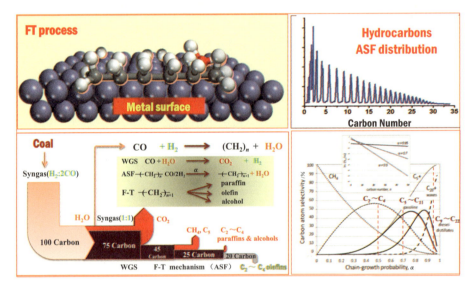

图3 费托（F-T）合成的机理和极限

我在大连的研究组一直在做煤基合成气制烯烃的工作，到现在差不多有十年时间了。最近，我们发明了一种新的催化剂，应该说是一个完全创新的催化剂体系。我们把氧化物和分子筛耦合起来用到了合成气制烯烃的反应中，结果发现，产物基本上都是C_2~C_4的烃类（包括烷烃和烯烃），选择性可以达到90%以上（图4）。前面我讲到，费托合成的选择性最高是58%，而我们的技术远远超过了这个数值，并且催化剂也非常稳定，这是世界上从来没有报道过的。我们做了大量的基础研究工作，现在已经基本上把这个反应的机理搞清楚了。催化剂中的部分还原的金属氧化物起了非常重要的作用，一氧化碳在氧化物的表面缺陷位活化，解离成表面氧原子和碳原子，由于氢分子不容易在氧化物表面吸附和解离，

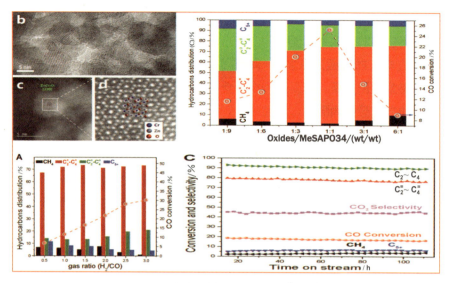

图4 合成气转化新概念 (Ox-Zeo)

这样一氧化碳解离形成的表面氧原子与气相或吸附态的（还不是非常肯定）一氧化碳反应，生成二氧化碳离开表面，同时，气相氢分子（还未获得确切的实验证据）与表面碳原子反应生成烃类中间体（初步实验证明是OC—CH_2类烯酮），这类中间体不能在氧化物表面稳定存在，生成后即从氧化物表面脱附，进入偶合在一起的分子筛孔道中。利用分子筛孔道限域和择形特性，我们就可以高选择性地制备出我们所需要的产物。使用的分子筛孔道大，就容易形成大分子的产物，反之孔道小就会得到小分子的产物，也就是通过控制分子筛的孔道大小和酸性，就能控制反应产物的分布（图5）。我们的实验证明原料中的100份碳，有43份会生成我们希望的低碳烯烃目标产物。与费托合成相比，这个数值是非常有优势的。德国人所发明的费托合成是用铁或者钴（氧化物或碳化物）作催化剂，在这类催化剂的表面既发生一氧化碳的活化，又要发生碳链增长的偶合反应，有点像小孩子玩跷跷板游戏，一侧是转化率，一侧是选择性，反应的转化率高了，选择性就降低了，二者不能兼得。而我们发明的复合催化剂体系，把一氧化碳活化和碳链增长的反应分开，就可以实现同时提高选择性和转化率（图6），同时，由于采用另一个CO分子消除CO解离后留在催化剂表面的氧原子，在CO_2排放量与F-T过程相同时，我们这个过程不需要水循环，也就是说反应过程不需要水参与（当然

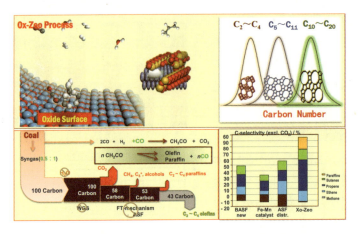

图 5　Ox-Zeo 过程反应机理和产品高选择性机制

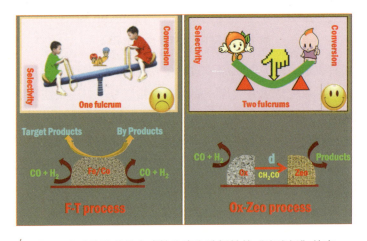

图 6　突破传统 F-T 合成转化率和选择性的"跷跷板"效应

反应工艺中还需要水进行包括冷却在内的不同环节)。2016年我们的这项研究工作发表在 Science 上以后,得到了国内外学术界和产业界的广泛关注,专家评论认为,我们发明的这一方法(我们命名为Ox-Zeo路线)未来很有可能使整个一碳相关的化学工业发生改变(图7)。

目前,一碳化学中一个关键过程煤转化制烯烃的技术有三条线路:一是通过甲醇的方法,一是用费托的方法,还有就是我们的这个直接转化的方法。我们这个方法在节水和提高产品选择性方面有明显优势,那么大家可能马上就会问,为什么说这个过程可以不用水或者少用水呢？大家知道，煤化工中煤首先要经过气化制成合成气，变成了氢气和一氧化碳，一般说来，氢气和一氧化碳的比例是0.5：1。我们要从1个一氧化碳和0.5个氢气出发，想办法得到一个碳原子和两个氢原子组成的结构，使它们进一步偶联起来就是汽油、柴油，就要提高体系氢碳比，要补进氢气。费托合成采用的方法是加入水，水与一氧化碳反应生成氢和二氧化碳，而我们的做法是让一个一氧化碳分子和另外一个一氧化碳分子反应，得到一个碳原子和一个二氧化碳分子，一个碳原子加一

图7　创立煤高效转化新平台

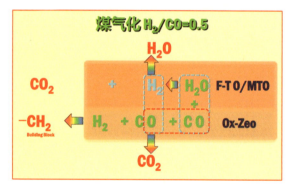

图8　F-T过程和Ox-Zeo过程的水和CO_2平衡

个氢分子就得到需要的中间体（图8）。这样，这个反应过程本身就具有不耗水的特征。还有，我们这个工作得到了国家领导人的批示，目前我们正在积极推进这个技术的放大。

讲到这里，就又回到了科学家的责任和义务这个主题。我们是从事能源研究的，我们的研究要解决人类未来的能源问题。我们现在的这项把煤通过合成气直接转化为烯烃和液体燃料的方法，与传统的方法相比虽然很有优势，但这个过程还是会产生二氧化碳，所以我们希望未来用光电、风电产生的电来电解水产生氢气，用氢气还原二氧化碳，使二氧化碳转化为我们所需要的产物。如果这条路能走通的话，那么我们就能够实现二氧化碳的零排放，同时也将实现全碳的利用。我相信未来这个目标一定能实现的，可以说这是一项变革性的技术。我现在正在就该技术跟科技部在沟通，希望能够在国家层面上立项来做这项研究。

五、创新的本意

下面，我还想跟大家谈一谈创新。创新，首先意味着"破旧"，因为"不破不立"、"破旧立新"，如果没有大胆地"打破旧习"，仅仅是在原来基础上改善，那就不能称之为创新。创新和由此带来的"破坏"，实际上会带来很多的不可知，我们不能确定这个破坏的过程和结果对社会是有好处，还是有坏处。比如核能技术，如果善加利用，核能可以发电造福人类，但人类造出的原子弹却可以成为杀人的武器。比如未来的基因工程、基因改造，对未来社会发展来说是不是都有好处呢？比如人工智能，那么未来会不会像好莱坞大片演的那样，机器人有了自己的思维想要控制人类呢？比如纳米技术，未来的纳米材料如果能够通过皮肤进入人体，会不会对人体造成伤害？我们在创新过程当中一定要牢记社会责任，要关注伦理问题。这就是我在开学第一课里想给大家传递的一个概念。

创新的定义，简单来说就是要创造新的东西，要做别人没有做过的事情，要从事新的研究。经济学家熊彼得（被誉为"创新理论"的鼻祖）说："创新是指把一种新的生产要素和生产条件的'新结合'引入生产体系"，他认为创新是一个过程，是一个全链条。搞出几个技术发明，只是一个创造的过程，还不能被称之为创新；把原创性的科学研究和技术创新应用于人类的社会生产，实现新技术的产业化，进而生产出更多、更好的产品，只有完成了这个过程才能说实现了创新。创新的源头肯定是创造力，所以我们大学现在的人才培养就是希望大家有想象力、有梦想，对未知事物要有兴趣、要有好奇心，这是大家探索未知的驱动力。

回过头来我们再总结一下，创新的第一个特征是要打破旧的规则，第二个特征是来源于自由的想象，第三个特征是充满不确定性。所以我们的责任和义务，就是要应对创新对人类社会未来发展的不确定性，投身科学研究，促进技术进步，推动人类社会的共同发展。

这就是我自己对科学家责任和义务的理解，也包括我对创新的一些想法。感谢今天同学们的聆听！最后，我把习近平总书记在我们中国科大考察的时候跟我们学生讲的一句话送给大家："祝大家创新愉快"！

谢谢大家！

侯建国　　中国科学院院士

中国科学技术大学第八任校长

1959年10月生于福建省。1989年毕业于中国科学技术大学，获博士学位。2003年当选为中国科学院院士，2004年当选为发展中国家科学院院士，2008年9月至2015年3月担任中国科学技术大学校长，2015年任科学技术部副部长、党组成员，2016年任广西壮族自治区党委副书记，2017年任国家质量监督检验检疫总局党组书记、副局长。第十一届全国人大常委会委员、中国共产党第十九届中央委员会委员。2018年3月，任中国科学院党组副书记、副院长（正部长级），中国科学院党校校长（兼）。

长期从事物理化学和纳米材料领域的研究工作，特别是在利用高分辨率扫描隧道显微镜研究单分子特征和操纵方面取得了一系列重大科研成果。迄今在 *Nature*, *Science*, *JACS* 等 SCI 刊物上发表学术论文近两百篇，是该领域具有较高国际影响力的杰出学者。曾获国家自然科学奖二等奖、中国科学院自然科学奖一等奖、中国科学院杰出科技成就奖、何梁何利"科学与技术进步奖"、陈嘉庚化学科学奖等多个重要科技奖项。

科学第一课
KEXUE DIYI KE

可持续发展与科技创新

同学们,大家好!

刚才蒋一老师已经给同学们介绍了"科学与社会"研讨课的目的和它的开课方式。通过对新生进行一些有针对性的辅导和帮助,让你们尽快了解大学的学习方式,帮助各位尽快掌握一种新的学习方法,让同学们能够站在更高的视野来看待知识的学习和能力的培养。

今天我和大家一起讨论"可持续发展与科技创新"的问题。

在开始正式讨论之前,让我们把时钟拨回到300多年前。从18世纪开始,科学与技术才逐渐飞速发展,成为近代工业革命的基础。从牛顿力学到麦克斯韦电磁学,形成了经典物理学体系,越来越多的科学发明和技术革新被应用于工业生产,推动了社会的发展。以蒸汽机、机床、火车、轮船、电报等为代表的两次工业革命,促进了生产力的飞跃发展,使社会面貌发生翻天覆地的变化。进入20世纪,科学与社会进一步交互促进,相对论、量子力学、DNA双螺旋结构、计算机与网络等科学概念和技术进步,既改变了人类对世界的认识,也从根本上改变了人类的生活方式。人类在享受科技创新带来的舒适和方便的同时,开始逐渐关注人类与自然的和谐与可持续发展,并致力于消除伴随科技进步的负面效应与消极影响。

一、资源与环境的压力

我们来看看几个数据和一些事件,就能明白大家为什么越来越关注可持续的发展。首先,我想给同学们展示的一组数据是世界人口的快速增长数据(图1)。1950年以后,由于科学技术发展带来了生活水平和医疗水平的提高,死亡率迅

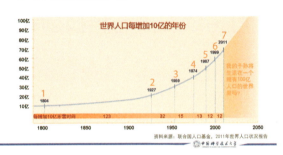

图 1

速下降、生育率上升，人口开始快速增长。2011年，世界人口达到了70亿，从图中，大家可以看到从1800年到1927年，人口每增长10个亿，需要花120多年。而从1999年到2011年，再增长10个亿只需要花12年，可见人口的增长是非常快的。在人口增长的同时，能源的消耗也在快速增长。如果世界的能源消耗按百万吨煤当量的值来衡量的话，可以看到从1900年到2000年，增长了约二十倍（图2）。由此我们可以得到一个很重要的结论，过去一百年人口增长了3倍，能源的消耗却增长了近20倍，也就是人均的能源消耗总量增加了将近6倍多。

图 2

可持续发展与科技创新

人多了要吃更多的粮食，要住更多的房子，要消耗更多的能源，必然会对资源和环境带来压力。首先我们来看水的消耗（图3）。水是生命之源，没有水就没有生命。目前全球有27亿人口，过着一年至少一个月严重缺水的生活。在中国，西北地区严重缺水。其他的区域，像华北地区也是严重的缺水区，中国其他区域在不同程度上也存在着缺水的问题。

图3

此外，人多了以后，除了要种更多的粮食、占用更多的土地以外，我们还有一个海洋问题。1950年，全球渔业船队捕捞区域，当时主要在近海。到了2006年，全球的捕捞区域就已经扩大了10倍，大约1/3的海洋已经被过度捕捞。比如在东太平洋区域这一块，基本上全部是过度捕捞的区域。可见，70亿的人口对地球来说已经是非常沉重的负担。从1992年到2011年，地球的生命力指数下降了12%，热带地区下降了30%；从1970年到2008年，全球的生物多样性平均下降了28%，热带地区下降了60%；全球的资源开采量从1992年至2011年增长了41%，近年来每年夏季北极圈的海冰量减少35%。

如果我们对比世界上所有人口超过100万且数据完整的国家的人均资源消耗，你会惊奇地发现，美国的人均资源消耗不是第一，它排在世界第五。卡塔尔、科威特、阿联酋等国家，他们的人均资源消耗都排在前面。建筑用地、渔场、林场、牧场、耕地等都会产生资源消耗的问题。中国排在世界平均水平之下，但中国拥有巨大的人口。如果人们都按照美国人的生活方式，人类就需要4

个地球来满足其对自然资源的需求量。可以看出，如果按照这样的一种发展方式的话，发展的可持续性就会受到很大的挑战。

刚才提到人口增长了3倍，能源消耗却增长了近20倍，那么能源消耗会带来什么样的结果？能量守恒定律告诉我们，物质的能量可以传递、其形式可以转化，在传递和转化的过程中，各种形式能源的总量是保持不变的；热力学第一定律是能量守恒定律在热现象宏观过程中的应用（图4）。也就是说，我们今天烧掉那么多的煤，烧掉那么多的汽油，我们利用热能来做功，做功之后，能量并没有消失，而是转化成了其他形式的能量，排放到我们的环境中。这么多资源的消耗、能量的产生，一定会对环境产生巨大的影响，因为能量是守恒的。原来这些能源储存在地下，现在把它释放了，变成一种热能排放到空气中。据统计，2008年全世界的二氧化碳总排放量达到了29195百万吨，这么多的二氧化碳排放到大气中间，会对全球大气环境产生何等巨大的影响？

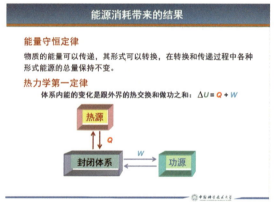

图4

因此，发展的制约首先是环境的制约。气候的变化使得全球灾难增加，比如全球变暖造成海平面上升，全球的水污染造成淡水资源匮乏、耕地减少、土地沙化、海洋资源破坏、森林锐减、湿地消失、物种灭绝等，这些都是我们的发展对环境产生的影响以及制约。

我们现在主要用的是石油、天然气、煤炭等化石能源，如果按照目前的消费水平，煤炭可以再使用大约200年，天然气可以再使用60年，石油资源40年内就可能消耗完了。这是一个很严重的问题，但是实际上现在人们对于能源的需求还在不断增长。

就像我们今天天气热，开空调是必需的，而我上学的时候没有空调，热了就是靠摇摇扇子。晚上睡不着觉，我们当时住在四牌楼，男生全部都光着膀子爬到房顶上睡觉。现在生活水平提高了，我们都开始使用空调，而使用空调就需要耗能。因此，发展的制约有两个瓶颈：一个是环境的瓶颈，一个是能源的瓶颈。怎样才能有一种可持续的发展呢？其实人类对于可持续发展的问题有一个逐步认识的过程。

二、人类对可持续发展的认识

1962年，蕾切尔·卡逊出版了《寂静的春天》这本书，非常有名。同学们如果有兴趣和机会都可以读一读，我觉得写得非常好。这本书谈到了一个观点，就是我们必须与其他生物共同分享我们的地球，我们是在与生命——活的群体打交道，只有认真地对待生命这种力量，并小心翼翼地设法将这种力量引导到对人类有益的轨道上来，我们才有希望在昆虫群落和我们本身之间，形成一种合理的协调。实际上，这本书就是讨论发展与环境之间的关系，怎样才能正确处理好工业发展与生态环境之间的关系（图5）。

人类对可持续发展的认识

□ 人类对可持续发展问题有一个逐步认识的过程

■ 1962年，美国人蕾切尔·卡逊出版了《寂静的春天》一书，揭开了人类环境保护的序幕，人类开始正视工业发展与生态环境之间的关系。

蕾切尔·卡逊
(1907—1964)

《寂静的春天》

"我们必须与其他生物共同分享我们的地球，……我们是在与生命——活的群体……打交道。只有认真对待生命的这种力量，并小心翼翼地设法将这种力量引导到对人类有益的轨道上来，我们才能希望在昆虫群落和我们本身之间形成一种合理的协调。" ——《寂静的春天》

图5

也是在1962年，有学者开始关注这个问题。到了1972年，世界各地的几十位科学家齐聚罗马，共同编写了一本书《增长的极限》，指出人口、粮食生产、工业发展、资源损耗、环境污染等的急速增长，将使地球的承载能力达到极限。

1972年，沃德和杜博斯受联合国人类环境会议的委托，撰写了《只有一个地球》一书，将环境污染、人口资源、工业技术等问题开始作为一个整体性的话题研究，可持续发展的理念初具端倪。1972年6月12日，联合国在斯德哥尔摩召开了人类环境会议，各国签署了人类环境宣言。1987年2月，世界环境与发展委员会在《我们共同的未来》报告中，第一次阐述了可持续发展的概念。实际上，可持续发展的核心就是我们怎样才能更好地发展，而不是过度的消耗我们的资源和环境。

　　正如在《增长的极限》一书中提到的，我们现在的问题是，我们不只是继承了父辈的地球，还借用了儿孙的地球。如果按照传统的这种方式发展，会造成过度的开发、过度的利用。1992年6月，联合国在巴西的里约热内卢又召开了环境与发展大会，会议发表了《关于环境与发展的里约热内卢宣言》以及《21世纪议程》——世界范围内可持续发展的行动计划。

　　说到这里，我们就可以谈谈什么叫可持续发展。可持续发展是人与环境和谐共存的一种发展方式。现在我觉得大家开始关注这个问题，但还没有做到真正的可持续发展，可持续发展是我们的目标。这种可持续发展是指既要满足当代人的需求又不危及后代人满足其需求能力的发展（图6）。实际上，它是一个非常复杂的、多参量、多变量的问题。它有三个主要的方面——经济、环境与社会。它也有三个原则——公平性原则、持续性原则、共同性原则。发展并不是简单的发展经济，经济发展的同时要考虑对环境的影响，同时也要考虑这个环境变化对社会产生的影响。例子很简单，如果一个国家水资源缺乏的话，这个国家就可能向其他有水的国家移民，那么移民的过程就会产生矛盾，就像世界上过去的很多战争，往往因为水资源的分配所引起。所以发展一定是多方面的，同时也还要遵从公平性原则、持续性原则、共同性原则。公平性原则是指人生而平等，地球上的每个人都是平等的，他都享有公平地分享地球上各种资源的权利，但实际上同学们也都看到了，目前这个公平性还没有达到。有的国家，像刚才说的美国，它的能源消耗是其他国家，甚至是发展中国家的几倍甚至数十倍。那么这就是一种由于过去的经济、政治的环境和秩序造成的一种资源使用的不公平性。还有就是持续性原则，如果说化石能源用完了怎么办？还有共同性原则，共同性就是大家面对的问题都是共同的，不是一个国家能解决的，大家要共同来解决这个问题。这就是为什么联合国在这方面发挥了巨大的作用。

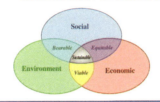

图 6

关于可持续发展的形势也有几个方面，经济的、生态的、政治的和文化的（图7）。它不仅是一个经济的议题，同时也是一个政治、文化和自然生态的议题。实际上，大家可以看到，可持续发展面临的最严重问题和最大挑战是能源和资源的短缺。在面对能源和自然资源短缺的情况下，我们应该想想怎样才能找到解决问题的办法？从人类的历史看，我们寄希望于科学技术的发展，能不能通过科学技术的发展与创新寻求出一种可持续发展的道路？刚才讲了，可持续发展还包括经济、社会、政治的问题，尽管科学技术不能解决所有的问题，但科学技术可以为可持续发展提供基本物质基础。

图 7

三、科学与技术是人类发展与社会进步的主要推动力

我想举一个历史上的例子来说明科学技术的创新对社会可持续发展所起的重要作用，关于氮肥的发明。大家都知道，植物不能在常温下将空气中的氮气转化成自身所需要的氮元素。早期，农业上所使用的氮肥主要来自有机物的副产品，极少量的氮元素来自雷雨放电而形成的氮氧化物。在1898年召开的英国科学促进会年会上，英国物理学家克鲁克斯在列举了大量事实之后警告人类："由于人口增加，土地资源变得短缺，长此下去，粮食不足的时代就会到来，解决的办法是必须找到新的氮肥。"1909年，德国的科学家哈伯通过一系列实验，找到了合成氨的最佳物理化学条件，成功从空气中制出了氨。之后，卡尔·博施又发展了合成氨的工业流程。氮肥中的氮元素是植物体内叶绿素的重要组成元素。植物通过光合作用，可以把空气中的二氧化碳转变为碳水化合物和氧气，从而快速生长。也正是通过叶绿素的一系列化学反应，植物把来自于太阳的光能最终固化为生物质能，并被自然界其他生物所利用。因此，人工合成氨被誉为用空气制造面包，哈伯和博施也分别获得了1918年和1931年的诺贝尔化学奖（图8）。由于规模化合成氨的设想在1913年得以实现，人类从此摆脱了依靠天然肥料的局面，在之后的一百年时间里，氮肥的广泛使用，极大提高了粮食的

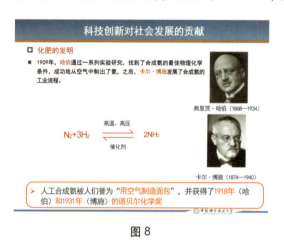

图 8

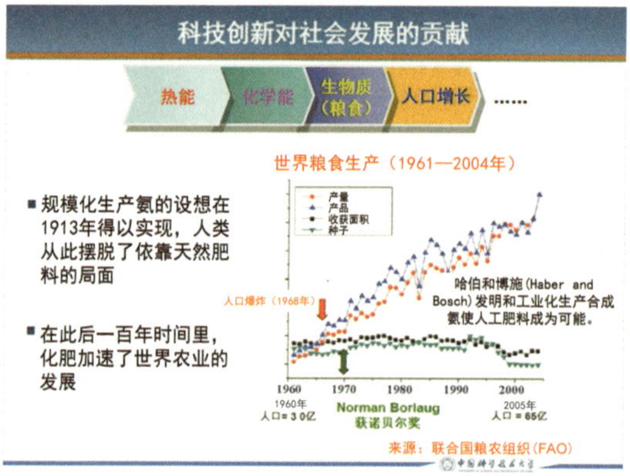

图 9

亩产量（图9）。当前，世界上 90%以上的氮肥是由合成氨加工成的。一百多年来，我们耕地基本上没有大的增长，但是人口的增长和粮食产量的增长，现在基本上还保持一个同步增长的趋势。饥荒是局部产生的，总体来说粮食供给是够的。正是因为一种很重要的科学技术的发明，地球上有限的土地才能支撑人口的快速增长。

四、科技创新

讲到科技创新，我们常说要把同学们培养成具有科技创新能力的人才，那什么叫科技创新呢？又怎样才能做到科技创新呢？

创新有很多，有的可能很小，有的可能无效。科学的创新和发现就是揭示客观事物的存在以及规律。同学们最熟悉的万有引力的发现，就是一种科学的创新。普朗克、海森伯、玻尔等所建立的量子力学，也是一种科学的创新和科学的发现，当然还有爱因斯坦相对论。另外一种科技创新就是技术发明。技术发明，是人类通过创造，制造出过去自然界不存在的事物或装置，来帮助人们实现某种过去人类所做不到的事情。比如爱迪生的电灯发明、中国古代历史上的印刷术的发明以及伽利略望远镜的发明。

但是有时候，科学发现和技术发明也不是完全独立、截然分开的，很多时候，科学发现与技术发明是关联在一起的，所以我们常说创新实际上有两个维度（图10）。如果我们把科技创新做一个平面图的话，把科学创新和技术创新当成两个坐标轴，我们可以有这样一些分类。比如像刚才所说的量子力学，就是一个比较纯粹的科学创新，爱迪生发明了电灯，就是一个比较纯粹的技术发明，当然像汽车轮子、电梯等都是技术发明。但是比如有些像巴氏杀菌法，就是一种科学

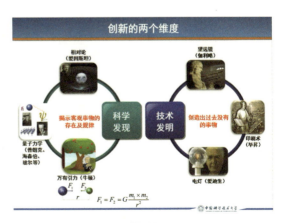

图10

创新和技术创新同时兼具的一种发明（图11）。

巴斯德是法国的微生物学家和化学家，他研究了微生物的类型、习性、繁殖等，有针对性地发明了一种针对特定细菌的杀菌方法，奠定了工业微生物学和医学微生物学的基础，使整个医学迈进了细菌学的时代，并得到空前的发展，人类的寿命因此延长了30年之久。

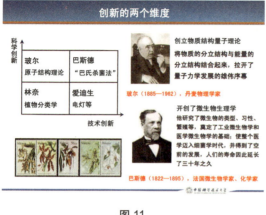

图 11

五、从显微镜的发展看科学与技术的创新

再举个例子和大家分享，从显微镜的发展来看科学与技术的创新。自古以来，人类就希望能够看到微观的世界。第一位改进光学显微镜、将其用于实验的是荷兰人，叫列文虎克（图12）。装置看起来非常的简单，里面有一个非常小的玻璃透镜和一个螺纹结构。把物体放在显微镜的上面，通过调整物体和透镜之间的距离来进行放大，这是大家都了解的光学显微镜原理。

从第一台光学显微镜发明到近代最先进的光学显微镜，几百年来，光学显微镜的放大倍数和分辨能力一直在发展，但这是一种继承性的创新（图13）。因为科学的原理没有变化，但是人们对几何光学的折射、反射定律不断丰富和发展，特别是近代物理光学的发展，大家更多地了解透镜在放大镜光路系统中的作用，掌握了如何能够更好控制它的折射、反射，如何更好地通过设计透镜之间的光学结构，能够使得球差和色差应用于光学显微镜的成像，通过提高分辨率更好地进行立体成像。

可以看到，这是英国人胡克在50倍视野下观看并手绘的跳蚤全貌。现在的光学显微镜可以到1500倍。这是一张血红细胞的显微照片，由于很好地应用球差和色差的原理，大家可以看到这张显微照片中的细胞有很明显的立体形态。但是受到衍射极限的制约，光学显微镜的最高分辨率只有照明光源波长的一半，对于可见光也就是大概200 nm。如果用光学放大来看的话，最高是1600倍。如果我们希望看到更高的分辨率，那怎么办呢？需要从量子力学上来考虑，可以用电子束作为照明源。电子也是波，波长更短，电子的波长和它的能量是相关联的。如果我们把电子的能量加大，比如说加速电压为100 kV的电子，它的波长就只有0.004 nm。即使考虑到孔径半角，它的分辨本领也可以达到0.2 nm，是光学显微镜的1000倍。因此，从光学显微镜到电子显微镜，由可见光光学变到电子光学，这是一个革命性的变化，也是一个突破性的创新。

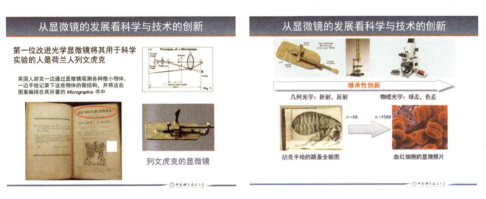

图12　　　　　　　　　　　　　　　图13

1931年，鲁斯卡和克诺尔研制成世界上第一台电子显微镜，现今的透射电子显微镜放大倍数已达到300万倍，1986年，鲁斯卡获得了诺贝尔奖（图14）。第一台电子显微镜看上去依然比较简陋，它的原理跟光学显微镜成像的原理是一样的，但是它用的不是光学透镜，而是电磁透镜，利用电子束在磁场里的偏转。

可以看到，这个光路图和光学显微镜没有特别大的差别。但是，不同的是电子束的使用。电子束作为一种射线，可以通过磁场来进行控制。这个是现代的电子显微镜，是合肥微尺度物质科学国家实验室（筹）最好的一台电子显微镜（图15）。用这台显微镜我们可以看到一个个金原子，每个白色亮点就是一个金原子。可以看到这个分辨率极大提高了我们认识微观世界的能力。

在显微镜上还能不能再创新呢？答案是：能。扫描隧道显微镜就是一个例子。这不仅是一个突破性的创新，而且是一个颠覆性的和革命性的创新。1981

年，宾尼希和罗雷尔（IBM实验室的科学家）发明了第一台扫描隧道显微镜，放大倍数可以达到数千万倍，1986年两人因此获得了诺贝尔奖。

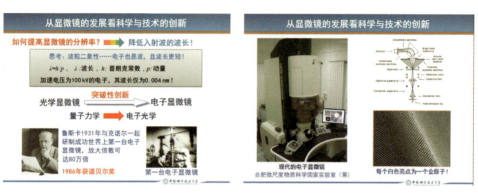

图 14　　　　　　　　　　　　　图 15

扫描隧道显微镜的诞生，极大拓展了人类认识微观世界的视野，在材料科学、生命科学领域起到了重大的推动作用（图16）。扫描隧道显微镜和过去的光学显微镜和电子显微镜有很大的不同，在原理上有革命性的突破，它没有透镜和光路系统，它的成像原理是根据量子力学的电流隧穿原理，用一个金属原子作为探针，在扫描物体表面时，检测原子尺度的隧穿电流涨落，从而获得高分辨的物体表面图像。

图 16

六、可持续发展与科技创新

最后再来看看可持续发展与科技创新，我们怎么样来通过科技创新为可持续发展寻求一个更好的路径？我这里以能源的科技创新为例（图17）。

首先，可持续发展最严峻的问题就是能源与资源的短缺。我们需要思考，化石能源枯竭后，能源从何而来？（图18）

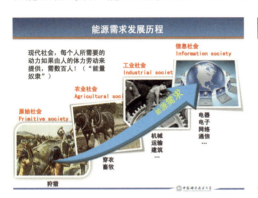

图 17　　　　　　　　　　　　　　　图 18

之前已经提到，热力学第一定律告诉我们能量是守恒的。宇宙的能量是巨大的（图19）。爱因斯坦有一个著名的公式，能量等于质量乘上光速的平方。光速是非常大的，所以质量如果稍有一点点变化就可以带来能量的一个巨大变化。我仅以太阳为例，太阳每秒通过聚变反应，将6.5亿吨的氢转变为氦，减少的400万吨的质量变成巨大的能量，辐射到整个宇宙中，地球表面所接收到的太阳能是1.7×10^{17} J/s，而我们全球的能耗总量是1.4×10^{13} J/s。也就是说我们现在所消耗的能量只有每天太阳辐射到我们地球能量的万分之一。似乎看起来，这个能量是足够的，并不缺少能量，这给了我们很大的信心。化石能源没了以后也不怕，因为宇宙的能量是巨大的，关键是如何找到一种方法，能够把这些更多的能量变得可控制和使用。

第二个很重要的是热力学第二定律，即熵增定律（图20）。第二定律告诉我们，在能量的转化过程中，任何做功的过程一定伴随着热的产生，因此造成了有效的转化效率无法达到100%。也就是说，任何的能量转化过程都要伴随着热能的损耗。比如说现在火力发电的效率，过去是5%~10%，现在尽管汽轮机的技术已经非常先进，火力发电的效率也仅有30%~40%，还有60%~70%的能量被以热能的形式消耗掉，产生不了电能。

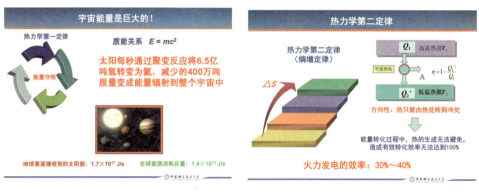

图 19   图 20

对于科学家而言，根据热力学第二定律，如果能量是充裕的且能量转化过程是存在损耗的，解决这个能量问题的办法有两种，一种是寻找更多的能源供给方式与转化方法，第二种就是达到更高的能源使用效率，也就是节能（图21）。当然节能方式也有两种，一种是技术上的节能，还有一种就是生活方式的改变、节约意识的增强。

科技的发展，在满足人类不断增长的能源需求方面起到了决定性的作用。实际上，在化学能源之外还有非常多的新能源等待开发，比如说核能、风能、地热能、氢能、潮汐能、生物质能等（图22）。除了核能以外，它们都是太阳能辐射到地球上的一种能量形式转变。

图 21   图 22

首先我想和同学们谈一下太阳能，太阳能有可能成为未来我们人类主要使用的能量来源（图23）。在人类能源来源的结构中，煤和石油所占份额都会不断地降低，太阳能将有可能成为人类能量使用的一个主要来源，会有很大的增长。

太阳能怎样才能转化为我们使用的能量呢？我们可以从光物理来思考。处于基态的一个物质通过吸收光能量，热振动到激发态，到达激发态以后，这个能量的衰变有两个过程，一种是辐射衰变，一种是非辐射衰变。辐射衰变会产生新的光子，非辐射衰变就会产生热和电，这是光物理的过程。光化学过程就是光吸收物质吸收光子后，能量使得该物质的分子处于一个激发态，激发态会促进化学反应，然后形成新的产物，把光能转化为化学能，然后再来利用化学能。

太阳的光谱是由从紫外到可见光到红外，可见光区的能量占了48%，所以说这个能量还是很大的。对太阳能的利用，从物理学家的角度就是希望把光能转化为电能，通过光伏电池的制造，把光能直接转化为电能。而化学家就希望通过光催化作用把光能转变为化学能，我们来看看它们的具体过程是怎样的。

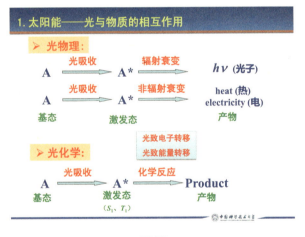

图23

比如光伏电池，它的基本原理是利用半导体材料的光电原理。半导体材料吸收一个光子以后，产生一个电子-空穴对，电子激发到导带上，在禁带里留下一个空穴。大家都知道电子带负电、空穴带正电。如果能形成一个回路，电子和空穴就会分别向正负极定向运动，形成电流。现在最好的太阳能电池的能量转化效率为40%。

太阳能的集热原理跟刚才的不一样，它主要利用光在材料表面激化，并诱导电子共振，然后通过电子的弛豫发出能量。温度就是晶格振动的一种度量。如果一个物体热了，它晶格振动的频率就比较高，晶格振动模式通过跟电子交换能量，会使得它的振动模式产生变化，从而造成了温度的升高。中国科学技术大学西校区的同学可以在一座楼的楼顶观察到我们有一个建筑，它是一个太阳能集热的示范性建筑，可以把太阳能辐射到这个建筑上面的能量收集起来，既可以发电，也可以制热和通风。这是一个演示性的建筑，它的能量总体转化效率可以达到30%，是我们光热示范中心的一个研究成果。

化学家做什么呢？化学家可以通过催化的反应把光能转化为化学能，它的原理跟光伏发电的原理一样，也是产生电子和空穴对，分别参与氧化和还原反应。比如说光解水，如果有一个高温高压的系统，加上催化剂，通过太阳能在催化剂的表面产生的电子–空穴对，产生的电子参加氢的还原反应，空穴产生氧化反应，这样就可以分别通过得电子和失电子，使水分解为氢氧根和氢气。目前，最好的光解水的转化效率还比较低，仅为12%。但有它的优势，因为氢气是非常好的可储存、可利用的能源。这是化学家所做的事情。可以发现不同的学科，针对能源都有各自的利用办法。

第二个是核能。核能的第一种来源是裂变，裂变的核能是解决目前能源短缺的重要方案。它的重要程度，我觉得只有人类对火的发现才能与之比拟。它是科学上最为革命性的创举。

1934年，约里奥·居里夫妇发现了人工放射性，从而获得1935年诺贝尔奖；1938年，奥托·哈恩发现了核裂变，并于1944年获得诺贝尔化学奖。核裂变原理就是爱因斯坦的一个质能公式：当一个重原子核，在吸收1个中子以后会分裂成两个或更多个质量较小的轻原子核，同时放出2~3个中子。在这个过程中会损耗一些中子，湮灭以后质量就少了，质量少了就会产生能量，这就是核裂变的原理，这个过程可以用来发电（图24）。

还有一种核能产生的过程——核聚变（图25）。为了解释太阳能量的发生过程，1933年，核聚变的原理被提出。1939年，贝特的实验证实一个氚原子核和一个氘原子核，以极高的速度碰撞会发生融合，形成一个氦原子核外加一个自由中子。1967年，他获得诺贝尔奖。20世纪40年代，科学家提出了可控核聚变的设想。太阳的核聚变在自然发生过程中是无法控制的，如果我们人类能够控制这个核聚变，使得能量聚变的发生过程可以控制，我们就能够获得一个非常清洁的、"无穷无尽"的能源来源。

图24　　　　　　　　　　　图25

人造太阳是科学家的梦想，也是国际社会的一个目标。全球瞩目的是，正在法国共同建造一个核聚变的实验装置，这个装置还有五到十年才能完成，中国是其中主要的参与方，其他还包括美国、俄罗斯、日本、韩国、欧盟等。中国也制定了自己的一个核聚变发展计划，希望最终为核聚变的反应堆建造打下一个基础，当然还要面对很多问题和挑战。中国科学技术大学是我国核聚变总体设计的牵头单位，核学院的院长万元熙院士就是我们国家核聚变方面的首席科学家。中国科学技术大学在核聚变能方面一直起着非常重要的作用。

我们可以把不同类型电站的输入和输出进行比较。以一个100万兆瓦电站每年所需的各种能源材料为例，煤炭250万吨，需要两万个火车厢；石油100万吨，需要11个超级油轮，在这个过程中还会产生1000万吨的二氧化碳排放，20万吨二氧化硫排放，3万吨二氧化氮排放。这些排放到空气中会对环境产生不利影响；核裂变需30吨铀，一辆卡车就能够运过来，但是它会产生28吨高放射性的废物，对环境会产生很大的负面影响；太阳能对环境没有影响，但是太阳能如果要发100兆瓦的电，需要3万亩能量采集器。3万亩，中国科学技术大学东区才不到800亩。但是如果采用核聚变的话，它只需要分别运两百公斤的氘和三百公斤的氚，一辆小汽车就可以了。

所以说如果可控核聚变能够实现，那我觉得能源的来源问题就可以彻底解决。但是到底是10年、20年或是30年，现在还不好预言，或许在座的你们能看到这一天。中国核能的发展，还是有很大的潜力。

法国的核能发电已经占到总发电量的70%多，而中国，核发电占的比例非常小。中国现在正在计划建很多核发电设施，到2020年要运行5800万千瓦，到时候核电的规模将会达到世界第二。当然，这么多的核电站，需要考虑安全。

在核电的发展历史上，有几次大的核电事故，一直到现在大家还记忆犹新。比如美国三里岛的核电站事故，苏联切尔诺贝利的核电站事故，以及由于海啸造成福岛的核电站事故。核电站事故造成了环境的污染，所以核电站的核安全是一个重要问题。我们学校也刚刚成立了核安全研究所，希望能够在核安全方面提供一些支持和保障，做一些研究。

下面再谈一下能源使用效率问题。

节能很重要，刚才说了节能的两个方向，技术的与社会的。我们应该提倡一种更加健康的生活方式、更加绿色的发展方式、更加节约的生活态度。比如说计算机过夜的时候不要放在待机状态、出门随手关灯、废物重新利用等。但也可以用科技进步来寻求更有效的节能方法。

比如超导输电的节能。20世纪初昂内斯成功液化了氦气，超低温可以达到4K。1911年他发现某些金属在液氦的温度下电阻等于0，因此发现了超导电性，从而获得了诺贝尔奖。1957年巴丁、库珀和施里弗合作创建了超导的微观理论，发现在超导状态，所有的电子都是自旋向上和自旋向下的形成一个对，称作"库珀"对。在传输过程中，不需要和电声子产生能量的交换，所以也就没有电阻。因为超导微观理论的成功，库珀和施里弗也得到诺贝尔奖。在这个理论基础上，1986年缪勒和柏德诺兹，发现了氧化物的高温超导体，使得超导温度可以从原来的4K升到液氮温度77K以上。这是一个革命性的突破，使得应用的成本大大降低，而且为人类在室温超导体的发现带来曙光。

非超导的金属都是有电阻的，电阻随着温度的降低不断降低，但是超导体在一个超导温度之下是零电阻的，零电阻就可以输电。现在发电厂发出的电都要用高压来输送，过去10万伏、20万伏，现在我们中国要建设50万伏（乃至更高电压）的输电线路，为什么要建这么高的超高压输电线路？大家学过物理都知道，输出的传输功率跟电压成正比，电压越高输出的功率就越高。但是线路的损耗和发热跟电流强度成正比。因此，输电要用更高的电压、更小的电流，但是如果我们能够用超导做未来输电线的话，那这个能耗就相当少。当然，什么时候能够实现高温超导？我觉得还有一段路要走。

我想再给大家举个例子，就是怎样通过高效的催化来节约化学能。比如说石油，大家都知道93号汽油、97号汽油都是碳氢化合物。在我们中国，石油短缺但天然气总体储量并不缺乏。像沼气、页岩气、天然气的主要成分为甲烷，化学式是CH_4，一个碳原子、四个氢原子。甲烷通过催化，通过重整会变成一氧化碳和氢气，再通过费托反应，会形成长的碳链结构。比如石油，它有5~7个碳链，汽油是8~12个碳链，柴油和煤油是12~18个碳链，液体燃料是5~18个碳链。传统的费托反应是一氧化碳加氢气，在高温高压和催化剂下，通过加长的反应，形成一个碳链的结构。然而这个反应的问题是能耗很高，在转化化学能的过程中间要产生很大的热能，要在高温高压下形成，工艺也非常复杂。因此在我们中国科学技术大学的国家实验室里，很多教授在研究一种新的纳米催化方法，通过改变传统的催化剂，通过量子效应利用纳米催化过程改变传统的费托反应，使得这个催化的化学反应，能够在煮咖啡的温度和电饭煲的压力，也就是在低温、中低温下和低压下就能实现，这样的话就可以节约很多的能量。

在座的很多同学可能不是学物理、化学而是学信息的，但实际上信息科学和物联网，也会对未来的能源节约产生重要的作用。什么叫物联网？就是物物相连的互联网。简单地说，就是按照约定的协议，把各种物品与互联网连接起来，通过信息交换和通信，实现对物品的智能化识别、定位、跟踪、监控和管理。

比如说家里所有的电器都可以非常精密地通过物联网来控制，做到最大程度地节约能源。例如暖气，当你不在的时候就可以关掉，在回家之前的半个小时，你通过手机发送信息给家里，家里的暖气就自动打开；买东西的时候不用开车到超市，因为你开车需要耗能，你可以通过物联网直接订货，订货完了以后它可以通过某种形式送到家里，这样就节约了物流的成本等。

所以我觉得物联网就是能源使用和调配的无缝连接。当然还有没有更好的方式？人类对能量的控制和使用，经历了早期对火的控制，到近几个世纪的蒸汽时代和电气时代（图26）。我们未来有没有更好的能源形态，更方便的能源形态控制？转化使用方式有没有电之外其他的方式？我觉得完全有可能，我们对新一轮的科学革命是非常寄予期待的（图27）。

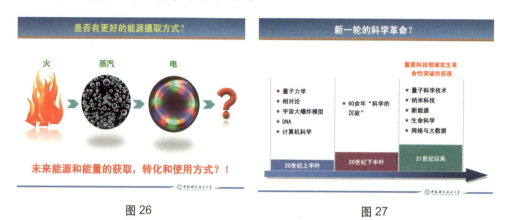

图26　　　　　　　　　　　图27

20世纪的上半叶，量子力学、相对论、宇宙大爆炸模型、DNA、计算机科学带来了一个发展的飞跃。最近的60多年还没有重大的科学突破，比较沉寂。我们预期在量子科学技术、纳米科技、新能源、生命科学以及网络与大数据等领域，一定会发生一些重大的和革命性的科技突破。

比如我们畅想一下天然光合作用带给我们的启发。植物都是通过天然光合作用的，在室温下所有的植物就可以生长。只要有二氧化碳和水，再有个太阳。植物通过吸收光然后在一定的土壤条件、催化环境下就可以形成碳氢化合物，碳氢化合物是我们人类主要的食物和燃料的来源，甚至是石油的来源。大家都知道，石油和煤炭都是几十亿年前植物、碳氢化合物在地势运动过程中在高温高压下形成的。人工的光合作用是不是能够实现？我们有没有在未来发明出可控的人工光合作用，使得植物的生长、能源的利用可以随时随地发生？例如，我们的衣服都可以吸收光，冬天为我们制热，夏天制冷。或者说我们可以不吃饭，晒一晒就可能自动转化为蛋白质。当然这个挑战需要通过纳米技术、仿真技术等来进行。这个过程看似很遥远，但是从现代科学的两大基石——量子力学和相对论来看（图28），我觉得很多问题都已经露出曙光。

刚才谈到了相对论。质能公式和能源有很大的关系，是量子力学研究核外电子运动规律的科学。它告诉我们电子有波粒二象性，它有测不准原理（图29）。这个跟能源好像不相干，但是最新的技术研究表明，室温下的光合作用，它的能量转化存在着量子相干作用,这个成果刚刚被发表在《科学》杂志上。

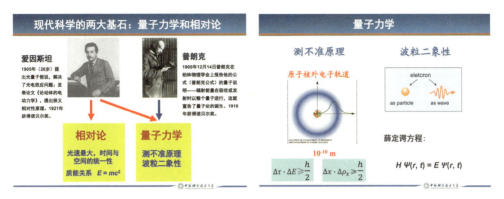

图 28　　　　　　　　　　　　　图 29

随着我们对自然规律的了解越来越深入,我们就越有可能对能量的形态控制和使用起到预期的作用,包括刚才说的节能。我们知道现在机器都比较大,我在这里举一个例子,是我们一个博士研究生做的一项研究工作。

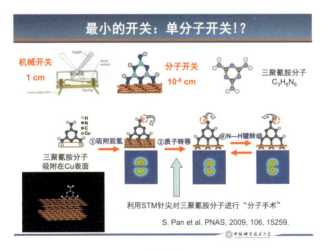

图 30

我们知道开关一般都要用手去摁,用手去摁就要消耗能量。计算机里有很多开关是用电来驱动的,实际上所有计算机的耗能主要都是运算放大器,也就是控制0、1状态开关所耗的能量,开关能够做到多小?这个演示了最小的一个分子开关,它是一个三聚氰胺分子。三聚氰胺的分子主要是碳、氢和氮。这个分子很小，你可以看到如果把它立在铜的表面，它上面有两个分子。这有两个碳氢分子，我们可以通过直接转移，把一个氢原子移到下面来，就可以形成这样一个分子的开关结构，这个开关有多小呢？8至10纳米这么小，它所需要的能量是多少呢？就几个电子的热能量就足够使它完成从一个零的状态、从一个低电导的状态，到高电导状态的改变。这个开关的速度还可以通过输进去电流的频率来改变。如果我们的电子器械做得非常小，所有的开关都用一个分子来代替的话，我觉得耗能就会降低几个量级，计算机发热的程度可能就非常小（图30）。

七、展望：多学科交叉引发能源革命

通过量子科技、生物技术、纳米科技、网络技术、信息技术等的发展，我们完全有可能在未来推动我们的能源革命，使人类对于能量形态的掌握和控制的方式，能够在原来火、蒸汽和电的基础上，有一个新的飞跃，从而能够为人类的可持续发展打下一个更坚实的物质基础（图31）。

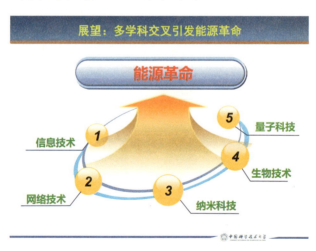

图31

在享受高速发展的科学技术带来的种种便利的同时，我们仍需保持清醒的头脑，辩证地看待事物的发展。任何事物都有好的一面和坏的一面，即使是科学技术也不例外。找到合成氨最佳物理化学条件的德国科学家哈伯，当第一次世界大战爆发时，不顾众人反对，固执地发展出了武器化氯气、芥子气，因此带来的伤亡人数超过百万。炸药的发明，一方面在开矿、铺路、修建建筑过程中得到了很好的应用，一方面被各国军队大规模地应用于战场，以前所未有的速度造成了大量的人员伤亡。

任何纯粹科学研究的结果在未来都会成为技术应用的起点，成为造福社会的源头，但没有人能准确地预见从基础研究中会产生什么新的应用，关键是人类自身如何去看待它、如何去利用它。正如爱因斯坦所说："科学是一种强有力的工具，怎样用它究竟是给人类带来幸福还是带来灾难，全取决于人自己而不是取决于工具。"。

我们从事科学技术活动，在考虑技术可能性的同时，更需要考虑是否有利于社会和环境。要想使得科技与社会、环境协调发展，就必须坚持以"可持续发展"为中心的科技创新。我们应该有这样的自信：自然环境已为人类所认识，"可持续发展"协同科技创新策略就是人类不断前进的动力。

谢谢大家，祝大家学业有成！

问答互动环节

现在进入互动环节。如果有要向侯校长提问题的，请同学们写在纸条上，请校长来作解答。

Q*1：很多师兄师姐讲中国科大现在的出国热潮正在削弱，有很多条件很好的同学不选择出国，请问您怎么看？

A*1：我觉得出国是很好的一种选择，因为毕竟现在的科学技术，美国比中国还要发达一些，很多世界一流名校，也有很多值得我们学习的地方。但是我觉得不出国也很好，因为中国发展非常快，我们的学习条件、科研条件在不断地发展，像我们学校的量子科学、高温超导、信息科学等领域，都走到了国际前沿，我们跟国际上的合作，也在不断地增加。昨天我还为中组部聘用的外籍千人计划的两位外籍教授，一位来自于德国，一位来自加拿大，颁发了我们的教授聘书。所以现在不出国，也能得到很好的发展。

Q2：众所周知，社会科学，对社会研究较深入，却是中国科大的短版，请问如何看社会科学领域对社会的影响？

A2：这是一个很大的问题。社会科学是研究人与人关系的一门科学，自然科学是研

---

* Q，代表提问；A，代表回答。——编者注

究人与自然以及自然规律的一门科学。实际上，就像我刚才说的，在很多场合，社会科学和自然科学是不能截然分开的。人毕竟也还是自然界的产物。如果对自然规律没有更深的理解，我们也很难对人与人之间的关系有更深的理解。同时我觉得科学的发展也很大程度上影响了社会的结构、人与人的关系，所以一定要把自然科学和社会科学截然分开，我觉得也不完全正确。

社会科学和自然科学，有不同的侧重点。作为一个从事自然科学研究的人也需要了解社会科学的发展，也需要了解社会科学的一些原理和规则，这就是为什么我们的学生需要社会科学方面的课程，同样对于社会科学，也需要更多的了解自然规律和科学技术的发展，这样社会科学能够发展得更好。我们开这门课的目的就是希望给你们这样的一个思维方式：任何的问题，可能没有一个绝对的答案，只有不同的角度。我们所推崇的是科学的精神、质疑的精神、独立的判断。

Q3：校长比较多的强调物理、化学、生物等学科所取得的成就以及对人类社会的巨大影响，但作为一名管院的学生，我认为，校长来阐述管理科学对人类的影响，个人认为这门科学的作用，或许在特定的时间会产生更大的影响，既然让我们管院的学生学习这门研讨课，那请问我们的研究方向、研究意图及意义是什么？

A3：这个问题也很好。为什么我举的更多的是物理、化学和生物科学的例子，当然我也举了很多信息科学，工程科学的例子。如果让我从管理科学的角度来讲，可能我谈得就不深入，理解就不深，谈得不一定那么有说服力，因为毕竟我不是一名管理方面的科学家，而是一名自然科学家。但是我是觉得这位同学的问题，可能是一个比较普遍的问题。科学与社会的关系是多方位的，是一个多参量问题。刚才我说可持续发展涉及经济、环境与社会方方面面的因素。不同的人来谈可持续发展，可能角度不一样，提出的问题和解决问题的方案也可能不一样。但更为重要的是，我们不应该忽视任何一个学科对可持续发展的重要性。我们让管院的学生来学习这门课，不仅为你们提供自然科学的角度和方法，也是希望你们从社会管理的角度来学习并提出问题。这门课程的目的不是限制大家必须进行同一种思考，面对同一类题目，寻求同一个答案。而是希望学习不同专业的同学，都更好地了解科学与社会的关系，更好地了解可持续发展的概念，让大家意识到可持续发展所面临的挑战，从而使人们更懂得珍惜，让我们能够有一个更好的生活方式、更好的生活态度。这就是我们设置这门课程的目的。

Q4：我是2013级的本科新生，高三时因数学、生物竞赛，保送到中国科大数学院，但根据我个人在高中进一步学习思考以及入学以后对中国科大的了解，认识到个人兴趣和专业爱好在于物理学科，高中时物理也是我的强项，在大学正式学习还未开始前，希望老师能给一些学习和规划上的意见。

A4：我觉得这个问题可能也是普遍性的。在高中的时候，大家清楚的是理科班或文科班。进入大学以后，突然发现需要选个专业，是选择数学、物理、化学、生物、还是信息专业？选择取舍之间有时候不是那么容易，一会儿觉得这个好，一会儿又觉得那个可能更喜欢。在中国科大，我们有一个很好的制度，允许同学在未来三年的时间里，自由地选择专业，我们也向同学和社会承诺，我们百分之百满足同学选专业的要求。在一年级、二年级、甚至到三年级，都有转专业的机会。曾经有的同学转过三次专业，第一次转到一个学院，学习一段时间后又转到另外一个学院，最后又转回原来的专业，说转来转去还是觉得原来的专业最好。大家还很年轻，还都是极具可塑性的坯子。我认为你们现在先不要给自己下一个结论，说我一定这辈子就适合做什么。我希望大家以一个更加开放的心态，看待专业、看待学习。我报大学的时候，既没有报中国科大，也没有报物理专业，因为我海边长大，有时候到海边看到大轮船，特别地羡慕，特别想学造船，所以报的是船舶制造专业。但是由于那时候分数考得比较高，物理考得比较好，我就被中国科大招到了物理系，但是我现在是中国科学院化学部的院士。从我的成长经历看，我觉得同学们可以更开放一些。大学是通识教育，大学阶段学到的知识仅仅是一个点，更多的是我刚才讲给大家的逻辑分析能力、发现问题、解决问题的方法。大家最终从事什么专业，实际上有很宽阔的空间。中国科大也不乏一些理工科背景的学生，毕业转行后成为金融、投资等领域的杰出人士。如果你去问这些学长们，你在中国科大的数理教育对今天的金融、投资，到底有什么作用？我相信他们也许会说，直接关系没有，但是因为学过自然科学，在逻辑能力和数学能力方面受过良好而扎实的训练，所以在以后从事金融和投资工作时，看问题的角度、分析问题的方法、解决问题的能力，就会比较独特。刚才提问的同学，如果你真正喜欢物理，只要你努力，我相信你一定能够如愿以偿地转到物理系去。

Q5：关于谈恋爱的问题，请问校长怎么看？

A5：大学是个非常美好的时代，充满青春活力，我觉得同学在这里可以收获学习，也可以收获爱情，在这里我真心的祝福大家，有机会、有感觉就可以大胆地去体验，但是千万不要因为谈恋爱而影响学习。

Q6：请问中国科大如何培养学生的领导能力和交流能力？

A6：现代的科研常常是团队协作的项目。正如我刚才所说，大学实际上不仅是一个课堂，还是一个大舞台。同学们在这个大舞台中，有很多的机会能够选择自己的角色。通过社团、研究小组、兴趣小组等活动，可以选择当领导或当合作者的角色。当然领导能力不是教出来的，一定是干出来的。在大学学习期间，确实像这位同学讲的，应该注意锻炼自己的领导力、沟通能力和合作能力。学习领导力的基础，首先是要会学习交流和沟通，要使得你的想法和意见被同伴和合作者接受。很多人以为领导都是指挥别人干活的，那不是的，领导其实很大程度上首先是要付出，你要比别人干得更多，你要比别人做得更好，人家才能够听你的领导，服从你的领导。中国科大现在有100多个社团，大家应该在学习之外，主动地参加各种社团活动，锻炼交流能力、合作能力和沟通能力，培养领导力；不光体验做学生的角色，还可以体验做科研合作者的角色，做社团志愿者的角色，做一个小组领导者的角色。希望同学们努力发挥自己的聪明才智，发挥你们的能力，多参与各种各样的活动，在做的过程中间，锻炼你们的领导能力、交流能力，使得在你们毕业的时候，都能成为全面发展的中国科大的好学生。

Q7：做学术应当心静，那么请问如何让自己心静？

A7：同学们在过去几个月，一定都是在处于一个激发态。刚才讲到了，高考肯定处于激发态，你不处于激发态考不好的，现在高考确实比我们那时候难度大多了，而且连续要考两三天。我们那时候高考题目就十道题，两页卷子。你们现在考完后要报志愿，这个选择很纠结啊，到底到哪个学校去，学什么专业。然后开始焦躁地等待。当接到录取通知的时候，又非常地high，很兴奋，要告别同学，告别老师。入学后要面临各种新的环境。今天的开学典礼，大家也很热闹也很兴奋。激发态往往是不稳定的，在释放完能量后，会回归基态。我觉得下一阶段大家是应该静下心来开始大学生活了。学习是不容易的，要学习好更不容易，当好一个大学生不容易，当一个好大学的学生更不容易。中国科大学习课程比较重，大家一定要做到心静。在大学里如何做到心静呢？我建议大家一定不要只注重结果，要更多地重视学习过程，同时不要被外界所影响。我举个例子，有很多同学在第一年的时候，碰到我就问："校长，这个专业好不好出国，那个专业以后工资高不高？"其实在大学阶段，有很多事情是水到渠成的。当你们进行毕业选择的时候，到底是出国还是留在学校读研究生，就业的待遇是不是理想，完全取决于你四年的努力。你现在想得太多，可能也无济于事，更影响了你的心境。一看网络说某个专业找不到工作了，马上就联想到自己出去会不会找不到工作，其实大可不必。真正按照自己的内心、自己的节奏去学习，相信大家一定能够在学习过程中，体会到学习的乐趣和成长带给你们的那种骄傲和自豪。

主持人：

我相信各位同学意犹未尽，包括我自己也听得津津有味，但是我们还有时间，我们这门课要上一年，我们在中国科大要待四年，有很多问题可以通过你的导师，通过你在学校的体会，来逐渐感悟，今天是我们这个课的第一节课，我想以热烈的掌声，再次感谢报告人侯校长，谢谢！今天的课到此结束。

万立骏　　中国科学院院士

中国科学技术大学第九任校长

1957年7月生,辽宁大连人。于大连理工大学获学士和硕士学位,日本东北大学获博士学位。中国科学院院士,发展中国家科学院院士。2004年2月至2013年1月任中国科学院化学研究所所长、中国科学院分子科学中心主任,2015年3月至2017年5月任中国科学技术大学校长,2017年5月调任中国侨联党组书记,2017年6月当选为第九届中国侨联主席。中国共产党第十八届中央委员会候补委员,第十九届中央委员会委员。

长期从事电化学、能源材料与新能源、纳米科学技术等相关基础科学和应用研究并取得系列研究成果。在包括 Acc. Chem. Res., PNAS, Angew. Chem., JACS 等学术刊物上发表论文400余篇,引用超过3万次。曾获发展中国家科学院化学奖、国家自然科学奖二等奖、何梁何利"科学与技术进步奖"、北京市科学技术奖一等奖、中国分析测试协会科学技术奖一等奖,以及中国化学会-巴斯夫青年知识创新奖等诸多奖项。

科学第一课

KEXUE DIYI KE

大学和大学生活的思考

同学们，大家好！

在刚刚举行的简短而庄重的开学典礼上，看到同学们一张张洋溢青春活力的笑脸，想起了38年前的春天，我当年上大学参加开学典礼的情景。作为全国恢复高考后的第一届大学生，77级大学生，我们1978年3月入学，如今38年过去了，国家发生了巨大变化，我们中国科学技术大学也日新月异。中国科大地处安徽合肥，合肥或许没有北京、上海城市规模大，但经过这些年快速发展，合肥与国内其他大城市已无本质上的区别。如今交通和通信发达、学术交流频繁，中国科大师生在合肥同样可以便捷获取全球最新资讯，可以感受现代化的城市生活。中国科大的很多教师、校友不仅活跃在国内，同时也活跃在国际学术舞台上，中国科大有很多留学生和外籍教师，中国科大的学术成果影响海内外，中国科大培养的学生遍天下，中国科大已经成为一所国际化的大学，一所中外著名的大学。

学校为大一新生开设"科学与社会"研讨课，旨在引导同学们尽快完成从中学应试教育到大学自主学习的转变，并帮助同学们树立正确的人生目标和方向、培养科学素质和学习兴趣。"科学与社会"研讨课设置的主题报告范围很宽，从宏观视野探讨科学技术在社会发展当中的作用、未来科学的发展趋势、人类可持续发展面临的问题和挑战，让同学们更好地了解科技发展的历史和作用，增强大家的责任感和使命感。"科学与社会"研讨课分两种形式，小班课程讨论和专题调研，目的是培养同学们独立思考和团队协作能力，提升大家的学习能力和综合素养，增进对中国科大、对科学、对社会更深刻的了解。

今天，我将就以下三个部分内容与同学们一起交流讨论，即科学与社会的关系、大学的功能和作用、当代大学生的责任和使命。

科学第一课

一、科学与社会的关系

什么是科学？科学有很多种定义。《自然辩证法大百科全书》中指出"科学是指反映客观世界（即自然界、人类社会、思维）本质联系及其运动规律的知识体系"；"百度百科"将科学定义为"发现、积累并公认的普遍真理或普遍定理的运用，已系统化和公式化了的知识"；中国古代则称"科学"为格致，即格物致知，以表示研究自然之物所得的学问。总而言之，科学是人类的知识体系，具有真理性，但不一定等同于真理。科学具备以下特征：第一是客观性，比如月亮不会只在你看着它的时候才存在；第二是自洽性，即在逻辑上严格自洽，能够"自圆其说"，完整地解释已发现的现象和规律；第三是可证伪性，科学理论不能证明一定正确，但不正确的部分却可以严格证明，正是科学的可证伪性促使科学不断进步；第四是适用性，具体科学理论会存在适用范围，在其适用范围内可重复验证。

在我们身边，科学之美无处不在。我们可以利用科学的方法认识自然和社会，发现自然之美、社会之美以及身边之美。哈勃望远镜是科学发展的产物之一，我们借助它能够观察到"草帽星系"、"双人舞"等更遥远星系的存在形态和运动方式，了解它们的本来面目；借助电子显微镜，能够观察跳蚤、黄蜂、蚂蚁乃至苍蝇等昆虫栩栩如生的微观形态；借助扫描隧道显微镜，能够清晰的"看"到分子，如紫罗兰的分子结构。

什么是社会？社会是由个体组成的有组织、有纪律、相互分工合作的生存关系的群体。科学在社会发展中发挥至关重要的作用，科学的发展促进了人类文明的发展和社会的进步。"人类社会若无科学，则万古长如夜"。从牛顿时代的力学三大定律、万有引力、微积分到最近发现的引力波，无不验证科学与社会的关系。马克思说过："科学技术是一种在历史上起推动作用的、革命的力量。"可以说，科学技术是第一生产力，每一次工业革命都伴随科学技术的突破和发展。从以蒸汽机为标志的第一次工业革命，到以电力和内燃机为标志的第二次工业革命，再到以原子能、计算机、航天技术、生物工程为标志的第三次工业革命，每一次工业革命都把人类带入了一个新时代，而且科学在社会发展中的地位仍在不断地上升。但是回望历史，我们会发现科学的地位并非一直那么高。在欧洲文艺复兴时期，科学发展尚处在启蒙阶段，科学思想、科学精神与当时的社会主流观念尤其是宗教势力之间存在着矛盾与冲突，有些科学家为了科学的发展甚至献出生命。例如，意大利天文学家布鲁诺因宣传"日心说"，对传统思想形成挑战，被宗教裁判所判为"异端"，被烧死在了罗马鲜花广场，《天体运行论》等著作都列为禁书。直至18世纪开始，科学与技术才逐渐飞速发展，成为近代工业革命的基础。从牛顿力学到麦克斯韦电磁学，形成了经典物理学体系；越来越多科学发明和技术革新被应用于工业生产，推动了社会的发展。20世纪是科学与社会交互促进的世纪，相对论、量子力学、DNA双螺旋结构、计算机与网络等不仅改变了人类对世界的认识，也从根本上改变了人类的生活方式。进入21世纪，人类在享受科技创新带来的舒适和方便的同时，更多地关注人类与自然的和谐和可持续发展。

那么，科学和社会之间究竟是什么关系呢？一般认为，人类社会伴随着科学的进步而向前发展，科学活动本身就是社会活动的一部分。科学最重要的作用在于可以认识自然、社会和自己。科学推动社会进步，不断地探索自然奥秘，从而认识自然；不断地探索生命奥秘，最终更深刻地认识自己。从无穷大（宇宙）到无穷小（夸克），人类一直不停地探索，这也是人类的伟大之处，希望同学们向科学先贤学习，能够永葆自己的好奇心和探索未知的勇气。此外，科学的作用还可以总结为以下几个方面：

一是科学可以破除迷信。古人常将自然拟人化或神化，《西游记》中用雷公、电母、风婆和四海龙王等来解释各种自然现象，近代以来，人们用科学方法（实验和理性逻辑）来研究各种自然现象，尝试作出解释、破除迷信，并利用科学规律造福人类。

二是科学可以创造文明。神话中的人物都是突破身体生理限制、拥有超能力的拟人化的"神"，比如千里眼、顺风耳。如今借助手机和网络，人们随时能够与千里之外的人通话或视频。现代科技通过新技术、新工具极大地拓展了人类的能力，改变了人类的生活，并引领人类进入新的文明阶段。科学使人理性，让人类突破局限，创造今天的文明。

三是科学可以实现梦想。飞行是人类的梦想，中国古代有嫦娥奔月、白日飞升的传说，古希腊有伊卡洛斯用蜡和羽毛造翼飞翔的神话，这都表达了人们对飞行的渴望。千百年来人类在探索飞行的路上一直未曾止步，从中国明代的万户利用火箭和风筝飞天、欧洲文艺复兴时期达·芬奇通过传动装置设计机械飞行器、莱特兄弟发明的"飞行者一号"试飞成功,到人类实现了登月的梦想,科学助力人类梦想成真。总而言之,科学和社会之间关系,就是科学推动社会的发展,推动人类文明不断进步。

二、大学的功能和作用

科学推动社会的发展,那么大学发挥了什么作用呢?我们首先回顾一下大学的功能演变。世界上第一所大学是1088年成立的意大利博洛尼亚大学,被称为欧洲的大学之母。当时大学的功能就是通过教学来传授知识。到了近代,莱顿大学、爱丁堡大学、柏林大学相继创办,特别是柏林大学创办人洪堡的"学院自治、科研与教学统一、学术自由"办学理念,为各国大学广泛效仿。大学的功能从单纯的传授知识,转变为教学、科学研究并重,不仅传授知识,还创造知识。1876年建立全美第一所研究型大学约翰·霍普金斯大学,美国研究型大学开始不断兴起,1904年,威斯康星大学校长查尔斯·范海斯提出"威斯康星思想",即服务社会应该成为大学的唯一理想,"服务社会"也成为大学的主要功能之一。

中国古代的大学教育理念,与我们现代的大学功能非常接近。春秋时期,孔子的弟子曾子著《大学》系统地阐述了中国古代的大学教育理念,开宗明义提出了"三纲八目"的要义。比如,"大学之道,在明明德,在亲民,在止于至善","格物而后知至,知至而后意诚;意诚而后心正,心正而后身修,身修而后家齐,家齐而后国治,国治而后天下平"等。在当代,中国大学被赋予四种主要功能:人才培养、科学研究、社会服务、文化传承创新。因此,中国大学必须承担起时代赋予的使命,在创新驱动发展、经济健康转型和社会可持续发展中起支撑和引领作用,不断引领社会进步,推动社会发展,成为"世界的大学"。

大学始终是科学研究的主力军,对科学的持续发展做出了重要贡献。从1901年到2010年期间,诺贝尔奖共颁出543个奖项给予840位学者或组织,其中颁给大学的奖项有467人次,占总获奖的56%。同时,大学还承担重大科学计划,比如,美国耗资300亿美元的"阿波罗登月计划"的实施过程,集120多所大学之力,完成基础研究部分。我国亦是如此,2015年全国共有120所高校作为主要完成单位获得了2015年度国家科学技术奖三大奖174项,占通用项目的74.7%。以中国科大为例，我校陈仙辉院士、潘建伟院士先后荣获2013年度、2015年度的国家自然科学奖一等奖，中国科大在短短的三年时间里获得两项国家自然科学奖一等奖，这在高校中到目前为止是绝无仅有的。

　　大学不仅对科学的贡献突出，对社会的发展也有举足轻重的贡献。以大学与工业革命之间的关系为例，在第一次工业革命中，格拉斯哥大学的瓦特发明单缸单动式和单缸双动式蒸汽机，提高了蒸汽机的热效率和可靠性，推动人类进入了蒸汽时代；在第二次工业革命中，麦克斯韦在剑桥大学建立卡文迪什实验室，出版了《电磁理论》，系统全面地阐述了电磁场理论，推动人类进入了电气时代；在第三次工业革命中，美国宾夕法尼亚大学的莫奇利和埃克特领导的研究小组研制出第一台电子计算机，随后原子能、电子计算机、空间技术和生物工程相继发明和应用，推动人类进入了信息时代。那么，在第四次工业革命中，中国大学将会起到什么作用呢？中国大学正在科学的道路上，逐步从探索走向创造，我们将在众多创新领域发挥重要作用。比如，2015年12月17日，我校参与研制的暗物质粒子探测卫星"悟空"发射升空，正是科学探索的有益尝试。

　　中国科大作为中国最好的大学之一，她到底是一个什么样的大学呢？首先，中国科大是一所红色的大学，她是我党亲手创办的一所新型理工科大学，1958年创建于北京，她的创办被称为"我国教育史和科学史上的一项重大事件"（1958年9月21日《人民日报》）。我们的校训"红专并进，理实交融"和校歌《永恒的东风》，在国内高校中极具时代特色。中国科大的首任校长由郭沫若先生担任，钱学森、严济慈、华罗庚、郭永怀等一批著名科学家担任首任系主任，聂荣臻元帅在开学典礼上讲话指出，"中国科大创办的目标非常明确而实际，就是为研制'两弹一星'培养尖端科技人才"。1963年，陈毅元帅、聂荣臻元帅还专程参加中国科大首届毕业典礼，彰显了党和国家对中国科大的期望和厚爱。南迁合肥的中国科大于1977年迎来了"科学的春天"，全国科学技术大会召开、恢复高考。改革开放以来，中国科大始终站在我国高等教育发展的前列，并不断改革、创新发展。首创少年班，现在已经发展成为少年班学院；首创研究生院，成立我国第一个研究生院；首批入选国家"211工程"和"985工程"，得到了国家持续重点建设。在服务国家战略需求和区域经济社会发展中，中国科大从来都是勇做创新发展的排头兵。

在党和国家的大力支持下，经过几代中国科大人的共同努力，中国科大形成了自己的特色，我将其总结为"四个杰出"。

一是杰出的学生。中国科大培养了一大批科技领军人才，"千生一院士，七百硕博士"的美誉享誉全世界。在中国科大培养的毕业生中，已有67位当选两院院士，数十位成为科技领军人才，近年我国引进的"青年千人"中，中国科大毕业生共有262人，占比11.22%，比例居国内高校前列。

二是杰出的师资队伍。在学校的师资队伍中，两院院士、长江学者、国家杰青、千人计划等各类高层次人才占比高达30%。建校之始，华罗庚、钱学森、严济慈等担任各系系主任，并亲自主持设置系科的专业、制定培养方案、为学生授课。教授为学生上课的传统很好地传承下来，现在学校的很多院士、教授和老先生们，都在给本科生和研究生上课。

三是杰出的研究平台。中国科大是拥有国家实验室、大科学装置最多的高校，目前拥有国家同步辐射实验室和合肥微尺度物质科学国家实验室（筹）2个国家实验室，还有2个重大科技基础设施、8个国家级科研机构、17个中国科学院重点科研机构、54个省市及所系结合联合实验室。同时，学校还建有理化科学、生命科学、工程科学、信息科学、超级计算和微纳研究制造等六大公共实验中心，是广大师生进行科学研究和实验的共享平台。

四是杰出的研究成果。近年来，学校创新成果频出，铁基高温超导体相关研究成果获2013年国家自然科学奖一等奖，"多光子纠缠及干涉度量"项目获2015年国家自然科学奖一等奖。学校参与研制了暗物质粒子探测卫星"悟空"号，主导研制了量子科学实验卫星"墨子"号。在党和国家领导人与2015年度国家科学技术奖获得者的合影中，习近平总书记背后站的两位科学家都是中国科大校友，一位是国家自然科学奖一等奖获得者潘建伟，一位是国家科学技术进步奖特等奖获得者相里斌。

中国科大的办学成绩得到了党和国家的充分肯定。2016年4月26日，习近平总书记花了一整天时间考察中国科大。上午考察了先进技术研究院，察看量子信息科学研究成果展示，到量子通信实验卫星总控中心和量子通信骨干网"京沪干线"总控中心了解量子通信网络建设、运行和应用情况。下午考察了合肥微尺度物质科学国家实验室自旋磁共振实验室，听取了学校工作汇报，到图书馆看望学生并发表重要讲话。总书记称赞"中国科技大学作为以前沿科学和高新技术为主的大学,这些年抓科技创新动作快、力度大、成效明显,值得肯定",希望"中国科技大学要勇于创新、敢于超越、力争一流,在人才培养和创新领域取得更加骄人的成绩,为国家现代化建设作出更大的贡献。"中国科大人感受到了来自习总书记的极大的关怀、极大的温暖、极大的动力。傍晚7点左右,总书记在要离开的时候,冒雨与同学们一一握手告别。总书记上车之前,对我和党委书记许武教授说:"对中国科大建成世界一流大学,我是充满信心的。"这给了中国科大人非常大的鼓舞、非常大的肯定,我们全体师生一定要按照总书记的要求,不负所望,早日把中国科大建成具有中国特色的世界一流大学。

三、当代大学生的责任和使命

读大学意味着要改变命运。知识改变命运,健康有序、充满活力的社会,一定会让有志之士有机会、有平台发挥聪明才智、施展抱负。经过中国科大精心培养的你们,未来将投身社会主义现代化国家的建设,个人的命运始终与国家的命运联系在一起。尤其是当你们有机会出国之后,将会对此有更深刻的感受。我相信你们定能在中国科大学有所成,并通过努力改变自己的命运,运用所学为推动国家的发展贡献力量。

读大学意味着要承担责任。宋代大儒张载有著名的"横渠四句":"为天地立心,为生民立命,为往圣继绝学,为万世开太平",这就是古代知识分子的担当。周恩来总理也有句名言:"为中华之崛起而读书"。那么中国科大人的使命是什么?我认为是:科教报国,为实现中华民族伟大复兴而努力奋斗;探索自然、创新知识,为全人类的福祉和进步作出贡献。因此,同学们要树立"为民族谋福祉,为人类增知识,为世界创未来"的远大志向。

读大学意味着要"学得文武艺"。目前,学校正在努力建设具有中国特色、中国科大风格的世界一流大学,这里有一流的教师、一流的学生、一流的实验室,同学们将在此成长为德才兼备的社会主义事业接班人。在学习期间,大家要学好基础课,培养科研兴趣,提高动手实验能力,学得文武艺,奠定未来发展的基础。

那么读书最怕什么呢？

一怕越念越无动力。兴趣是最好的动力，发现兴趣，可以更快地找准方向。学校允许所有本科生自主选择专业，你们进校后至少有三次自选专业的机会：进校一年后，根据兴趣在全校范围内自选学院或学科；二年级春季学期可以申请学校统一组织的中期分流；二年级及更高年级可个别申请转专业，希望同学们都能尽快地找到自己感兴趣的方向。

二怕越念越糊涂。无论是学习还是人生，希望同学们既要读有字书，更要读无字书，做到胸襟开阔、明辨是非。大学不仅传播知识，更要创造知识。同学们要不迷信权威和书本，"吾爱吾师，吾更爱真理"。科学之所以能够不断进步，正是得益于一代代有志青年的质疑和批评精神。在你们未来的学习和生活过程中，可能会遇到困惑，希望大家养成独立思考的习惯，并善于请教和交流。

三怕越念越偏执。在学习过程中，同学们要学会把握全局，融会贯通，博采众长，避免钻牛角尖，正所谓"博观而约取，厚积而薄发"。不仅对社会和人生要有整体的客观认识，对科学发展和所学专业领域也要有整体的把握，本科阶段是基础和知识积累的阶段，要夯实基础，建构格局宏大的知识体系，为将来的学习和工作做好充分的准备，切勿钻进自我设置的思维"陷阱"中，闭门造车、不能自拔。

四怕越念越脱离实际。学习贵在知行合一，切勿纸上谈兵，要积极参加科研和社会实践活动。学校为同学们提供很多科研实践机会，比如大学生研究计划、机器人世界杯、挑战杯等各类科技竞赛，也为大家搭建社会实践平台，比如社团活动、志愿服务、宁夏支教团、暑期三下乡活动、暑期挂职锻炼等。希望大家能够"理实交融"，真正做到学以致用。

五怕越念越精致利己。同学们要志存高远、心怀家国、敢于担当，做未来社会的主人，切勿有才少德。不能只关心科学知识的积累和科研能力的提高，而忽略了高尚人格的塑造，以个人的私欲作为唯一的追求，没有信仰、没有底线、没有同情心、没有责任感，那只会让自己成为"精致的利己主义者"。

最后，我提几点希望：

一是牢记校训中的"红"与"专"。中国科大人的"中国梦"就是创新报国，把红旗插上科学的高峰。而"红专并进，理实交融"则是实现这一梦想的方

法论，"红专并进"强调品行操守与业务技能的相得益彰，"理实交融"强调理论与实践的紧密结合。

二是学会包容与合作，创造和传播快乐。同学们大部分是独生子女，你们充满激情又富有个性。同时，大家又来自于不同的地方，在不同的家庭环境中长大，思维方式和行为习惯各不相同，还有很多同学是第一次远离父母、过集体生活。在未来四年的大学生活中，你们不仅要学知识，还要学做人。希望大家怀有包容的心态，学会换位思考，与人为善。社会不是孤岛，希望大家多与人交流，融进集体，学会合作。在力所能及的情况下，帮助别人，做一个内心快乐并且传播快乐的人。

三是做心智成熟、人格健全的青年。习近平总书记会见奥运中国体育代表团时说："不以成败论英雄，英雄就要争第一。拿到金牌奖牌的，值得尊敬和表扬。同时，只要勇于战胜自我、超越自我，同样值得尊敬和表扬。"希望大家自信但不自负。作为高考的佼佼者，既要对自己有信心，相信自己的能力，又要始终保持求知似渴、虚怀若谷的心态，努力学习新知识，掌握新技能。希望大家保持高雅，高雅是一种有情趣的生活方式，也是一种高尚的人生品格。希望大家不断提升个人素养，养成良好生活习惯，快乐学习，享受青春。希望大家爱惜自己，不管遇到多大的困难，一定要积极面对，坚信办法总比困难多。

四是坚持梦想、不忘初心。人生有时会受到各种价值观的影响，盲目跟风或随波逐流，容易迷失前进的方向、忘记自己的"初心"和努力的意义。同学们即将开始新的人生旅途，在迷茫时，请大家坚持自己的梦想、志当存高远，不忘我们"崇尚真理，追求卓越"的初心，为民族谋福祉，为人类增知识，为世界创未来！

谢谢大家，祝同学们学业有成！

潘建伟　　中国科学院院士

中国科学技术大学常务副校长

1970年3月生,浙江东阳人,著名物理学家。1995年毕业于中国科学技术大学,1999年于维也纳大学获博士学位。现任中国科学技术大学常务副校长,中国科学院量子信息与量子科技创新研究院院长。中国科学院院士,发展中国家科学院院士,奥地利科学院外籍院士,九三学社第十四届中央委员会副主席。

主要从事量子光学、量子信息和量子力学基础问题检验等方面的研究,并在量子调控领域取得了一系列有重要意义的创新研究成果。曾获欧洲物理学会菲涅尔奖,美国物理学会"贝勒讲席",国际量子通信、测量与计算学会国际量子通信奖、兰姆奖,国家自然科学奖一等奖,未来科学大奖物质科学奖,香港求是科技基金会"杰出科学家奖",何梁何利"科学与技术成就奖",中国科学院杰出科技成就奖,"感动中国"2016年度人物,《时代周刊》2018年全球最具影响力人物等诸多奖项。

科学第一课
KEXUE DIYI KE

探索的动机

各位同学，晚上好！

我今天报告的题目是"探索的动机"。这个题目，来自于爱因斯坦为了庆祝普朗克60岁生日而作的一个演讲。我当年，1987年进中国科大，大约是1989年读到了《爱因斯坦文集》，里面收录了那篇《探索的动机》，那是我最喜欢的一篇文章。出乎我意料的是，爱因斯坦不仅科学研究做得非常好，他的文章也是写得相当好的。

一、基础研究的永恒话题

我们中国科大主要是以基础研究来立身立命。基础研究，都有一个永恒的话题，就是（探寻）能够用来回答"我们从哪里来，到哪里去"（的答案）。其实在我们小时候，有了意识之后，对这个问题就开始感兴趣了。我的童年是在农村度过的，我仍然记得，一个晚上我母亲带我到邻村去看电影，看完电影回来的路上，天特别黑，我很害怕，因为传说这条路上有鬼，会出来抓人。我母亲就给我讲，不用害怕，人死了会重新去投胎，哪怕万一被鬼给抓了，也没什么关系。虽然这不科学，但我当时感到特别安慰，哦，原来是这样子，人是可以永生的！所以我们潜意识就想搞清楚，我们是怎么来的？我们的未来又将怎样？

其实，在科学发展到一定程度之前，对于宇宙起源、人类归宿等大问题，人们只能从宗教的范畴来解释。有一段时间，我特别希望搞清楚，为什么基督教会得到如此广泛的喜爱和接受，尤其在西方，我专门去读了《圣经》，并没有真正搞明白。后来，偶然看了一本书，美国作家房龙写的《圣经的故事》，我开始明白了。当时的社会分"奴隶"、"平民"和"贵族"等几个阶层，奴隶就是奴隶，平民就是平民，贵族就是贵族。于是，奴隶就以为因为自己是奴隶，永远不如贵族，被欺压是命中注定的。可是，《圣经》却告诉你：其实所有的人都是平等的，不管你是贫贱富贵，是黑人白人，我们都是兄弟，都是上帝的子民，宇宙万物和人类都是由上帝创造的！这样一来，你就会觉得我们在这个世界上并不是孤零零的，这个世界是有秩序的，有上帝在关怀着我们；而且，因为信奉上帝，人死后还可以进入天堂，你心里就会感到特别平和安宁。正因为此，爱因斯坦在少年时代深深地信仰宗教。但在他12岁那年，他的这种信仰突然中止了，由于读了通俗的科学书籍，他很快明白《圣经》里的故事有许多不可能是真实的。

那么要解答这些问题，主要还是得益于科学的发展。15世纪时，哥白尼在长期观测天体运动的基础之上发现，按照基督教的说法，如果把地球当作宇宙的中心，那么周围这些行星的轨道就特别复杂。但他如果把太阳当作宇宙的中心的话，结果其实每个星体都是以圆周围绕着这个太阳在运转，这样解释起来就特别简单。所以他当时得出一个结论，写在他的书《天体运行论》中：其实地球不是宇宙的中心。当然他既有基于观测的内容，也有猜测的成分。之后大概100多年，伽利略，其实是我们的"现代科学之父"，首次建立了用实验和数学的方法来研究自然的规律，他有个非常伟大的发明，就是望远镜。他用望远镜去看太空，看到土星环是在变化的、木星环有围绕木星转的卫星等，然后他真实地相信，地心说不成立，而更坚信日心说了。但当时的教皇是他的好朋友，他觉得伽利略这样说，对教会不利。教会想伽利略胆子比较小，我们把他抓起来吓唬他一下，然后让他放弃他的观点就可以了。所以，当时伽利略就被逮进去了。但是伽利略是大学者，不能真的对他用刑，当时也确实没对他用刑。伽利略确实在被捕几天之后，表面上放弃了他的观点了，当然布鲁诺是另外一回事。但不管怎么说，伽利略是现代科学之父。他确实是告诉我们，地球是围绕太阳转的。当然跟他同时期还有另外一个科学家，比他生得晚一点，死得早一点，是开普勒。开普勒非常仔细地收集了很多天体的观测数据，相关的内容高中的时候就已经学过了。他认为，行星围绕太阳运动的轨道，单位时间扫过的面积都是一样的。那么有了这些数据之后，终于一个幸运儿在17世纪出现了。1686年，牛顿发表了经典巨著《自然哲学的数学原理》。他带来了我们人类历史上的第一次真正的科学革命。根据牛顿的观点，所有一切的力学现象，都可以统一为一个简单的公式：

$F=ma$。然后,所有物体之间都有引力,$F=GMm/r^2$。有了这么两个简单的公式之后,哪怕是被认为是神圣的星辰的运动都可以计算。这么一来,他感到非常激动,因为他发现了大自然的奥秘。随后,又在很多科学家,比如麦克斯韦、法拉第、安培,等等,做出了许多科学发现,在此基础上,1864年,也就是在牛顿之后将近200年后,麦克斯韦又发表了另外一部巨著,叫《电磁场的动力学理论》,在书中他把光、电、磁的现象都统一为一个方程组。所以当年在高中的时候,我为什么后来选物理作为我的专业,因为物理需要记忆的东西比较少。你看,所有的东西其实就这么一些基本的公式就可以推导出来了。相对地,像化学以及其他需要记忆非常繁杂的内容,对我来说就太困难了。所以,后来我就选择了学物理。在我们中国科大,在大家以后一年多的学习时间里面,我们是通识教育,会给你们讲很多数学和物理。我觉得非常好,因为这比较简单。

那么,第一次科学革命开始指引人类突破宗教的束缚,因为天上和地上都是由同一规律所统治的。观念上的进步,必然会带来生产力的解放。以牛顿力学为代表的第一次科学革命,马上就催生了以蒸汽机为代表的第一次工业革命(图1)。正因为抓住了这个机会,英国在18世纪末就崛起了,变成了世界上头号强国。随后,因为电力技术的发展,在这个过程当中,德国抓住了机会,19世纪中成为工业强国;美国抓住了机会,在20世纪就变成了头号强国。随着电力技术的发展,导致了第二次工业革命。所以我们就知道科学是如此重要!其实在第一次科学革命之前,我们都是农耕文明,用的都是生物能源,比如驯驯牛、驯驯

图1

马，然后让它们来帮我们干活。到了第一次科学革命之后，我们才能够用更多新的能源，来改变这个世界。

但是我不知道同学们都想过没有，大家在高中的时候其实就已经可以发现经典物理学有一个非常大的困惑，那就是，只要确定了粒子的初始状态，按照力学的方程一算，所有粒子未来的运动状态原则上都是可以精确预言的。那么，构成世界甚至人类本身的原子、分子，它们在未来的运动状态，是否也是早已预知的呢？这么一来是否意味着决定论呢？而且还是一种比较机械的宿命论，就是一切事件包括我今天的报告都是早已确定好的。这么一来的话，谁最后成为爱因斯坦，谁最后成为杨振宁，谁只能比如说成为潘建伟，好像是确定的，个人的努力都是毫无意义的。而且牛顿力学还告诉我们时间是均匀流逝的，空间是无穷无尽的，而且是光滑的、平直的、无始无终的。那么怎么解释这个宇宙的起源和未来呢？这时候，你可能会觉得还是《圣经》好一点，至少它告诉我们上帝还有一个创世纪。经典物理学否认了《圣经》，但是又没办法解释宇宙有没有起源？有没有未来？而且告诉我们，我们是宿命的。

二、第二次科学革命

但非常有意思的是，到20世纪初，第二次科学革命又来了。这里面首先要归功于这两位科学家，普朗克和爱因斯坦。当时他们都在德国，普朗克提出了量子论。量子论稍后我会解释，它是揭示我们微观世界特殊运动规律的。爱因斯坦提出了相对论，他告诉我们时间和空间都是相对的，而且空间和时间都是可以弯曲的。所以我们平时所认为的平直的时空，其实是一种"近似"，是一种相对的真理。

更有意思的是，量子力学里面，有很多非常新奇的现象发生了。那么什么是量子，其实在高中的时候大家都学过，比如氢原子的光谱，原子的轨道，还有杂化轨道等，我们都学过了。那么这个到底是什么？首先要讲一下量子的概念。量子是构成物质的最基本单元，它是能量的最基本携带者，它具有一个特征，不可分割。什么意思呢？就是比如我有一瓶水，我可以把它倒出来二分之一瓶水，再倒出四分之一瓶水，再倒出八分之一瓶水，然后这里面的水就越来越少，越来越少。到最后变成什么呢？其实你们都知道，变成一个个水分子了。水分子就是构成水的最小单元，因为水分子再分就成了氢原子和氧原子，不再是水了。我们这个电灯泡也是这样的，比如说一个15瓦的电灯泡，如果你用一个很小的仪器来测一下，发现它每秒钟会发射出10^{20}个小颗粒。我们把这样的小颗粒，称为光子。原子，我们也知道，从化学的角度来说，是最小的单元了，它是构成各种各样确定物性的最基本单元，它是不能分割的，分割完之后它本来的信息就被摧毁了。这么一来之后，它有一个非常奇怪的特征，就是量子叠加。我们每天的生活当中，比如说某人如果在合肥，他就不会在北京。所以只能是here or there（在这里或在那里），某一时刻，他只能在某个具体的地方，不可能同时在好多地方。但到了量子世界中，其实，量子力学告诉我们，在某些特定的条件下，微观的个体可以同时在好多地方。我们就把这个现象叫作量子叠加。我们每天生活当中，从来没遇到过这种现象，它具体是什么意思呢？我可以举一个形象一点的例子。这个例子不是完全严格的。假定，我到法国、德国去访问了。然后访问完回来，我要到北京。又假定我的航班有两条航线，一条是从莫斯科过来，莫斯科的天很冷，已经下雪了；另一条是从新加坡过来，新加坡很暖和的，现在还是30多度。那么到了北京之后，正好周丛照老师到机场去接我，他就问，建伟啊，你这次是从莫斯科航线过来的，还是从新加坡那条航线过来的？但不巧的是，因为我在飞机上太累睡着了，没有去看到底是从哪条航线过来的，结果等我到了北京见到周老师之后，咦，我怎么感觉浑身又冷又热，一会儿感到冷一会儿感到热，就像打摆子一样。然后，周丛照说，你不要跟我开玩笑，严肃一点，你下次出国的时候，你就不要睡觉了，睁大眼睛看看你到底是从哪条航线过来的。那么，我刚讲的那种感觉，难道意味着我是同时从两边过来的吗？不然的话，新加坡是很暖和的，莫斯科是很冷的，我应该要么觉得热，要么觉得冷，怎么会又冷又热呢？然后我也很老实，我以后每次去出访、开会，我在飞机上都睁大眼睛不睡觉，看看到底是从哪边过来的。结果我做了一万次实验，我发现随机地有5000次是从莫斯科过来的，我感到浑身冷飕飕的；然后，有5000次是从新加坡过来的，我觉得很暖和。那么，可能我第一次坐飞机太累了，发生错觉了，以后我又可以安心地睡觉了。结果我又坐了一万次飞机，我又睡着了，但是我每次到北京的时候，我醒来的时候，我再次感到又冷又热。那么这不就麻烦了吗？所以只能假定，就是我在睡觉的时候，没在看从哪里过来的时候，我就是又在莫斯科的那条航线上，又在新加坡的那条航线上。但是你们也肯定会说，潘建伟你别蒙我了，我们也坐过飞机，我坐飞机也睡觉，从来没有这种感觉啊。那么我说不是这样的，其实我们每天的生活当中，不会发生这种现象，为什么？因为我潘建伟睡着了，我旁边那个人他可能醒着的，如果旁边那个人也睡着了，还经常有空姐过来端茶送水的，她会来看你一下，或者说这个飞行员来看你一下。但是，量子力学就告诉我们，在整个宇宙当中，当没有任何一台仪器、没有任何一个人能告诉你，你在什么地方的时候，你就可以处于这种又冷又热的叠加的状态。这是什么意思呢？其实很简单，我们空气当中，是有很多氧分子、氢分子，尽管灯光照过去了，其实你眼睛是看不到它的，光照过去了，大多数物质是不跟这些光子相互作用的。所以这个时候没有人在看那些原子在什么地方。所以看人可以，我始终可以看着你，你没办法同时处于两个地方了，但是看原子就不行，没有一台机器能始终看着它，微观世界里面这种现象时时刻刻在发生着。那么通过这么一个分析也告诉我们一个结论，微观世界，或者说量子颗粒的状态，你去测量是会对它有不可避免的影响的。那么从这个角度上讲，量子力学的哲学，比牛顿力学和经典电动力学的机械决定论要积极得多了。量子力学告诉我们，你这个人去睁开眼睛看一下，这个世界就会变得如此不同。因而人的行为和测量是会影响这个世界的进程的，所以你自己的努力是有意义的。当年有几位科学家思考了牛顿力学的机械决定论之后，就自杀了，他说，我今天要来决定一下自己的命运。其实当他了解量子力学之后，就会知道没有必要那么做了。

　　量子力学带来了一个非常有意义的进步。利用我们宇宙当中所观测的一些数据，我们其实也可以构建一个所谓的大爆炸理论，大爆炸理论做了许多预言，实验当中也证实了。它告诉我们，现在的宇宙，是在大约138亿年前，诞生于奇点的爆炸，叫作量子涨落。大爆炸1秒钟之后，质子、中子、光子、电子等基本粒子形成了；然后到3分钟之后，氢、氦元素就形成了。宇宙在膨胀的过程中要慢慢冷却，30万年的时候，原子形成了。然后慢慢受到了引力的影响，开始凝聚，形成了第一代的恒星，就开始燃烧了。然后有的恒星核聚变的原料耗尽之后，抵抗不了它自身引力的收缩，就开始崩塌了。恒星崩塌的能量是如此之高，把质子和电子都聚集到一起了，就形成了中子星，这就是所谓的超新星爆发。最初宇宙中只有氢、氦这些轻元素，在核聚变和超新星爆发的过程中才能产生碳、氧、铁这些重元素,没有重元素的话,是不可能产生出生命体的。所以讲,宇宙能把我们地球创造出来,能把我们人类创造出来,堪称一位伟大的母亲,它历尽了辛苦。它是要经过100多亿年的努力,到大概35亿年前的时候才有生命出现。那么我们的宇宙有多大?其实我们大家在高中的时候都知道的,我们一个银河系里面,大概有数千亿颗恒星。那么在我们的可见宇宙里面,又有数千亿个银河系。所以我们地球在宇宙里面真的是非常小非常小的一个在阳光中飘浮的颗粒,如同当时一个科普作家所讲的。我们人类的始祖是在500万年之前才出现的。那么到了500万年之前,猿人出现了,然后是早期智人、晚期智人,10000年之前,就出现了晚期智人,我们现代人也属于晚期智人,这是我们人类进化的大致过程。

三、信息与社会的进步

那么讲到这个地方之后,就跟今天报告的主题:探索的动机,开始有点挂上钩了。在这里面,其实大家如果对古人类学感兴趣的话,会发现,大概在10万年前,在欧洲同时存在着两种人,一种是尼安德特人,一种是智人。智人最后成为我们的祖先。古人类学告诉我们,尼安德特人更强壮,就是比智人更厉害一点。比如说跟野兽打架,身体也更好一点,跑得也快一点,智人则是比较瘦弱的。而且尼安德特人的脑容量比现代人大,可能比我们祖先智人也聪明一点。但是,为什么在进化的过程当中,智人胜出了,成为我们的祖先?后来考古发现,尽管脑子比较小,身体也比较弱,但智人发明了基本的符号和语言。有了这个符号和语言之后,智人就能有效地共享所获取的知识。比如今天吃了一个东西,我嘴巴肿了起来,然后另外一个人也要吃,我就告诉他别吃了,那东西有毒。我们就能很有效地进行信息的交互,然后就形成了部落,形成几个人、几十个人、几百个人的部落,就形成社会化的群体。所以有社会化的群体之后,是几十个人、几百个人去打一只大象,打一只野兽,并且对付自然界的灾难的能力比较强大,这些使智人在进化过程中更胜于尼安德特人。所以,信息的交互在我们人类的进化当中是非常有用的。从某种意义上讲,一个部落就是一个互联网,只不过现在是全球是一个互联网。那么光有信息的交互还不行,还要能感知信息,能感受自然界。所以后来,出现了诸如大禹治水时需要拿着"规"和"矩"来测量地形,慢慢地，人们记录了天文观测，形成了历法，懂得按历法耕种、收获等，这都是对自然界的感知。所以感知也是非常重要的。那么另外还有一个非常重要的，就是对隐私的保护。在我们人类的进化当中，大脑是可以保护隐私的。对于传统计算机，这个计算机里面存的是什么你可以去登录看一下而且你也可以把里面的东西拷贝出来。但至少目前，这种操作不适用于我们的大脑。我不知道你在想什么，我也不能把你大脑里的东西给拷出来。如果说我在看某个同学在听我报告的时候，我能知道他心里在骂我，或者他心里对我的观点比较认可，最后就会导致他没办法进行自由的思考了。思想本身的多样性和隐私的保护是紧密联系在一起的，只有这样，我们才能创新和进步。我们既需要交互和感知，同时又需要隐私。从某种意义上讲，信息的感知和交互，已经并将一直伴随着我们人类的进化和社会的发展。

那么这里面有三个永恒的话题，信息交互的效率、对隐私的保护，还有信息感知的能力，某种意义上讲，这是跟我们的当代的信息社会紧密相关的，就是计算能力、信息安全和测量精度。这三个者，随着量子力学、第二次科学革命的诞生，正好催生了现代信息技术的发展。我们用的计算机就是在原子弹的研制过程当中把它制造出来的，因为我们用笔算不动了。所以后来我们国内造原子弹的时候，就造了两台计算机，大概每秒钟可以算 5000 次，好一点的可以算 5 万次，那时很先进，不过比我们现在的手机差远了。随后，科学家为了探索宇宙的本源，来检验这个所谓的标准模型是不是对的，就修建了一个很大的加速器，每天让粒子碰撞，产生了大量的数据。但这些科学家有些在中国，有些在美国、欧洲。中国人不可能老是坐飞机到欧洲去，把数据取回来分析。我们当年上大学的时候，就通过越洋电话线把数据取过来。所以当时在西欧核子中心的一位科学家、物理学家，他提出了万维网的雏形，2017 年他获得了信息界的最高奖——"图灵奖"。其实做物理研究，确实很有意思，他也可以得信息界的最高奖。后来更进一步，要检验相对论到底是不是对的，所以人们制造了非常精密的原子钟。目前最精密的原子钟，大概是从宇宙诞生以来只误差 1 秒钟。这个时候，我在地上放着一个原子钟,在天上放着一个原子钟。地球在自转的过程中，上面和下面的速度不一样，引力也不一样，那么这两个钟过一会之后走的时间就不一样了。你把数据拿来对比，就可以检验相对论。有原子钟之后，就发明了 GPS。GPS 的原理是这样的，天上有几颗卫星,每颗卫星均有一个星载原子钟,卫星往接收机上发信号。接收机收到三个时间的信号,它自己又有当地的时钟,之后,它就可以求解一个四元一次方程组,就可以把x、y、z、t求解出来的,求解出来之后,它就知道这个接收机现在是在哪儿了。互联网、现代通用计算机和GPS,都是由量子科技革命所带来的附属品。所以从某种意义上讲,前面讲了两次工业革命。相对论和量子力学带来了第二次科学革命,马上就催生了以信息技术为代表的第三次工业革命(图2)。这个时候,日本抓住机会成为了工业强国。大家都能看到,科学的机会抓住了,工业革命的机会就能抓住,对国家变成强国会起到很好地推动作用。

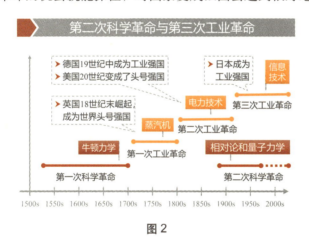

图2

信息科学经过七八十年的发展,慢慢地遇到了一些非常严重的问题。第一个就是信息安全的瓶颈。为什么我们国家要搞一个网信办——网络安全与信息化办公室,因为我们目前面临的网络信息安全形势日益严峻。其实信息安全是我们人类千百年来的一个梦想。早在古希腊的时候,约公元前7世纪,斯巴达人就知道使用一种"加密棒"来进行信息的安全传输。"加密棒"是什么意思,就是这里有个棍子,然后把布带给绕上去,写上信息,比如"attack tomorrow",就是"明天发动攻击"。然后把布带取下来,交给传递兵去送,如果拿到该布带的人,没有加密棒的话,或者半径不对的话,绕上去就读不出来,也就不知道是什么意思。所以其实老早就有加密术了。然后到公元前1世纪,凯撒大帝发明了用一种叫"字母替换"的方法来进行加密。原理是把ABC等字母依次往前移三格,原来的A就变成D了,B就变成E了,C就变成F了,等等。那么attack tomorrow就变成了 dwwdfn⋯但是非常不幸的是，后来有一位阿拉伯数学家，Al-Kindi，他发现对于此类文字，利用字母出现的频率就可以破译密码。比如就英语而言，A 这个字母出现的概率有 8% 左右，用 E 的频率是 12% 左右。假如你用这种方法写一封信，如果给别人看见，他只要把这些字母出现的频率统计一下，你再怎么替换，别人也可以知道，那个字母频率 8% 的那个就是 A 了，12% 的就是那个 E 了，所以很容易破解。所以历史经验告诉我们，有矛必有盾，你发明一种密码我就可以破解，搞另一种密码我也可以破解。所以就有如下非常著名的事例，在第二次世界大战的时候，德军发明了一种非常有名的密码，叫 Enigma 密码，当时一直无人能破。后来，图灵，现代计算机之父，就把它破解了。破解了之后，盟军没有让德军看出来该密码已被破解。不知道你们有没有看过电影《模仿游戏》，盟军有一次知道德军的海军潜艇要来攻击他们的舰队了，却没有告诉这个舰队，这样才能让德军以为自己的密码还是安全的，才能获得更多的秘密信息。所以盟军不得已选择了"丢卒保车"，让舰队被德军炸翻、炸沉，这是一个非常悲壮的故事。所以等到诺曼底登陆的时候，他们已经知道德军所有军队的分布了，因为德军始终在用 Enigma 密码在发布命令。结果，拯救了几十万人的生命。现代我们广为使用的是公钥密码体系。但是，这些更复杂的现代密码也存在安全隐患。比如 RSA 加密算法，其 512 位，1999 年被破解；768 位，2009 年又被破解；1024 位，尽管现在还没有被宣布破解，但是美国国安局建议最好不要用。再如，2017 年 2 月，谷歌破解了广泛应用于文件数字证书中的 SHA-1 算法，这个是很重要的加密算法。所以这么一来，历史告诉我们一个经验教训：所有依赖于计算复杂度的经典加密算法原则上都会被破解！所以早在 100 多年以前，有位作家就写了一段非常悲观的话，他就开始怀疑：以人类的才智无法构造出人类智破解不了的密码。所以他的意思是，你构造一个密码，总有人能破掉，所以，信息不可能永远是安全的，这是目前遇到的第一个问题。

同时，还遇到另外一个问题。大家经常讲的人工智能，大家都觉得它很厉害，但是其实人工智能它下一盘棋所消耗的能量相当于十吨标准煤，而我们下一盘棋，吃一碗饭就可以了。所以从这个角度上讲，人工智能它虽然下棋比较厉害，但能源消耗也很厉害。另外我们说大数据。每天我们都产生大量的数据，但这些数据你如果没办法将其中有用的信息给提取出来，那它就是垃圾，你如果能把有用的信息给提取出来，那么它就是黄金。问题是目前全世界所有的计算能力总和加起来，都无法在一年内完成对2^{80}个数据的穷举搜索。这个数据库看起来很大，但其实也很小，因为每个原子可以同时处于两个状态，80个原子，小得不得了的体系，就能同时2^{80}的状态都存在。所以从这个角度上讲，我们的计算能力是非常有限的。那么全世界都在努力，希望把晶体管的体积越做越小，有一个非常有名的定律叫摩尔定律。摩尔定律告诉我们，单位面积集成电路上可容纳的半导体晶体管数目约每隔18个月便会增加一倍。这是什么意思呢？就是说每隔18个月，晶体管的尺寸变小了，你这个计算机计算速度就变快了，成本就降低了。到了2017年，就达到了22纳米，估计到2022年，可以达到4纳米，达到4纳米的时候它就达到原子的尺寸了。到了原子以后，你就不能老看着它了，这个0也不再是0了，1也不再是1了。它这个0和1就会在里面换来换去。原来晶体管里面，我们基于二进制的0101电路原理将不再适用。另外大家也知道，目前的超级计算机的能耗巨大，我刚才讲了，AlphaGo下一盘棋要消耗相当于10吨标准煤的能量，超级计算机每年用的电量达到十几兆瓦。但是，用一台量子计算机，一年的电费可能几千块就可以了。所以，量子力学在第三次工业革命当中催生了现代信息技术，现代信息技术经过了几十年的发展已经遇到瓶颈问题了。

四、量子信息与第二次量子革命

其实量子力学，已经为解决这些重大问题做好了准备。

它到底是怎么准备的？量子力学里有一只猫很出名，叫薛定谔的猫。薛定谔举了一个例子，他说在我们的生活当中，每天都在看这只猫，是死的还是活的，它只能处于死的状态或者活的状态。这两个状态如果可以变的话，像开关一样，就可以用来加载1个比特的信息。如果说到了量子世界的话，当没有人可以看这只猫是死的还是活的，在某些时候，它就可以处在死和活状态的相干叠加。那么有的人说，你讲这么多，那猫也不可能又死又活啊？到底怎么实现死和活的相干叠加？其实光就可以。光是有偏振方向的，它会沿着水平方向偏振，沿着竖直方向偏振，等等。我们就把沿着水平方向偏振的光叫作0，沿着竖直方向偏振的光叫作1。然后你放一个半波片，光通过后会转一个方向，它沿着45°的斜线偏振的时候，其实就是0+1这两个波列的相干叠加。所以，这就是量子相干叠加的一个最简单的实现。那么这里面有一个原理，告诉我们，对于一个事先你不知道的量子态，它本来是又冷又热的，如果你测一下，它就会变成冷的状态，或者热的状态。所以在这种状况下，你就没办法把这个态精确测准了。所以，这里我就不证明了，你们将来学量子理论会学到，所以它就告诉我们一个未知的量子态是没有办法被精确复制的，是测不准的，这是最基本的原理。

有了这个原理之后，爱因斯坦就非常的不满。他说这就等于上帝是在扔骰子了，你看就是50%的概率处于冷的状态，再一看又是50%的概率处于热的状态。他说一只猫可以处于死和活的相干叠加，那么两只猫是不是可以说是死死加活活相干状态的叠加？就像这个公式（图3），我当年学量子力学的时候就很怕这个公式。其实后来，慢慢理解之后，它就相当于右边的这种现象。如果说下面有个同学手里一个骰子，我手里一个，这两个骰子属于纠缠态的话，那么我们在扔的时候，两个骰子扔出的结果都是3，再扔一下都是2。就是不管这两个骰子相隔有多远，只要有一个骰子的点数被确定了，另外一个骰子的点数也瞬间被确定出来。爱因斯坦把这个现象称为"遥远地点之间的诡异互动"，他说这种事情是不应该发生的，毕竟它们都相距那么远了。所以，爱因斯坦进一步对这个事情做了思考。他说，如果说有两个粒子是属于纠缠的，相距非常遥远，它的距离是L，相当于我在扔这个骰子的时候，这个骰子点数定下来所需要的时间是Δt。我们知道世界当中传递最快的是光速，光速乘以Δt如果小于这两个粒子的距离的话，就是类空间隔。也就是说，我扔这个骰子之后，等它的结果确定，它无论如何没有任何能量，没有任何相互作用，能够传递到另外一个骰子。所以，我对一个粒子测量，如果它们之间也是类空间隔的话，就不会对另一个粒子产生影响，这就叫作"定域实在论"。但是量子力学却告诉我们，这个骰子的点数确定是2的时候，另一个骰子也停留到2了。这两个粒子，哪怕空间相距多么遥远，但它还是处于集体态，对一个粒子的测量会瞬间改变另一个粒子的状态，是量子力学的观点。那么爱因斯坦和玻尔有一个非常有名的争论。爱因斯坦说，玻尔，难道你相信上帝会掷骰子的吗？然后玻尔说，这个我不知道，但是你不要告诉上帝可以做什么，不可以做什么。所以爱因斯坦1935年的时候写了一篇文章，他说估计这个量子力学不是对我们物理实在的完备描述。所以我当时学了量子力学之后，树立

量子纠缠

量子纠缠

$|↯⟩|↯⟩ + |↝⟩|↝⟩$

两光子极化纠缠态

$|\Phi^{\pm}⟩_{12} = \frac{1}{\sqrt{2}}(|H⟩_1|H⟩_2 \pm |V⟩_1|V⟩_2)$

$|\Psi^{\pm}⟩_{12} = \frac{1}{\sqrt{2}}(|H⟩_1|V⟩_2 \pm |V⟩_1|H⟩_2)$

"遥远地点之间的诡异互动"
——爱因斯坦

图3

了一个宏愿,我就一直想证明爱因斯坦是对的。但是最后,没有办法,所有的实验都证明,爱因斯坦的观点,到目前为止是不对的。这个东西还是非常有意思,但是他们的讨论,当时还没办法通过实验来检验。那么一直到了29年之后,有一位核物理学家叫作John Bell,他提出了一个不等式。他说这两个粒子,其实我们可以来测一个物理量,这边测它沿水平/竖直在振动的光子,那边测它是不是沿45°在振动,等等。测完之后,他说,如果爱因斯坦是对的,这个值应该是小于等于2;如果量子力学是对的,这个值最大可以到2倍根号2。那么这样的话就可以用实验来检验到底是不是有在遥远的地点之间这种诡异的互动。所以从20世纪70年代开始,其实这里面最早做纠缠的物理学家是我们华裔的科学家,叫吴健雄,她当年为了证实李政道和杨振宁的CP破缺的时候,已经涉及这个现象了,但当时因为没有提出Bell不等式,很遗憾她当时没做这个实验,她如果这个实验也做的话,她一辈子其实就做了两项"诺贝尔奖"级的工作了,真的是非常了不起。那么后来,在伯克利有位科学家叫Clauser,他做了一个实验,证明它可以达到2.6;到20世纪80年代,法国一位科学家,叫作Aspect,证明它可以达到2.7。然后我的老师Zeilinger又做了一个实验,到2015年荷兰科学家Hensen又做了一个实验,所有的实验都证明,量子力学是正确的,因为这个值可以大于2。但这些实验仍然存在一些漏洞。

漏洞主要有几个,我想这估计需要你们在座的有些人一起参与进来,一起来解决这个问题。也许在漏洞解决的时候，新的科学就诞生了。所以我今天还要把它讲得略微深入一点。什么漏洞呢？因为要测这个值的时候，必须有随机数来控制，因为沿着哪个方向测，必须是随机的。如果测量方向不是随机的，而是预先确定好的，那么这个粒子可能会变换状态。因此，需要这两个地方产生随机数，来控制测量装置，而且这两地的随机数必须是完全独立的。但是问题是这个随机数产生器已经放在那里了，所以就不可能保证这两台随机数产生器本身是类空间隔的。所以随机数产生器可能预先存在某种关联，这样的话，测量方向的选择可能不是真正随机的，这就是在2014年的时候，在这篇RMP中提出的问题。另外，我们也知道只有我们人去看它的时候，波函数才真正塌缩，你从又冷又热的状态，变成或者冷或者热的状态。但是问题是，如果我们没有去看，这个仪器可能始终在不停地测，一直没出结果，然后我们人跑去看一下，只有看到结果的时候这个波函数塌缩才真正发生了，所以对两个粒子的测量可能花了很长时间，没有真正处于类空间隔。Leggett是在2003年获得了诺贝尔物理学奖，他写了一本书专门讨论这个问题。所以为了实现这个终极的检验，我们必须实现量子纠缠的超远距离分发。因为你要让人去做实验，你用机器不行了，不相信机器，要相信人。但是我们人的反应速度是很慢的，大概100毫秒才能做出一个选择，那么100毫秒乘以这个光速的话，要保证这个纠缠粒子的分发距离要达到3万公里（km）以上才能进行。这就是为什么，我稍后会讲到，我们希望以后能够来做这个实验。

尽管大家可能觉得这是吃饱了没事干，不停地来证明量子力学是正确的，其实在做这些工作的过程当中，尽管没有实现最终的检验，但是人们已经慢慢地发展了很多很精致的技术了。利用这些技术已经能够对量子状态进行人工制备了，对多个量子间相互作用进行主动操纵了，这样的话，人们的能力也在发生大的飞跃，所以说目前正在产生第二次量子革命。那么为什么把它叫作"第二次量子革命"？大家在中学都学过"孟德尔遗传定律"。田里面的豌豆，有几种是长高的，有的是比较矮的豌豆；有时候开白花，有时候开红花，有些长得大一点，有些长得小一点，等等。这些都是被动观测，大家都知道"种瓜得瓜，种豆得豆"这些规律，但是不知道它背后的原因是什么。那么到了后面DNA双螺旋结构发现以后，然后才发现生物的性状其实是有遗传学方面的基础，是有分子生物学的

基础,就是由DNA决定的。这样的话,通过主动调控即可改变这个性状,这就是基因工程。对于量子,也是这样的,从前我们只能对量子被动观测,然后看到什么现象,做什么改造。但你现在能够主动地组装起来,我把这个原子拿过来,这边动一下,那边动一下,其实就产生了非常强的能力。这种能力就直接导致了第二次量子革命的诞生。

第二次量子革命即"量子信息技术"。量子信息技术可以有三个方面。第一,利用量子通信,可以提供原理上无条件安全的通信方式。第二,利用量子计算,可以提供一种超快的计算能力,揭示复杂系统规律。第三,利用量子精密测量,可以提供一种非常强的感知能力。对于世界很多发生的事情,就可以知道得很清楚。比如,我们现在利用量子精密测量可以探测到引力波了,有三位科学家凭借着引力波相关研究,获得了2017年诺贝尔奖。我们已邀请这3位诺奖获得者12月中旬到我们中国科大来访问。那么,他们当时就利用量子精密测量的手段,以至于在地球和太阳之间,这么远的距离,只要改变一个原子的距离,它都可以测出来。所以这种感知能力是非常重要的。所以说,量子信息从根本上为信息安全、计算能力、感知能力都带来了革命性的进步,非常有可能带来第四次工业革命。

具体来说,利用量子通信,可以实现无条件的、安全的密钥分发。它是怎么来实现的?比如说,张三可以给李四送一系列的单光子,有冷的、热的、又冷又热的。如果一个窃听者中间来窃听一下,因为他不知道哪个是冷的、哪个是热的、哪个是又冷又热的,他中间测一下之后,他就会对那些又冷又热的产生影响。产生影响之后,本来测量之前它是处于又冷又热的状态,结果到了李四的手里后,变成了冷的或热的状态,于是就知道中间被别人窃听过了,那这个密钥就不能用了。这是它的基本原理(图4)。但具体实验要复杂得多,我这里只是为了简单一点表述。另外,窃听者说我可不可以把光子给分割一下,我把它拿走一半啊?不行,它不能分割,分割完了之后,基本状态就没有了。所以不可分割、不可复制,同时保证了存在窃听者一定会被发现。那你可能会说,平时窃听者随便搞一下就不行了,就算不能窃取密钥,但这个密钥也废掉了,你也无法通信了,是不是很脆弱?我说不是的,只要窃听者捣乱的概率小于11.4%,那么他偷走的那些密码,可以通过技术手段将其给过滤掉。窃听者如果在线路上老是在捣乱,我们还可以借助网络予以解决,从另一条线上走。例如原本的线路是从北京到山东到合肥,如果这条线被控制住,我就改为从北京到武汉到合肥,这是可以换的。然后这个密钥产生之后,就能产生一次一密、完全随机的加密,这样加密的信息就是无法被破解的。这是量子通信的第一种应用,叫"量子密钥分发"。

量子通信中还有另外一种应用,叫"量子隐形传态"(图5)。这种隐形传态就有点像 *Star Trek*(《星际旅行》)穿越里面的情形。假定我今天在北京出差,晚上要赶回来作报告,但是航班误了。那么我想紧急赶回来,怎么办呢?别的方法都没有,只有一种方法,用量子隐形传态。在北京和合肥之间具有很多很多纠缠粒子,那么这时候我潘建伟和北京这边的粒子做一个测量,测量之后就把我身上的每一个原子的状态和北京的这一团原子纠缠在一起。那么它到底处于哪种纠缠态呢,会有一个测量结果。把这些测量结果通过无线电台发射到合肥,然后在我们合肥的那个机器里面,我们就开始根据这些结果对合肥这边的粒子进行操作,最后我们就可以在合肥把我潘建伟完整地构造出来了。我的重量、原子的数目、我的头发有几根白了、我的记忆是什么,都一模一样,在量子力学里面原理上是允许这么做的。当然能不能传送人,将来还有没有一些生物学规律、化学规律方面的限制,我还不知道。但是至少这种手段,我来送几十个原子的状态、几百个原子的状态是可以的。当你这么多的信息,0101…的信息在网络里面传来传去的时候,它其实就是一台计算机了。计算机是什么意思,就是有好多存储单元。先读一下,这是0,然后传送到另一个地方,按照需要把这个0变成1,然后

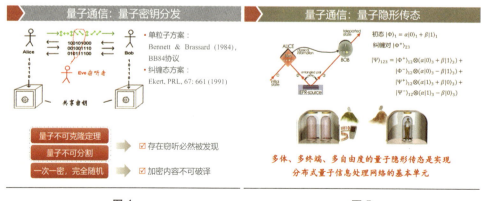

图4　　　　　　　　　图5

再到第三个、第四个地方，看看这到底是什么，最后再测这个结果就是计算结果了。所以一般信息在一个网络里面传送的时候，我们就可以来构建计算机。那么这个传送量子状态的计算机我们就把它叫作"量子计算机"。

量子计算机是什么概念？（图6）在经典计算机里面，一个存储单元，它存一个比特，0或者1的状态。但到量子世界，它处于0+1，这两种状态同时存在。如果说你有两个比特，在经典世界里面，只能属于00、01、10、11这四种组合里的某一种。但到了量子世界，这两个原子，这4种状态可以同时存在。这样一来，如果你有100个粒子，那么系统里的存在状态，就约为原来的2^{100}倍，这个数据是很大的。我觉得大家可能都看过一个故事，就是从前国际象棋的发明者，他发明了国际象棋之后，国王非常高兴，说我要给你奖赏。发明者说，那奖赏很简单，你在我的棋盘里面，第一个格子放一粒麦子，第二个放两粒，第三个放4粒……总共有64个棋格，最后是2^{63}粒。国王说很好啊，你到我的仓库里去拿几麻袋麦子就行了。结果大臣一算2^{63}啊，那个国家好几年的产量都不够。所以到了2^{100}的时候，这个数字就变得特别大了。所以利用这种系统，你就可以同时对2^N个数进行数学运算，相当于经典计算机重复实施2^N次操作。这里我可以举个例子，有一台万亿次的经典计算机，你要分解一个300位的大数的话，需要150000年；但是利用万亿次量子计算机，大概需要"滴答"1秒钟就行。或者你要去求解一个10^{24}个变量的线性方程组，利用目前最快的超级计算机需要100年，但是利用万亿次量子计算机，只需0.01秒就行了。如果利用这么强大的计算能力之后，RSA公钥密码就立马可以被破解掉了；气象预报可以算得更准确；还可以用于金融分析炒股；也可以用于药物设计；等等。它的用途是非常广泛的。那么我这里为什么举这么一个例子，10^{24}。因为有一个非常有名的事件，本·拉登的"撞举"，这是一个非常恶性的事件。911事件发生之后，美国的中央情报局到它的数据库里查，结果发现，恐怖分子当时打电话联络，哪天计划发起攻击等等电话信息其实已经存在数据库里面。当时怎么就没发现呢，因为他们的数据库太大了，要"大海捞针"地把这些信息发现大概需要100年。就相当于求解我之前讲到的那个10^{24}个变量的线性方程组，100年之后，还有什么作用呢。但是如果分析出这些数据只要0.01秒，那么恐怖分子还没行动，就可以抓起来了。所以从这种角度上讲，量子计算会在很大程度上改变我们的生活。

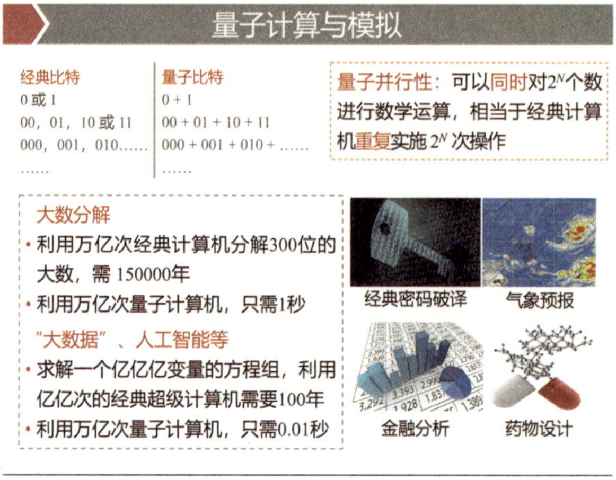

科学第一课

量子计算与模拟

经典比特
0 或 1
00、01、10 或 11
000、001、010……
……

量子比特
0 + 1
00 + 01 + 10 + 11
000 + 001 + 010 + ……

量子并行性：可以同时对 2^N 个数进行数学运算，相当于经典计算机**重复**实施 2^N 次操作

大数分解
- 利用万亿次经典计算机分解300位的大数，需 150000年
- 利用万亿次量子计算机，只需1秒

"大数据"、人工智能等
- 求解一个亿亿亿变量的方程组，利用亿亿次的经典超级计算机需要100年
- 利用万亿次量子计算机，只需0.01秒

经典密码破译　气象预报　金融分析　药物设计

图 6

　　另外量子信息里面的技术还在精密测量里面非常有用（图7）。我这里只举一个例子。比如说，我们用来做自主导航，最好的传统导航技术，在航行100天后误差大概在数十公里。假如你要驾驶潜水艇去打恐怖分子，你还需定期上浮利用卫星定位修正，否则就不知道打到什么地方去了。但是利用量子精密测量技术，目前已经比较成熟了，航行100天后定位误差小于数百米，甚至将来可以到米级，所以它不需卫星定位修正，可长期潜伏。从长远上来讲，它可以用于引力波探测、医学检测、自主导航等，所以说精密测量是非常有用的。

　　那么有人会问，量子信息这些技术，凭什么是你们物理学家给发展出来，而不是计算机学家，或者数学家？比如说数学家应该能更好地把密码给破解掉，或者把密码的方法给发展起来。或者信息学家应该把这个量子信息给发展起来，凭什么是物理学家呢？这个例子我想你们都能回答上来。假如有3个电灯泡，分别对应另一个房间里的3个开关。你怎么能只在这边房间把开关动一次，过去发现哪根灯泡跟哪根线连在一起。数学家是永远解决不了这个问题的。3个开关都打开，那3个灯泡都亮；2个开关打开，那2个灯泡都亮；只开一个有两个灯泡都不亮，他没办法跑一次就解决这个问题。但物理学家可以。物理学家开2个开关，过一会关掉其中一个开关，然后过去看，黑的那个，是跟你没开的开关连在一起的；那个不亮但是还在发热的灯泡，就是那个跟你刚刚关掉的那个开关连在一起的；亮的那

个是跟你一直打开的这个连在一起的,对吧。由此可知,物理学家是可以利用物理规律的。因而,有些时候,思考问题的时候,没有出路的时候,用物理学家的方法,尤其是量子的方法,来思考的话,其实有时候会有很好的收获。

图 7

五、量子信息技术的实验实现

那么,讲了这么多,大家说量子到底能不能有实际用途啊?我们说,是可以的。首先,为了产生量子密码,我们首先要产生单光子。大家也许会说,单光子很简单啊,反正资源这么丰富,每秒钟可以有万亿个光子飞过来,拿一个送走,拿一个又送走就是了。但问题是光子太多了。比如说我们这里坐的总共大概2000人不到,我突然想把哪个人找出来,也是比较困难的。更加不用说,万亿个光子从你面前飞过,你要一个一个捡出来,加上信息送出去,其实这就变成非常非常困难的问题了。所以我们目前的方法是把普通的激光衰减成很弱的光脉冲,然后保证在每一个脉冲里面找到一个光子的概率只有0.01左右,或者0.1左右。单光子的能量是非常微弱的,用单光子探测器可以探测到,这个非常好。其实我们人的眼睛,在黑暗的房间里面呆了几天之后,一个单光子进来也是能看到的,所以大自然给我们的眼睛是非常灵敏的。商用的单光子探测器拿来就可以用,不用先关进黑屋子里。探测器有半导体的、硅的、超导的、等等,各种各样的。有了这些东西以后，第一个实验是在IBM做的，量子密码能够传送32厘米。然后经过10多年的努力，又能传到100多公里。但是这里就存在一个问题了。因为所用的光源是不完美的，比如说有P的概率产生一个单光子，那么就有P平方的概率同时产生2个单光子。假设窃听者非常聪明，他能够把单光子的事件全部去掉，因为在量子密码的安全性论证中，必须假设窃听者具备一切物理学原理允许的能力。在张三到李四的信息传送过程中，窃听者把单光子事件全部阻隔，而对有2个光子的事件，他拿走一个光子，把另外一个光子送到李四那里。好了，窃听者拿到的光子和李四收到的光子是一模一样的，他就可以对这一密码进行100%的窃听。然后还有另外一个问题，我们的探测器也是不完美的，有种攻击方式叫作"强光致盲攻击"。窃听者可以用一束强光打到单光子探测器上，这时候单光子探测器对弱光就没有响应了，这就是"致盲"。单光子探测器被致盲后，窃听者就可以操纵它，让它只对窃听者想要它看到的状态有响应，这样等于密钥就全都是由窃听者发给你的了。由于这个发射端和接收端的不完美，所有2005年之前的方案都不安全。等到2005年的时候，有一位中国科大的校友，当时在日本工作，提出了一个所谓的诱骗态方案。他有了方案之后，首先就跟我们联系，希望我们能够在实验上实现这一方案。结果在2007年我们在国际上首次实现了诱骗态方案，光源哪怕有时候是不完美的，我用诱骗态的方法，也照样可以把安全距离提高到100公里以上。这是在2007年的时候，我们把光源上的问题解决了。到了2012年的时候，有几位科学家又提出来测量器件无关的量子密钥分发方案，对于一切针对探测器的黑客攻击，它都是"免疫"的。就该方案，我们在2013年的时候做了一个实验，当年入选了美国物理学会的年度重大进展。到了2016年，我们把安全距离也提升到突破400公里了，所以在现实条件下的安全性，就很好地建立起来了。所以从2008年我们做一个示范网，到2012年我们建成了城域网，最后在2012年下半年的时候，这些技术综合在一起，在十八大的时候就用上了。所以后来，到现在十九大，包括全国两会等等，就一直都在用我们这样一个高安全通信保障系统，就是在城域范围里面已经开始走向实用了。

那现在看起来，是不是很好啊，400公里，800公里，一直往下去推进，但是答案是否定的。因为光在光纤里面传输的时候，存在固有的损耗。在经典光通信里面，有损耗也不要紧，把光信号放大一下就行了。但是量子通信不行，因为不可克隆的性质，是没办法将这个信号放大的，要去放大本质上就要去测量它，看它处于什么状态。比如说，你有一张传真，我再复印一张，就有两张，再复印一张变成三张，每张的信息都一样。在送的时候，有一张或两张纸丢掉了，那这张纸还可以继续往后传，再复印三张，再继续往后传，所以经典信息是可以这么传。但量子信息不行，它不可复制，所以信号不可放大。这样的话，它在光纤传输的过程中信号就越来越弱。所以在长度为1200公里的光纤当中，就是相当于从北京到上海传过去，即使每秒钟可以发射100亿个单光子，而且我们探测器是完美的，那么数百年只能做一个密码。所以有同学说，我只能在城市范围内做一做了，那就没什么用啊，其实我最希望的是能够全世界或整个中国大地上，都能做这件事。

那怎么办呢，所以我们就采取权宜之计吧。现在我们的保密通信用的是专网。专网什么意思呢？就是从北京专门拉一条光纤到上海过来，然后保密信息在这条光纤在里面传来传去，不对外开放。但其实把光纤略微弯曲一下的话，利用泄露出来的一点点光，是可以进行窃听的，所以即使是专网，原理上线路上的每一点都不安全。那么在量子保密通信中，我就把这个1200公里分成30或者20段，每段之间用一个中继站连接。我们需要人为保证的是每一个中继站点的安全，就相当于送鸡毛信一样，北京送到济南是安全的，然后济南送到合肥是安全的，等等。你只要保证北京、济南、上海这几个点有人看守不要被人窃听就行。但传统的专网，你要真的保证它安全的话，每个点都要保障。这就是远距离量子保密通信"京沪干线"的工作原理，我们在国家发改委的支持之下，在2017年9月29号，正式开通了，已实现有各种各样的应用，比如说中国有线、银监会、工商银行、国家安全部门等等，在金融领域的应用主要是银行的同城数据传输、银行数据的远程再备、银行数据的监管、金融信息交易，还有一些政务国防的应用等。

但是这样的方法还不是特别有效，你要保证30多个中继站是安全的，总之不太好。所以其实在2003年，我们就考虑另外一种更有效的解决方案，就叫自由空间量子通信。大家知道，在外层空间都是真空，所以是没有光的吸收的。而且我们计算了一下，整个垂直大气只有地面水平大气5到10公里的等效厚度。5到10公里的水平大气的话，其实80%的光是可以到达接收站的。但是在光纤里就不一样，100公里的光纤，大概只有1%的光可以到达终端。那么，200公里就只有万分之一了，300公里就只有百万分之一了，是指数衰减。有了这个想法之后，我们其实从2003年开始，花了10多年的时间，进行了星地量子通信的地面验证实验。到了2004年底，我们在合肥的大蜀山做了一个实验，把量子纠缠往两边送，证明13公里之后，这个量子纠缠还是可以很好地存活的，也就证明光子在穿透大气层后，它的量子态还没被人看过。因为看过的话，本来又冷又热的，就变成了冷或者热的。那么第二步，我们在青海湖，验证了在高损耗星地链路中进行量子通信的可行性。因为大气的损耗只有20%，但是从天上送下来，经过近千公里之后，这个光斑是会变大的，所以不可能把所有的信号全接收进来。那么我们发现，哪怕光斑变大之后，我们所接收的信号，也是可以进行量子通信的。那么最后，卫星是飞得非常快的，那么在卫星各种运动姿态下能不能进行星地量子通信？低轨卫星每秒钟飞八点几公里，我们也验证了进行星地量子通信的可行性。所以经过十多年的努力，我们在地面上发展了各种各样尖端的技术证明这个事情是可以做的。我们发展了非常好的技术，例如高灵敏的能量分辨率，相当于如果有个人现在躲在月球上，他要吸烟，划了一根火柴，用我们的装置，在地面上，我是可以看到的。

我们从2003年有这个想法，所以有的时候还真是十年磨一剑啊，用很长时间，我们的"墨子号"终于在酒泉卫星发射中心成功发射。发射成功之后，我们有几个使命，第一个要实现千公里级星地量子密钥分发，结果我们发现量子密钥分发的速率比在相同距离的光纤里面可以提高20个数量级。然后发现，我们也可以进行千公里级星地量子纠缠分发。我们真的在地面上看到了，在青海德令哈和云南丽江之间，这两个光子，还真的有那种遥远地点之间的诡异的互动。另外我们也做了一个千公里级地星量子隐形传态，最远的距离是1400公里。我们可以把地面的量子态传到卫星上去，但没有把这个粒子本身送到卫星上面去。这三项工作，以封面标题或封面文章的形式，发表在Nature和Science杂志上了。

当年在读中学的时候，我看过有个实验，说大气压多么厉害，两个半球密闭在一起抽真空后，八匹马都拉不开，就是那个马德堡半球实验，我觉得那个实验是非常有意思的。科学是非常美的，在野外做实验更加美。你看我们做实验的时候，也是非常有意思的，所以其实你们在放暑假的时候，可以跟我们实验室联系，你们可以到这些很漂亮的地方晚上看看我们的实验。这个是我们在实验时拍摄的照片（图8），卫星每次过顶大概在300秒左右，照相机每次曝光5到10秒钟，然后把卫星过顶的整个轨迹拍下来，最后合成在一张照片上，就是我们现在所看到的情况，而且你用肉眼也是可以看到的。所以其实做实验是很有意思的。而且那个地方在乌鲁木齐的南山，草原上还可以骑骑马，烤烤羊肉啊什么的。科学家不是那么苦的，其实是蛮有意思的。

图8 "墨子号"量子科学实验卫星过境
拍摄于新疆南山天文观测站（多张照片合成）

在量子计算方面我们国家也是取得了非常好的成果的。我们从2005年开始，发表这个领域国内第一篇 *Nature* 的文章，实现终端开放的量子隐形传态，然后到了2007年实现了快速搜索算法，到了2007年又做了快速质因数分解，然后又做了线性方程组求解，到了2015年做了量子机器学习，等等。特别是在2012年，我们在拓扑量子纠错方面取得了很好的成果，当时我们的工作是发表在 *Nature* 纪念图灵诞辰100周年的那期专刊上。我们已经实现了所有重要量子算法的实验验证，那么当然这些都是小儿科的，15等于5乘3、21等于7乘3，都没什么用，你一下就能算出来了。我们能不能算得比经典计算机快一点呢？到了2017年我们有了比较好的结果。这是我们构建的可编程光量子计算的原型机，首次演示了超越早期经典计算机（ENIAC、TRADIC）的能力。随后我们又实现十个超导量子比特的量子计算芯片，在这个基础之上我们又实现快速求解线性方程组的量子算法。所以我们从1997年开始做量子计算，经过了20年的努力，我们总算赶上了经典计算机的尾巴，就是赶上它们1946年的水平了。但是，这"赶上"很了不起，为什么呢，因为可能在以后的5年里面，我们在某些能力上，就有可能会超越目前最快的超级计算机了。也就是说从第一台经典计算机到现在超级计算机，花了大概70年时间。而量子计算机一旦赶上了第一台经典计算机，再过3至5年就有可能超越超级计算机了。这是一个非常好的进展，那么它可以用于很多东西，比如说，用于优化交通网络、优化治疗，也可以实现高效的全局搜索，尽可能地减少堵车，也可以加速机器学习训练速度等。

六、量子信息的未来发展

其实目前在国际上，比如说欧盟和英国，2015年就大概投入4亿英镑用来开展量子技术专项。2016年4月，欧盟跟各个成员国一起投入30多亿欧元来启动量子技术旗舰项目，2018年正式启动。他们计划开展原子钟、量子传感器、星地量子通信、量子模拟机、量子互联网等研究。欧洲还有一个广域量子通信网络计划，等等。美国也非常重视，2017年10月，美国国会开了一个听证会，听证会形成了一个结论，就是美国绝对无法承受量子技术革命竞争中失败的代价。而在2018年6月，美国众议院科学技术委员会立法启动总额约13亿美元的国家量子计划行动，主要研究领域为超精密量子传感、防黑客量子通信以及量子计算等。所以确实我们面临着非常激烈的国际竞争。当然企业也在积极地参与，像俄罗斯的国家开发银行，他们建立了俄罗斯的国家量子中心；而谷歌、IBM，还有英特尔等都有相关的投资，在量子计算领域开展相关的工作。

我想，通过10到15年的努力，我们非常有希望在量子通信领域形成一个完整的空地一体广域量子通信网络体系，在国防、政务、金融等领域得以广泛应用（图9）。到时，可能在15年之后，我们平时的网上转款等都非常有可能会用上这方面的技术了，这是第一方面。当然有些人喜欢搞有用的技术，那么量子通信技术到底有没有基础研究方面的价值呢，也是有的。比如利用星地之间的量子隐形传态，把分布在全世界的望远镜接收到的光都汇集起来，就可以得到一个口径相当于整个地球截面的望远镜，那样就可以得到非常高的空间分辨率。用这个技术,如果有一辆汽车漂在木星的轨道上,那汽车的牌照是可以很清楚地看到的。其实这跟引力波探测的很多技术都是紧密相关的。另外,在GPS里面,基于卫星的微波授时长期稳定度是10^{-15}。如果用光频率传输的话,这个长期稳定度大概就可以达到10^{-19}。这就为我们的导航定位带来非常革命性的变化。利用我们自由空间里的纠缠分发,还可以把世界各地原子钟的原子纠缠起来,再和光的频率传输结合在一起,可以来大幅度提高原子钟本身的短期的稳定度。如果有100个原子纠缠,短期内的稳定度可以提高10倍;如果有10000个原子纠缠,短期内的稳定度可以提高100倍,因为是根号N的关系。

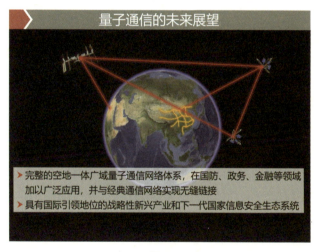

图9

非常有意思的是,我们这个领域是来自爱因斯坦的好奇心,经过实验的进展,逐渐发展出来非常有用的技术。那么随着自由空间量子通信的发展,我们又可以反过来做一些基于空间量子实验平台的物理学基本原理检验。我们都知道相对论和量子力学一直都没有很好地统一在一起。尤其是广义相对论,时间和空间一直没有量子化。有些理论告诉我们,在极其微小的尺度下,有普朗克长度、普朗克时间,那么到了如此微小尺度之后,我们的时空是光滑的呢,还是像光子那样一份份不连续的呢,这个就不清楚了。所以有些理论叫量子引力理论。比如在2009年有篇 *Nature* 的文章谈道,如果这个量子引力理论是对的,到了小区间的时候,时空就不再光滑了,那么光子在不光滑的时空中飞行的时候,就像它在真空中飞行一样也会有"色散",就是不同的频率有不同的速度。如果光经过很长距离的飞行,速度的不同会使得到达时间有微小的差异,就可以用来判断这个理论到底对不对。另外,因为时空不光滑以后,光子的极化可能有些微小的、随机的极化扰动,如果测出来以后可以用来判断量子引力理论到底对不对。所以非常有意思,从好奇心出发,通过理论和技术,现在又可以向好奇心前进了。此外,我刚才讲到的量子力学非定域性的检验,这个故事其实并没有结束。那么未来的发展方向,我们希望能够进行30万公里的量子纠缠分发,就是比方说一个宇航员在天宫2号上,一个在月球上。在这种情况下,你用眼睛盯着然后再来做实验,再来看这个量子非定域性,如果还是大于2的话,那么这才算真正完成了量子力学非定域性的检验,这个故事才能结束。完成这个任务还需要若干年,我觉得不一定我能够完成,可能需要在座的各位加入了。

在量子计算方面,我想可能在5年左右我们就可以达到100个量子比特的纠缠了。那时候,它的计算能力,就可以在某些特定问题的求解上,比现在全球计算能力的总和大100万倍。所以量子计算是如此的强大,你在一个小小的实验室里做出一个东西来,它的计算能力就可以比全球计算能力的总和大100万倍(图10),心中还是非常激动的。现在,很多国家和地区,很多科研机构和高校,包括我们中国科大,都希望在竞争当中能够在第一方阵。目前我们还是第一方阵。我们希望,不敢说全面领跑,但至少还要在第一方阵里继续跑下去。这是非常重要的。

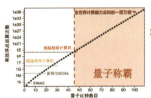
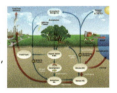

图10

另外，在量子精密测量方面，我们会有原子陀螺仪、原子重力仪、磁场精密探测、激光测风雷达等各方面的研究（图11）。

图 11

那么更远的未来我们还想做些什么呢？在这里我愿意跟大家分享一下。1609年，开普勒给伽利略写了一封信，当时他就讲，"应该建造适合飞向神圣天空的船与帆，然后也会有这样的先驱者，面对无边的太空，他们毫不退缩。"在他们这封信将近350年之后，1961年4月12日，人类首次进入太空；在360年之后，1969年7月20日，人类首次登月。那么我们说，1997年，我们首次实现量子隐形传态，十年之后可以传送两个粒子的状态，再10年之后，可以传输1000公里。那么是不是在将来，我们可以用这种量子隐形传态来实现星际旅行呢？这个真的是非常期待。为什么你要这样想，如果你把人加速到光速，太困难了，需要几乎无限的能量，把整个地球的能量全花掉都不行，没办法做到。那么你用那种普通推进器把你往前推，也不行。为什么呢，你还没飞出太阳系，就已经老死了。那么也许有这样一种很好的方式，我们真的能够在很遥远的地方探索宇宙。我觉得我们也希望将来会有这样的机器，当然造出这个机器可能需要很长的时间，可能光靠你们都不行。另外，还有一个我觉得可能是近一点的。大家觉得人工智能很可怕，人工智能的到来会不会把我们人类给毁灭？其实现在我们不用担心，现在的人工智能、经典计算机都是决定论的。就是每台计算机本质上都是可以把它的信息给拷贝出来的，所以我有两台计算机，买了两台iPhone，如果里面装的所有软件都一样，所有的微信 message 全都一样，结果你就区分不了了。又比如我前面讲的量子隐形传态，我要从北京传到合肥来，那么是不是搞出两个潘建伟来了，那就麻烦了，我的孩子就不知道叫哪个人爸爸了，那就有伦理问题了。但是量子力学的测量原理告诉我们，要把潘建伟从北京传到合肥来，在北京的那个潘建伟一定要还原成一些原始的东西。所以这个时候我还是独一无二的，从这种意义上讲，我们真正的物质体系，跟大家讨论的经典计算机、经典人工智能机器人，是有很大区别的。所以，现在我们对我们自己的大脑目前是远远没能理解。不用说我们的大脑，连一个原子的状态，在原理上来讲，都不可能精确复制。但量子力学第一次把观测者的意识，就是我们的consciousness，与我们物理世界演化结合起来了。例如这是《新科学家》封面的文章，说 *Your Quantum Mind*。还有位物理学家，他是霍金的好朋友，也是黑洞方面的权威，叫彭罗斯。他写过一本书就叫《皇帝的新脑》。他认为量子力学是首次跟意识的产生联系在一起的。也许量子计算与我们人类大脑的思考方式是紧密相关的。所以也许对这方面的研究，能回答人为什么会有意识。

最后做一个总结，我引用一下黑洞的提出者惠勒的观点，他说，我们这个宇宙本来是毫无生机的，后来慢慢演化出星球，进化出我们人类，万物之灵，然后用我们精巧的大脑和眼睛回过来看我们这个宇宙。所以，我们研究物理学、自然科学，我们活着干什么，很大程度上就是希望能够对我们这个有趣的世界，做一个探索。

谢谢大家，我就讲到这里！

饶子和　　中国科学院院士

清华大学教授、南开大学原校长

1977年、1982年先后本科、硕士毕业于中国科学技术大学,1989年获墨尔本大学博士学位。曾任南开大学校长。2006年至2017年任中国科学技术大学北京校友会会长,现任中国科学院学部主席团成员,全国政协常委等职。2003年以来,先后当选为中国科学院院士、发展中国家科学院院士、牛津大学赫特福德学院Fellow、国际欧亚科学院院士、爱丁堡皇家学会通讯院士,以及哥拉斯哥大学和香港浸会大学荣誉博士等。

主要从事与人类感染相关或具有重要生理功能的蛋白质与病毒的三维结构研究,以及创新药物的研发。迄今在 Cell, Nature, PNAS, JMB, JBC, JACS 等国际SCI刊物上发表学术论文350余篇,研究涉及众多新发、再发人类疾病病原体,在了解病毒生命周期机制方面取得了突破性进展。曾荣获香港"求是杰出青年奖"、首届"谈家桢生命科学成就奖"、陈嘉庚生命科学奖、何梁何利"科学与技术进步奖",以及世界高科技论坛"杰出学术领袖奖"等诸多奖项。

科学第一课
KEXUE DIYI KE

技术创新与创新成果
——病毒与新药

同学们,大家好!

今天我和大家讲两个方面内容,技术创新与创新成果,具体说是讲讲病毒三维精细结构与创新药物,或者说病毒与新药。我想通过我从博士阶段跟随导师(图1)做的科研到现今的研究工作告诉大家新技术、新方法的重要性。新技术、新方法的突破往往能带来一系列重大的研究成果。我们中国科大的同学,不管是什么专业,我觉得新方法、新思想、新理论的创立应该是我们中国科大同学的一个历史使命,特别是在科学技术方面。如果说仅仅是跟风,用别人的技术方法去做,倒也无可厚非,但是我们中国科大的同学所承担的历史使命应该更高一些。新思想,新技术、新方法、新理论,这四新是非常非常重要的。

图1 与博士导师合影

首先我要和大家报告的是,我的研究所在做什么?我的研究所主要是进行一些新发、再发传染病的研究。从结构生命学角度,应该怎么做新发、再发传染病的研究呢？我的第一个方面的研究内容（图2），是手足口病毒的研究，这个后面会讲得更具体。第二个方面，我从牛津大学就开始进行的流感病毒的研究。关于流感病毒的研究做了很多年，但直到2008年与2009年才取得了比较大的突破，在Nature上发表了两篇文章。2003年是非典时期，我们实验室就开始了SARS冠状病毒和最近流行的MERS病毒的研究。我的第三个方面的研究，是甲型肝炎病毒、乙型肝炎病毒和丙型肝炎病毒的研究，简称甲肝、乙肝、丙肝。我们实验室一月份在Nature上发表了甲型肝炎病毒的研究方面的论文。第四个方面，我们在做艾滋病病毒方面的研究。我的工作就是1995年在Nature上发表的艾滋病病毒的分子结构装配模型，这项研究工作还是很重要的。第五个方面，我们在做一些烈性传染病的相关研究。比如说埃博拉病毒。在这个方面，我们也做出了一些比较重要的工作。第六个方面，是结核杆菌的相关研究。结核杆菌的抗药性是非常严重的，这已经在世界范围内造成了重大的危机。这方面工作，我们实验室已经做了十年。十年以来，我们发现了结核杆菌的30多种蛋白结构，特别需要指出的是，最近我们也有一些更深入、更重要的发现。

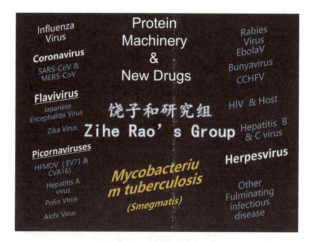

图2 研究方向

在座的各位虽然都来自不同专业，但是我们都是从事科学研究的人。接下来我以一个报告的形式给大家介绍一下什么叫作科学工作，怎样进行科学工作以及通过我们的科学工作可以得到什么。看上去我的这个题目很长：HFMD病毒及其受体的三维精细结构和病毒入侵机制和抗病毒药物研究。但是提炼一下，它就是：病毒、受体与抗病毒药物。

一、病毒

我以手足口病毒来给大家举例。为什么要做手足口病毒研究呢？2008年，在安徽阜阳爆发了手足口传染病。这次病毒的爆发，造成了数百名5岁以下的儿童死亡，情况非常严重。到现在为止，全国共有800万的患病病例，其中，有2000多个死亡病例。手足口病主要有两种病原体，EV71和CVA16。手足口病属于小RNA病毒家族。什么叫小RNA病毒家族？这类病毒都是类球状，是一种没有包膜的正二十面体的病毒。这个球体里面有一个单链的RNA作为基因组（图3）。它的分支家族是肠道病毒。肠道病毒有EV71、CVA16和Polio的病毒，Polio就是导致小儿麻痹症的病毒。肠道病毒能够产生11个蛋白质，其中有4个蛋白质是结构蛋白。剩下的7个蛋白负责在宿主体内进行病毒的转录与复制，从而产生新的病毒。研究病毒有三个重要方面：病毒如何与宿主细胞的受体识别然后进入宿主细胞并释放它的基因组？释放基因组后如何与宿主细胞的基因组整合，从而进行转录与复制？复制后的结构单元如何装配形成新的病毒，并释放出宿主细胞？即入侵、转录复制与释放。

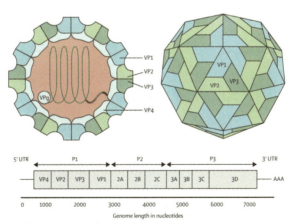

- icosahedral virus particle
- ~ 7,000 bp genome
- 11 virally encoded protein for virus lifecycle
    - P1: VP1-VP4 structural protein; - P2: 2A-2C; - P3: 3A-3D

Tuthill,T.J et.al Journal of Virology 2010

图3 小RNA病毒的基因组排列

在做EV71的研究时，我们用的是从阜阳的死亡儿童体内提取出的病毒，然后进行培养。再经过分离纯化，我们得到两个条带。条带上存在两种颗粒：一种颗粒是完整的病毒颗粒，另外一种就是空心的病毒颗粒。病毒在它的装配过程中，有一种将基因组组装进核衣壳中，这种病毒就是有活性的、具有传染性的病毒。还有一种没有把基因组进行组装，就形成了一个蛋白质空壳，这种叫作空心病毒。空心病毒是没有活性和传染性的。在做CVA16研究时，我们用的是浙江的病毒。因为浙江的这种病毒传染面非常广。在这种病毒分离过后，我们除了上面所说的完整病毒与空心病毒之外，还得到一种位于二者中间的，我们叫作中间态病毒（图4）。这是在病毒基因组释放的中间过程中，基因组释放到一半的颗粒。对于科学研究来说，除了起始态和终态之外，还能拿到中间态，我们能够获取的信息就更多了。

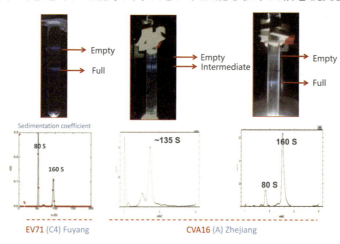

图4　手足口病毒的分离与纯化

后来我们利用物理的方法，把得到的病毒做成结晶。用X射线（俗称"X光"）晶体学衍射方法，通过傅里叶变换及相应的相位解析，进而得到病毒结构。我觉得这些结晶在过去还是应该能得到的，但是为什么结构没能解出来呢？因为当时没有这些好的数据收集方法。X光打在晶体上，晶体就碎裂了。按照一般的常识讲，我们这个实验就算失败了。因为样品都碎了，我们也没有拿到什么东西。但是，不完全是这样。X光打在晶体上，破坏了蛋白质的肽键，产生了大量的自由基，这些自由基把晶体崩坏了。整个过程有100个飞秒。X光打在晶体上产生的衍射过程，是40~70飞秒。那么我们能不能在晶体碎裂之前记录下衍射情况呢？答案是可以的，这种方法就叫作Diffraction before Destruction（图5）。这种方法需要一个非常敏感的、敏捷的检测装置来收集这些衍射信息。这些新的数据收集技术离不开新技术的推动。

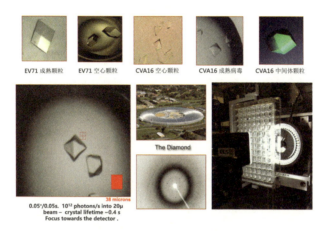

图5　病毒晶体衍射数据收集

我们解出了5种病毒颗粒的结构：EV71完整病毒、EV71空心病毒、CVA16完整病毒、CVA16中间态病毒和CVA16空心病毒（图6）。这5种结构如果放在过去，有人一辈子能解出一个病毒结构那都是非常了不起的。但是现在新的技术、方法使得我们可以相对比较快地解出这些结构。这些结构可以让我们知道病毒的每一个原子的坐标位置，所以我们对病毒的三维精细结构是非常了解的。

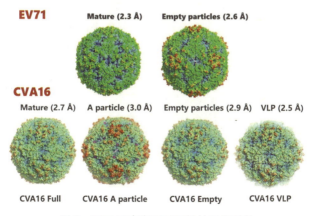

图6　手足口病毒不同颗粒的三维结构

首先是EV71的完整病毒和空心病毒（图7）。从表面上看，二者差不多。但是仔细看的话，会发现完整病毒要小一点，空心病毒会大一点。完整病毒比较紧凑，而空心病毒显得比较松散。这说明，病毒在释放基因组的过程中，可能会有一个类似呼吸的过程。这个过程可以使病毒的外壳撑开，从而使病毒的外壳出现缝隙，然后基因组就通过这些缝隙释放出来。另外我们发现，在完整病毒中存在4种结构蛋白：VP1，VP2，VP3和VP4。但在空心病毒中，VP2和VP3还在，VP1的一大块结构消失，VP4整个消失。我们做个猜测：在基因组释放的过程中，这两种蛋白参与了基因组的释放，随基因组一起进入了宿主细胞内（图8）。

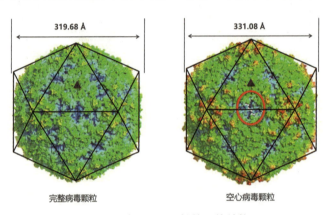

图 7　两种 EV71 颗粒的晶体结构

图 8　肠道病毒释放核酸的潜在机制

我们再来看一下中间态。中间态我们可以认为是基因组释放到一半时的状态。这个状态病毒的表面应该是存在RNA的，我们用染色的方法来检测一下，果然在表面发现有RNA。上面我们猜测过VP1的部分结构与VP4也释放出来了，如果猜测是对的，那么病毒的表面应该有疏水氨基酸。经过检测，证明存在疏水氨基酸。也就是说，这种中间态的表面是混杂的，既有基因组RNA，也有缺失的VP1的一部分和VP4。

那么还有一个问题，好好的外壳是怎么打开出现缝隙的呢？后来研究发现，完整病毒的表面有一种叫作鞘氨醇的分子，而在中间态和空心病毒的表面没有这种分子。这种分子像一个门闩一样，关住了表面的缝隙。当门闩丢了之后，这个门自动打开了，就产生了能够使基因组释放的缝隙（图9）。

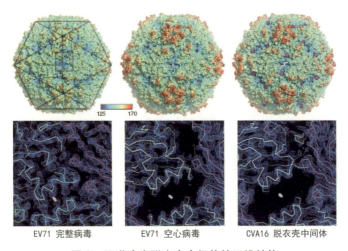

图9　肠道病毒脱衣壳中间体的三维结构

二、受体

前面介绍了什么是病毒，它的结构我们已经看得很清楚了。但是这还不够，研究病毒还必须要了解它的受体。病毒侵入宿主要通过受体的识别，受体再把它带到宿主细胞里面去。所以，研究病毒的受体是非常有必要的。

2008年安徽阜阳爆发了手足口病。2009年日本的两个课题组同时在Nature上发表论文宣布发现了手足口病的两个不同受体。为什么会有两个呢？实际上，存在多于一个受体的病毒是普遍存在的。这两个受体,一个叫SCARB2,另外一个叫PSGL-1。这两个受体都是人类细胞组成的重要分子。它们是怎样成为手足口病毒的受体的呢?Limp2是细胞代谢过程中一个重要的酶。它有两个代谢途径,其中一个就是和SCARB2结合进入细胞(图10)。

而手足口病毒抓住了这个机会,在Limp2和SCARB2结合过程中进入细胞。也就是说,病毒进入人体必须要找到一个受体,这个受体可能是人体最重要的组分之一。SCARB2是一个糖蛋白,整体结构类似花瓶,上面有一个口,中间是空的。在生理条件下,也就是中性条件下,"花瓶口"是关的。而在酸性条件下,"花瓶口"是开的。这是为什么呢?在糖蛋白分子的"瓶口位置"有一个150位的组氨酸在酸性条件下会质子化,向负电荷的方向走,"花瓶口"就打开了。这个就是分子开关。即分子在一定条件下构象产生了变化(图11)。

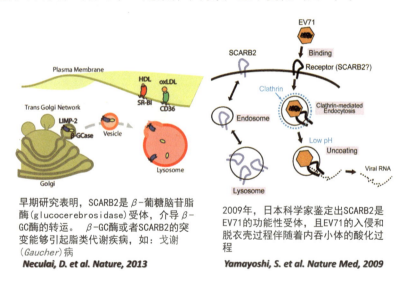

早期研究表明,SCARB2是 β-葡糖脑苷脂酶(glucocerebrosidase)受体,介导 β-GC酶的转运。 β-GC酶或者SCARB2的突变能够引起脂类代谢疾病,如:戈谢(Gaucher)病
Neculai, D. et al. Nature, 2013

2009年,日本科学家鉴定出SCARB2是EV71的功能性受体,且EV71的入侵和脱衣壳过程伴随着内吞小体的酸化过程
Yamayoshi, S. et al. Nature Med, 2009

图10 手足口病毒受体SCARB2分子

那么花瓶和病毒怎样结合的呢?很遗憾,我们做晶体学的,想拿到受体和病毒的复合物还是有一定技术上的困难的。但是我们通过分析EV71和受体结合的部分发现,有5条多肽和受体结合。其中有三条比较强,有两条比较弱。而SCARB2的"花瓶口"的位置和之前提到的病毒的缝隙可以对起来。生理条件下分子开关是关闭的,这时病毒和受体结合。到了一个酸性条件下,分子开关打

开了,病毒和受体可以结合。RNA就通过病毒表面的缝隙和受体"花瓶口"与"花瓶内腔"进入到细胞内,完成了释放过程(图12)。

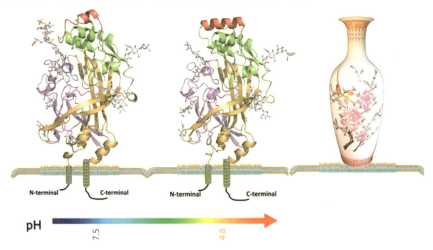

图 11　SCARB2 分子在中性和酸性环境下的结构图

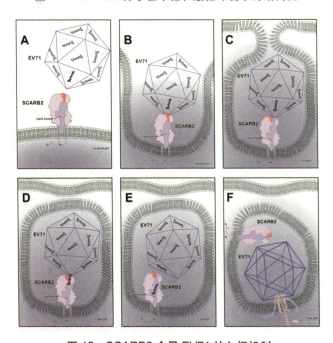

图 12　SCARB2 介导 EV71 的入侵机制

三、抗病毒药物

现在，我们对病毒、受体了解得都非常详细了，我们就可以有针对性地制作一些药物。最让人兴奋的不就是分子开关问题嘛！如果分子开关是一个门闩的话，我们只需要把门闩牢牢地闩住，不让它掉下来不就行了吗？我们找到了一个在双性条件下能够和受体结合更牢的、亲和力更强的分子——GPP_3。作为药物的话，这个指标已经很好了。但是，鉴于该药物是要用在儿童身上。而这个药物对儿童会存在一些损伤，所以必须改进。后来我们又进行了药品的升级，得到了这个TJAB1009（图13）。这个就更好了。这也是因为我们对病毒和受体的机制有充分的了解，才得到的这个药物。现在我也在通过实验等方式一步步地往下做。目前，已经进入了动物实验与毒性实验阶段。我们也希望这个药物可以早日进入市场。

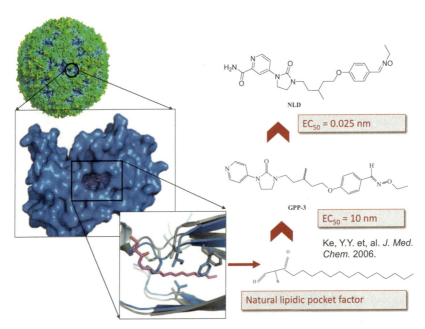

图13　基于结构的抗手足口病毒药物设计

在病毒的研究上，虽然在 *Nature* 等杂志上发表文章比较困难，但是它对整个社会，对人类生存都非常重要。现在我们的疫苗药物正在往VLP的方向发展。什么叫VLP？就是virus-like particle（病毒样颗粒）。我们要利用我们掌握的知识，制作新的、没有毒性的颗粒，这种颗粒可以作为疫苗。世界卫生组织（WHO）现在不提倡减毒疫苗上市，即便疫苗毒性已经很低了。WHO期望未来的疫苗的研发方向是VLP疫苗。我们现在做的工作也是努力实现这个目标，我们希望以后做的疫苗都是我们自己制作的疫苗而不是利用灭活病毒制作的疫苗。

四、结语

科学研究中的新技术与新方法相辅相成，我们科学工作者要时刻有意识去敢于突破既有陈规、敢于挑战前人结论；更要踏踏实实做事、做实事；做到不唯书、不唯上、只唯实。这就是科学最美妙的所在！

问答互动环节

Q1：请问研究出了了不起的成果是怎样一种体验？

A1：每当获得成功的时候，我的确是很开心、很释然的，一下子几乎可以把经历过的一切的艰难困苦都忘了。但是科学是没有止境的，紧接着又会面临新的挑战。

Q2：病毒是与受体结合的吗？请问病毒为什么要与人类作对？

A2：病毒是一个与宿主细胞共存的生物，是通过其表面糖蛋白识别特定的宿主受体侵入的。把virus翻译成病毒是有歧义的，其实，病毒这种生物体有相当多的一部分是无害的，甚至是有益的。我个人认为，病毒有权利在它选择的生态环境里生存。2003年SARS过后，有人问我："饶老师，SARS到哪里去了？"我的回答是："SARS找到适合它们共同生存的宿主了。"人和自然靠得太近了，有些病毒是从其他宿主那里错误地跃迁到人体内的。我觉得，它们一定很不愿意。

Q3：现在无论翻哪本科学杂志都会发现，其中生物学的研究成果最多。请问是什么原因让生物学获得了如此多的成果？

A3：生物学的问题是最复杂的，也是最广泛的。在20世纪50年代以前，生物学还只是一个宏观的、描述性的阶段。在分子生物学建立以后，生物学大量利用了物理学与化学的手段来支持研究，同时伴随着计算机技术与先进仪器技术的发展，各个行业、各个领域的科学家都介入了生物学的领域，必然也伴随着很多成果的诞生。可以说，生物学的突飞猛进是其他相应科学的发展和推动的结果。

Q4：请问科学与文学有没有什么交汇？坚持读文学作品有意义吗？

A4：科学家往往是多才多艺的，建议同学们多读一些书，网络时代，要看的文献，要学的东西太多了。我个人是反对文理分开的，我觉得现在科学做得好的人文素养都很好。比如说，你要写一篇论文发表，写得不好是不行的。文学水平，特别是写作能力对科学家是很重要的。

Q5：请问饶先生，生物物理学的前景如何？如果想学生物物理，应该做怎样的准备？该如何学习？

A5：生物物理有这门学科本身的优势，优点在于多学科交叉、在于科学前沿。在中国科大，想学生物物理，需要你的数理化的基础打得比较牢。但是，其他学科也有其他学科的优点，还是要找到自己适合的方向比较好。

Q6：我本人不太相信中医，请问饶老师对中医怎么看？

A6：我觉得对不同学科要有一种尊重的态度。你不能轻易地去说相信或不相信，肯定或否定。我非常尊重中医，而且我也听到、看到是中医维持了我们中华五千年文明的繁衍，这是一个非常了不起的成就。但是中医里面有没有一些我们不能理解的东西呢？有没有不科学的东西呢，我想肯定是有的，但是我还是尊重中医的。

Q7：您如何看待国内的科研环境？出国学习和国内各有何利弊？

A7：我认为，国内的科研环境是一步步往上提高的。国内的科研条件、科研经费与师资力量从来没有像现在这么好过。在我的学生里面，以前是没有一个不出国的，现在是很少有出国的。现在国内的科研环境还是相当可以的。出国和留下来，我觉得都是好事，每个人都有自己的选择，都是值得鼓励的。

蒲慕明　　中国科学院院士

中国科学院神经科学研究所所长

1948年出生于南京,1970年毕业于台湾清华大学物理系,1974年获得美国约翰·霍普金斯大学生物物理博士学位。1976—2000年先后在美国加州大学欧文分校、耶鲁大学医学院、哥伦比亚大学、加州大学圣迭哥分校任教。2000—2012年间曾任加州大学伯克利分校神经生物学部主任和Paul Licht杰出生物学讲座教授。1984—1986年任清华大学生物科学与技术系主任。1999年起任中国科学院神经科学研究所首任所长,2014年1月起担任中国科学院脑科学与智能技术卓越创新中心主任。现为中国科学院院士、中国台湾"中研院"院士、香港科学院创院院士,美国科学院外籍院士。

主要从事神经元发育与突触可塑性的分子细胞机制研究。曾获得法国巴黎高等师范学院和香港科技大学荣誉博士学位、美国Ameritec奖、中华人民共和国国际科学技术合作奖、求是基金会杰出科学家奖、中国科学院杰出科技成就(集体)奖、Gruber神经科学奖等。现任Neuron等期刊编委、《国家科学评论》执行主编、澳大利亚昆士兰脑研究所等十余国际科研机构的学术咨询委员。

科学第一课
KEXUE DIYI KE

大脑的可塑性
——从突触到认知

很高兴今天给中国科大的学生作一个科普报告。我想讲的题目是大脑的可塑性。人体最重要的器官就是大脑,因为它是人性的根源,而大脑最重要的一个特性就是可塑性,也就是我今天要讲的题目。我先从大家感兴趣的阿尔法狗(AlphaGo)与围棋大师的决战讲起。计算机的能力很强,赢了李世石。计算机能够告诉你该下哪步棋,它可以算得很快。但是人工智能是很有限的,在真正的比赛中,我们看到有个人帮计算机下棋。所以真正打赢李世石的是一个人加一个机器。我们看目前最好的人工智能机器人能做什么呢?(机器人往水杯里倒水的视频)我们看到机器人做得最好就是到这个地步,还是非常缓慢,缺乏准确度。与人相比还差很远。拿起一个杯子,大脑要整合很多信息,包括触觉、视觉以及身体和杯子之间的空间关系。这些信息都需要整合在一起,现在没有一个人工智能可以做到人脑的整合功能。所以人工智能需要走的路还长得很。

为什么人脑那么厉害呢?就是因为有包在最外层的大脑皮层——有褶皱的组织(图1)。在演化的过程中到了灵长类有个奇迹出现了,基因突变造成了皮层神经细胞爆炸性增生,产生了很厚的皮层。这个大脑皮层就是人脑智能最关键的部位。包在皮层里面是演化上比较古老的组织,鼠、鸟等都有,而包在外面的皮层在灵长类动物中才大大地加厚。而人的是特别厚,褶皱也最多,这是人类智力的来源。

大脑皮层的不同部位有着不同的功能。最早发现这个现象的是19世纪的法国科学家布罗卡,他发现有一个脑卒中病人不会说话了(即失语症)。等这个失语症的病人过世后,布罗卡把他的大脑解剖出来,发现在大脑皮层左半球的一个区域有坏死现象,而别的区域都很好,所以布罗卡提出这个区域是负责语言功能的

（图2）。我们现在都叫这个区域布罗卡区，是主管语言的一个主要区域。现在很多中风病人不会说成句的话，大部分跟布罗卡区组织坏死有关。事实上，每个区域都有不同的功能。运动、体表感觉、视觉、听觉、嗅觉等，每个区域都有功能定位[图3(a)]。我们把从外界接收到的信息放在大脑不同的部位来处理。

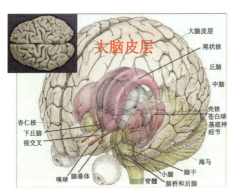
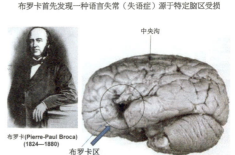

图1 大脑皮层是人类智力的来源
（图片出自 Scientific American）

图2 大脑皮层前端左侧有主管产生语言的脑区

如果我们切一片运动皮层，从横切面来观察运动皮层区，我们会看到它的功能分区是很精细的。上面是管手和腿，旁边是管脸，最下面是管舌头。很有趣的是，管手指和管脸的部分占很大的面积，需要很多细胞来掌管，这是为什么呢？因为这些部位的运动对人是最重要的。我们的双手创造了文明。我们手指的活动比任何动物都要便利，猴子的手指就没有我们灵活。因此我们能够制造工具，创造文明。有不同的区域管不同的指头，这样才能做到分别控制，腿部的运动则不需要那么精细的控制。另外，社会行为、交流用到表情、语言，这些需要面部肌肉的控制，因此占用了很大的皮层组织[图3(b)]。主管各种功能的皮层都有类似的、对应身体各部位的精细图谱。如果把皮层主管各部位的面积画一个人型，得到的是一个手大脸大的小人[图3(c)]。

我们每个人的皮层图谱大致都类似，但也因人有所差异，有可塑性。在猴子上有这样一个实验，训练猴子只用中间三个指头，把它的拇指和小指绑起来，我们会发现在几个月后，主管中间三个指头的运动皮层区域会扩大，管拇指和小指的区域会缩小。这种大幅度的可塑性在年轻的时候，尤其是幼年神经网络形成期，可塑性最大。比如你从小就开始学拉提琴，你的右脑皮层主管左手指头的功

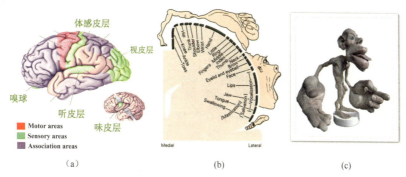

图3 （a）大脑皮层主管各种脑功能的脑区；（b）每一个主管特殊功能的脑区内还有更精细的图谱，对应到所主管的身体部位，图示为运动皮层的横切面；（c）依据皮层主管身体各部位的脑区面积大小所绘制出的、手大脸大的小人儿

能区就比不拉提琴的人大得多，这是已由核磁功能脑成像的研究得到证实的。这一代"拇指族"的年轻人不断地使用拇指按手机，我相信管拇指的区域会比不按手机的上一代大一些，这就是可塑性。在成年之后大脑仍保存了有限的可塑性，我们还可以学习、还可以记忆，这就是因为我们的经验在大脑上都留下了痕迹。这些痕迹如果要长期地保存，就必须有网络结构上的改变。比如你今天听完我的演讲，你会有一些记忆，这些记忆如果能长期保存，就是你的大脑通过它的可塑性改变了网络构造。不仅运动系统有图谱，感觉系统也是有非常精细的图谱。

刚才是从宏观来讲皮层功能分区，如果从微观的角度，把组织切下来看到底是怎么回事，我们会看到神经细胞（包括转导信息的神经元和辅助性的胶质细胞）。所有的生命组织都是由细胞构成的，细胞只有在显微镜下才能被观察到。切下一片脑部组织放到显微镜下，想要看到必须染色。经过染色后的细胞核在镜头下密密麻麻、多得不得了，看不出什么结构。但还可以用其他的染色方法，我们不对细胞核染色，而是对整个细胞体染色。用一种叫高尔基染色法，只有极少数的神经元被染到时，就能看到神经元的整体结构，和神经元之间形成一个网络结构，网络就是一个交换处理神经信息的结构（图4）。高尔基染色法的特性是只染极少数的神经元，如果每个细胞都染色，整个视野都是黑色的。只有当很少的一部分神经元被染色，我们才能看到网络。大脑是由上千亿的神经元构成的。上千亿的神经元可以分成很多种类，至少有几百种。每个神经元可以与上千个其他的神经元组成复杂的网络，其中包含了许多处理各种不同信息的、主管各种脑功能的神经环路。

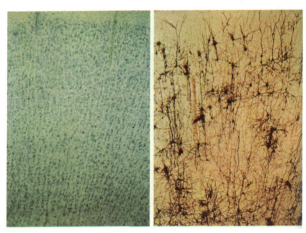

细胞核染色（所有细胞）　　　　高尔基染色（<1% 细胞）

(a) 大脑皮层切片染色图

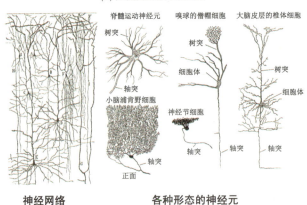

神经网络　　　　　各种形态的神经元

(b)

图4　(a) 显微镜下大脑皮层的组织结构；(b) 人类大脑是由上千亿（10^{11}）神经细胞（神经元），神经元的种类至少有几百种，通过百万亿（10^{14}）个突触连接组成神经网络；网络中有各种神经环路（连接路线），实现感知、运动、思维等大脑功能

神经元的形态虽然种类繁多，但基本的结构是大致相同的，都有一个含有细胞核的细胞体，和主管输出信息和输入信息的神经纤维，外来的信息由分支复杂的树突接收，信息在细胞体整合后，由一支很长的轴突将信息通过接点（叫"突触"）传导到下游的神经元（图5）。信息是如何在网络中处理的呢？神经系统

的信息的载体是电信号,跟我们电线里的电信号有点类似。但是电线里的电信号是电子的运动,是以光速传导的,而神经系统里的电活动是离子流,离子是比电子大得多的带电粒子,它在细胞内外的溶液内的流动所造成的电波传导速度要慢得多,与声速差不多。

电生理学家现在能把一根玻璃电极直接插到神经元里面,电极必须要很尖才能直接插进去,因为神经元只有10微米大。

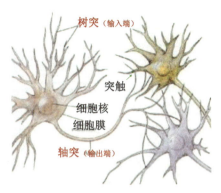

图5 神经元的基本结构,包括细胞体、轴突、树突和突触

测量细胞内部和外部的电位差别,会发现细胞内的电位比外面低,如果外面设为0伏,则细胞内则为–60毫伏。神经信号就是通过细胞内电位波动所造成的脉冲来传导的,信号的基本单元是一个幅度为100毫伏时间为1毫秒的电脉冲(图6)。神经信息是通过脉冲的频率和时序来编码的,不是通过脉冲的幅度来编码。一个脉冲是构成信息的基本单位,信息的强度大时脉冲频率高,信息弱时频率低。这就是以频率来编码,这是一个神经编码的基本模式。当然,神经元脉冲出现的时间和放电频率增加或减低的时刻都可以编码信息。

神经信息是以动作电位(脉冲)的频率编码

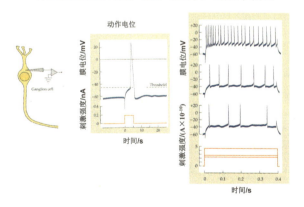

图6 神经信息的传导单元是动作电位(可传播的电脉冲)

脉冲的频率和出现的时间可编码神经信息

神经元所发出的动作电位可以沿着轴突传递到轴突终端，再通过下一个神经元的接触点（"突触"）将信息传到下一个神经元细胞。轴突终端并不是把电信号直接传给下一个细胞，而是靠脉冲激发终端释放一些化学物质（所谓"神经递质"），这些神经递质扩散到下一个神经元，激活它细胞膜上的一些离子通道，造成离子流动，产生下一个神经元电位的变化（图7）。

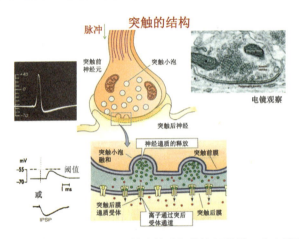

图7　突触前神经元的脉冲激活轴突终端释放神经递质，在突触后神经元造成兴奋性或抑制性电信号（如左下角所示电位变化）

在突触由电信号转成化学信号，然后又转成电信号的过程。为什么要这么复杂呢？因为这有很多好处。第一，轴突终端放出的神经递质可以有不同的种类，在下一个神经元可以打开不同的离子通道。如果通道只让正离子(如钠离子)进入，就可以将细胞内的负电位变为正电位，产生兴奋性。如果递质打开的通道只让负离子（比如氯离子）流入，细胞内的电位会变得更负，这样就可阻止神经元产生脉冲，是抑制性信号。这样一来，突触前神经元的正信号、可以在突触后神经元产生正信号，也可以产生负信号，要看突触前神经元所能释放的递质而定。这种可以改变信号传递的正负性机制大大增加了神经网络处理信息的能力。突触传递由电信号转化为化学信号的另一个好处是提供了很多可塑性的机制。当突触有电活动不断出现时，它的传递效率会产生变化，这就是突触可塑性。突触可塑性是大脑可塑性的主要机制，产生突触效率变化的方式是多样的，可以是递质释放量的变化，可以是突触后神经元膜上递质受体和离子通道数目的变化，也可以是突触结构的变化。

要理解大脑处理信息的过程和规律,我们需要能观察到大脑在进行各种功能时,相关神经网络内大批神经元的活动规律,但这是很困难的工作。下面看一个最简单的例子。我们可以看幼年斑马鱼,它是透明的,可以用显微镜直接观察它的大脑,用对电活动敏感的荧光分子标记神经元,观测内神经元的电活动。中科院神经科学研究所的杜久林实验室的同学把斑马鱼放在显微镜台上,头部用凝胶固定,尾部可以自由摆动,可以观察斑马鱼在接收到闪光时要摆动尾部进行逃跑行为时,大脑内的电活动是怎样的(图8)。他们发现电活动非常复杂,斑马鱼脑内大概有几十万个神经元。使用钙离子成像方法,他们可以标记成千上万个神经元。每一个荧光亮点就是一个神经元,荧光强度上升就是一阵电活动,我们看到在摆尾之前就有一大群电活动,摆尾时有一阵新增的电活动。我们人脑也是一样,在没有进行什么任务时,就有很多自发活动,要做任务时又出现另一些特殊环路的电活动。自发活动代表什么意义,我们还很不清楚,也许代表大脑在思考。但是,即使我们在睡眠时或麻醉状态下,还是会有很多自发活动。

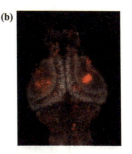

图8 (a)幼年斑马鱼的头部固定在凝胶中,尾巴可自由摆动,继续逃跑动作。固定的头部是透明的,可观测大脑神经元的电活动;(b)荧光钙信号代表神经元的脉冲活动,每一小点是一个神经元胞体(中科院神经科学研究所杜久林提供)

我们再举一个例子。刚才说了每个脑区负责不同的功能,现在有各种脑成像的仪器,其中有一种是正电子湮灭扫描仪(PET),这种仪器在很多医院都有。它能告诉你,哪个脑区电活动多,可以用带放射性葡萄糖含量增加显示出来(图9)。这是一个人的大脑,当被测人看几个字的时候,脑后方(视觉区)就会有电活动;如果让他听几个字,听觉区就开始有活动;叫他说几个字,语言区就有活动;如果什么都不做,叫被测人只是想几个字,我们看到思考产生了大范围多区域的电活动。我们想要知道思维的过程是什么，就需要理解这些大量神经元放电的规律，怎样去搞清楚这些电活动的规律，这是一个非常有挑战性的问题。假如脑科学能理解思考时每个神经元电信号是如何产生的，代表什么意义，脑科学就可说是真的取得了实质性的进展，但我还不能够肯定50年后我们是否真的能理解"思考"是怎么回事，更不用说人的意识的神经学基础是什么。

今天我们要说的是可塑性。可塑性是怎么回事呢，大脑在进行各种感觉、认知、运动等功能时神经网络内都有相关的电活动，电活动产生后，它会改变相关网络内神经元和它们的突触的功能，甚至改变构造，使得下一次再处理信息时有不同的反应。改变之后，你就有了学习和记忆，下次如果再进行类似功能时，网络处理信息的模式就会有所改变（图10）。也就是说，如果今天学了做一件事，明天做同样的事就有不同的效率，这就是可塑性的作用。

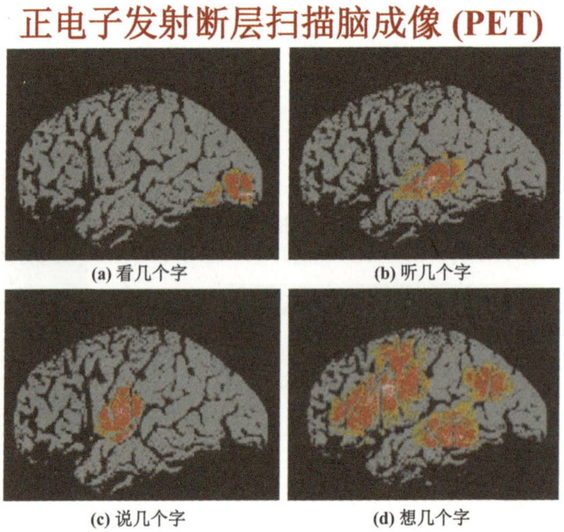

正电子发射断层扫描脑成像 (PET)

(a) 看几个字　　(b) 听几个字

(c) 说几个字　　(d) 想几个字

图9　脑成像仪观测人类大脑内与认知相关的电活动

红色的信号反映的是葡萄糖的使用量升高，代表电活动增加（取自Kandel等 *Principles of Neural Science*，第五版）

要理解可塑性的机制，关键在于理解电活动如何改变神经元，尤其是突触的结构和功能。最好的假说是70年前加拿大的心理学家赫布（Donald Hebb）明确提出的。赫布认为信号传导到下一个细胞，两个神经元的电活动如果是同步的，两个之间的连接会加强，不同步的话连接会减弱。他为什么会这么说呢？我们知道我们所有的学习和记忆的事件都有时间相关性，比如从桌子上拿起一个杯子，视觉信息和手的触觉信息就有关联性，幼儿要学会拿杯子的动作，就要建立起能整合这两种信息的环路连接，把相关的神经元通过已有突触的强化，甚至形成特殊的环路连接，这就是赫布学习法则"一起发放的神经元连接在一起"（图11）。

赫布的想法很简单。刚才我们说了信息的载体是脉冲，脉冲以频率来编码，当突触前神经元的一群脉冲能激活突触后神经元，使它也立即发放脉冲，就有同步电活动，突触效率将大大增强。而另一个突触后的神经元如果没有在同时产生脉冲（比如接收了其他抑制性神经元的信号），那么效率就会降低。所以同时出现电活动，两个神经元之间的突触就会改变，包括功能性和结构性的强化。目前，一般认为这种突触可塑性是记忆、学习和许多认知功能的主要的细胞机制。我们的记忆不是像计算机一样储存在固定的记忆区域，而是储存在处理事件相关的环路内的大量突触中。所以记忆是储存于许多脑区的网络中，而不是像计算机一样有一个特殊的储存区。

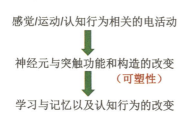

图10 可塑性是学习、记忆和认知行为的基础

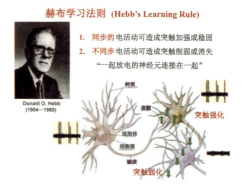

图11 赫布学习法则描述了电活动如何改变突触的传递效率

最早发现突触可塑性的是一位我国的神经科学家，叫冯德培。他在20世纪30~40年代的北京协和医学院生理系工作。北京协和医学院是中国第一个有研究生教育的学术单位。冯德培在英国取得博士学位后，回到了北京协和医学院，建立了他的实验室，研究突触的功能。肌肉的收缩必须由神经来激活，它们之间的接点叫神经肌肉突触。北京协和医学院的生理系是一位归国华侨林可胜建立的。林可胜也是一位了不起的前辈，他创办了中国生理学会，发行了我国第一本生理

学学术期刊《中国生理学报》，冯德培在《中国生理学报》上发表的一系列有关神经肌肉突触的论文中的第二十六篇文章描述了一个现象，叫作"高频后强化"现象。神经肌肉突触用高频信息刺激后，它的效率会大大上升。突触后的电位会大大上升，上升之后慢慢地又恢复原位，这段时间有十几分钟。就是说高频刺激只有几秒钟很短暂的时间，它可以把突触的传递效率强化十几分钟的时间，这叫高频后的强化现象，这是国际上第一个突触可塑性的发现（图12）。这个工作是可以获得诺贝尔奖的，可惜冯先生过世太早了。

冯先生在北平的协和医学院工作，一直到日本人占领北平之后，他还继续做研究。协和医学院是美国人办的，日本人不敢动，一直到太平洋战争爆发，美日宣战之后，医学院就关门了。他到了后方，继续做研究。冯德培于新中国成立后，在中国科学院上海生理研究所担任所长，一直做了30年（除了"文革"期间做厕所清洁工两年）。中国科学院在上海主要的生物科学园区在岳阳路320号。大家有机会可以去看看，园区进门右手边山坡上，有冯先生的铜像。

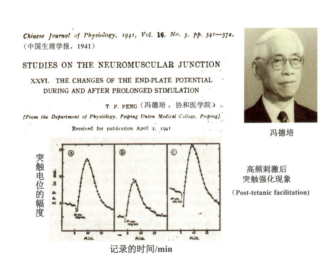

图12　国际上首先发现突触可塑性的是我国科学家冯德培

冯德培发现这个现象是1941年，一直到20世纪70~80年代，才有人发现在中枢神经系统的大脑里也有高频刺激之后，突触电位幅度上升的现象。有意思是在中枢突触电位增加的幅度可以维持很长时间，叫长时程强化（long-term potentiation, LTP）现象。冯德培发现的现象是幅度上去之后几十分钟就下来了。但是在中枢系统的大脑皮层和主管记忆的海马区，有非常长时程的强化现象。高频刺激造成突触强化，但在低频刺激后，突触电位不上升，反而下降，变成长时程弱化（long-term depression，LTD）。强化现象和弱化现象是神经系统储存长期记忆的基础（图13）。

另外一个有意思的事情，也是我们中国科学家的贡献。中枢神经元有一个特殊的结构，叫作树突棘。树突是接受信息的结构，从别的兴奋性神经元来的轴突，不是直接在树突上产生突触，而是在树突上的突起产生突触，这个突起叫"树突棘"，这是很奇怪的结构（图14）。在20世纪30~40年代发现树突棘之后，大家不知道这个结构的意义。为什么信息不直接传到树突？为什么要多出个结构？第一次提出这个结构的意义的，是一位叫张香桐的中国科学家。张先生是1949年在美国获得的博士学位，在美国工作了一段时间后，在1956年回国以后就到上海生理所（中国科学院上海生理研究所）工作。他是我国中枢神经系统研究的鼻祖。他在生理所办了各种培训班，中国各地医学院的中枢神经生理学的开创人都是他培训班出来的。钱学森先生在北京办力学班，他在上海办电生理学班，创建了中国中枢神经生理学。他活到了100岁。他在中国科学院神经科学研究所度过了他的最后十年（图15）。

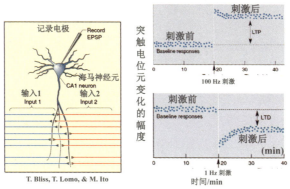

图13　电活动造成的突触"长时程强化"（LTP）和电活动造成的"长时程弱化"（LTD）（取自 M. Bear 著 *Neuroscience*，第一版，2001）

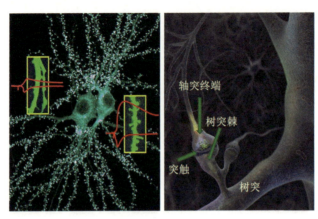

图 14 树突棘是神经元接受信息的控制枢纽，形状的变化可改变突触的转递效率

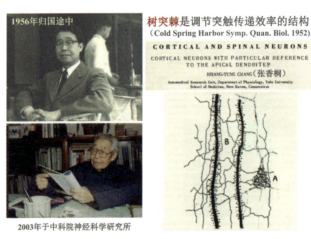

图 15 中国现代脑科学的先驱张香桐在 1952 年首先提出树突棘是调节突触传递效率的结构

1952年，张香桐在他回国之前提出了一个树突棘的理论，他说树突棘是调节突触传递效率的结构。这个概念几十年没有人注意，一直到20世纪80年代Francis Crick 重新提起张香桐的想法，树突棘的形状可以控制突触电流传递到树突的效率，因此可以调控突触输入的权重。比如说突触功能强化以后，树突棘会变大，进一步增加传递的效率。反过来说，突触弱化后常伴随有树突棘萎缩，甚至消失。

赫布的学习法则说同步电活动可以加强细胞之间的连接强度，假设有一群神经元同时被激活，那它们之间的连接全部都要加强，通过这种细胞群之间的连接加强，就可以把记忆储存在一群神经元的连接上。这就是他的细胞群假说。这个假说是很有意思的，假如这一群细胞就是你储存记忆的结构。假如说你再要提取记忆，你把这群细胞激活，记忆就出来了。不像计算机，记忆要储存在另外一个区域，提取信息要把那个地方的信息拉出来。

我举个例子（图16）。比如要记住一个看到的圆圈，眼睛看到一个圆圈时会激活你大脑内的一群神经元，对应这个圆圈的每个线段，都有一个神经元被激活，感知这个圆圈的时它们一起被激活，不断看到圆圈时它们之间的连接就强化了，这一群神经元的连接就储存了圆形记忆，这是感觉信息造成的。假如说我现在要提取这个记忆，我不需要把集群所有的神经元激活，只需要激活部分的神经元，就可通过已加强的连接，激活集群所有的神经元，就回忆到这个圆圈。这就是为什么部分信息可以唤起完整的记忆，这是记忆很重要的一个特性。你听一段熟悉的曲子，你只要听到曲子开头一小段，你就记得下面是什么，就是部分信息可以提取完整记忆。

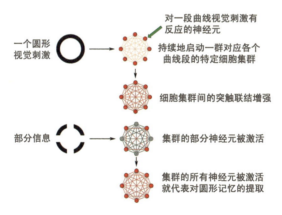

图16　赫布神经元集群假说：一个圆的视觉感知和记忆是建立和激活一群神经元
（依据 M.Bear 著 Neuroscience 第一版，2001）

我们可以把这个想法扩展，你怎么记得你祖母的面容？在你小的时候，你常常看到你的祖母，她的面孔、她每一个部位、她的头发、眼睛、鼻子，都可以各自激活一群神经元。我们现在画的红点就代表一群神经元（图17）。这个点就是对眼睛有反应的细胞群，跟这个类似，对应头发、耳朵、嘴巴的各有一个细胞群，你不断看到她的面孔时，这一大组细胞群都被激活，这些细胞群之间的联系都增强，所以这个整个"超级细胞群"就编码了你祖母的记忆。别人祖母你不记得，为什么？别人祖母你没有见过，没有建立一个超级细胞群来储存。你见到你的祖母，你只要看到她的眼睛，你就想起她整个面孔。部分细胞群激活之后，通过已增强的连接，把整个的超级细胞群都激活了，就把整个祖母的记忆都带出来了。

我们可以把记忆的机制进一步扩充到概念的形成和提取（图18）。你脑中的祖母的概念包括祖母的面孔，还有许多其他与祖母相关的记忆，比如说祖母说的故事、她的声音，她身上的气味、她穿的棉袄、她的名字，都是概念的一部分，都储存在不同的"超级细胞群"里面。祖母的概念怎么形成呢？这些相关的超级细胞群是同时激活的。你听到祖母的声音的时候，听到她说故事的时候，常常看到她面孔，这些代表祖母各种信息造成各个超级细胞群的同步放电，把它们之间的连接都强化了。所以看到祖母的名字，就想起她的面孔、想起她唱的歌。当激活部分连接在一起的超级细胞群的时候，整个概念都提取了，这就可以理解大脑中比较复杂的概念怎么出来的。当然这些都是假说，我们希望能不断找到更多支持这个假说的证据。

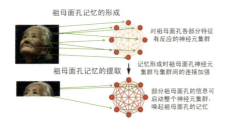

图17 用赫布神经元集群假说来解释祖母面孔记忆的形成和提取

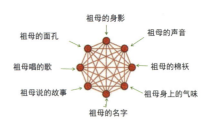

图18 "祖母"概念的形成和提取

每一个红点代表一个"超级细胞群"

神经科学现在已经可以开始探索许多人类的高级认知功能的工作原理。我们认为概念的各个成分是储存在不同的脑区，比如说名字储存在语言区，说的故事唱的歌可能储存在听觉区。这些各个区域的信息都要连在一起，形成整个概念。我们上面说到，思考时PET成像显示出大脑许多脑区都有电活动，因为思考时牵涉了很多概念。这些概念都储存在不同的脑区。概念的形成过程就是通过多脑区许多神经元集群同步放电，造成的长程的神经环路连接的强化，强化之后概念就形成了。概念的提取过程，就是将集群的部分神经元集群激活，概念就出来了。

我们说刚刚讲的赫布学习法则，在20世纪70~80年代后就很流行，统治了神经科学领域四五十年。但是到了20世纪90年代后期有了新的发现。突触修饰要依据突触前、突触后的神经元产生脉冲的时间顺序而定。我们的记忆常常是带有时间顺序（"时序"）信息的，我们记得祖母走路时候的动作，视觉信息是有个时序的。她唱的歌也是有时序信息的。时序最终将反映在某些神经元发放脉冲的时间。我的实验室在20世纪90年代后期对解析这个现象做了重要贡献，指出突触的长时程强化现象和长时程弱化现象的产生，不只是看突触前后神经元放电是否同步，还要看神经元在一个特定的时间窗口内发放脉冲的时间顺序。突触前神经元先放电，突触后再放电。只要时间在20毫秒之内，突触就会强化。假如突触前神经元放电时，突触后神经元已经在20毫秒内先放电了，突触就会弱化（图19）。它两个神经元放电的同步性都是在几十毫秒之内，但是放电顺序决定突触是强化还是弱化。这和简单的赫布学习法则不一样了。赫布法则说同步时强化，不同步时弱化。我们现在发现即使是几乎同步的，也要看它的顺序。突触前先是强化，反过来可能是弱化。这个新法则好处在什么地方呢？就是突触能储存有时序的信息。我刚才讲的新的法则目前神经科学界已普遍接受了，这个法则叫STDP（spike timing-dependent plasticity）——依据脉冲时序的突触可塑性。突触前比突触后先放电，突触强化。反过来突触后先于突触前放电，则弱化。用这个学习法则，我们可以理解很多现象。

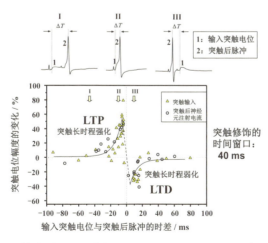

图19 赫布学习法则的修正：依赖于脉冲时序的突触可塑性
（取自 Zhang, et. al., Nature,1998,395: 37-44）

下面我们做个游戏，让大家听两首钢琴曲。请大家辨认是否听过？作曲家是谁？学过钢琴、喜欢听钢琴曲的都应该能辨认。第一首曲子（播放）。能猜到作曲家是谁吗？是个巴洛克时代的作曲家的作品。猜不出来……确实很难猜，一般人都猜不出来的。但是我给你们听第二首曲子……（播放）。《致爱丽丝》，对吧。贝多芬的《致爱丽丝》都听过，有些人可能不知道曲名，但多半人都听过这首曲子，钢琴练习曲。其实，这两首曲子弹的是同一个谱，《致爱丽丝》的一段谱；第一首曲子是反过来弹的，第二首曲子是正向弹的。反过来弹，你就根本不认得；正方向弹，你认得。所以记忆是有时序的，事件的时间顺序，还有时间间隔都是记忆的成分。

在我刚刚说的赫布神经元集群假说上，我们可以输入有时序的刺激。初始时所有细胞群的连接强度都是一样的，把它们画成一条线。然后我们从左到右有顺序地不断刺激这些连在一起的细胞群。结果是什么呢？是往下游的突触连接都增强，因为突触前神经元都是先放电，突触后再放电，反过来突触连接都要减弱。所以有一个时序信息刺激这些细胞群，你的网络就成为不对称性的连接加强；往下游的连接都增强，往上游的连接都减弱。这样细胞群就储存了时序信息（图20）。刚才我们讲的音乐，有时序的音乐，你反过来弹的时候，你没办法激活这一群，你从正向弹，你有这个顺序，你弹几个音节，就可以提取整个记忆，这就是时序信息。

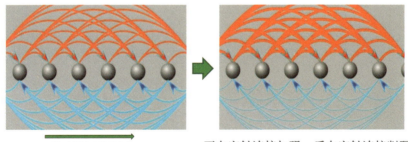

脉冲激活的顺序　　　　　正向突触连接加强，反向突触连接削弱

图20　脉冲时序依赖性的突触可塑性（STDP）可以用于储存时序信息

重复单向有序激活神经元集群可造成不对称的突触修饰；每个红点代表一群同时激活的神经元集群

我们在发育过程中，网络是怎么建立的。我们看看小孩子出生一个月、两个

月，再到两岁的网络（图21）。一个月到两个月孩子的大脑皮层里面的网络有巨大的增生，神经元的数目没有增加，出生以后大致定了。出生以后，网络和非神经元细胞（胶质细胞）的增生，造成了皮层的加厚。小孩子刚出生，头几个月，什么事情都不会做，也不会爬，也不会站起来，也不会说话，大量增生的网络根本不能发挥功能，要根据出生以后的经验，慢慢修剪成有用的网络。比如运动的网络，开始的时候根本不会动，但是他开始慢慢要爬、要站起来的时候，有时候要摔跤，有时候不摔，不摔的时候网络就是对的，就强化，管运动的网络经过不断地使用、经验，慢慢塑造成形，成为有用的成熟网络。

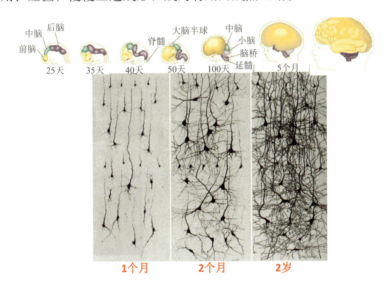

图21 人类出生后神经网络才大量形成
神经元数目没有什么变化，但树突和轴突大量增生，并不断修剪

　　小孩出生后头两三年，网络的情况如何呢？网络连接的总量是上升的。怎么估计网络的增生呢？可以看神经元上的树突棘数目。树突棘的密度代表突触的密度，也就是网络的复杂度。出生之后，头两年网络是不断地增生，也不断地在修剪，树突棘的总量是上升的，几年后到达峰值。然后是修剪多于增生，青年期以后突触总数就不断下降，到最后的老化，数目越来越少，网络也慢慢退化。从出生以后，大量网络修剪过程是最关键的时候，所有的聪明才智，所有的智力，都是这个时候形成的（图22）。

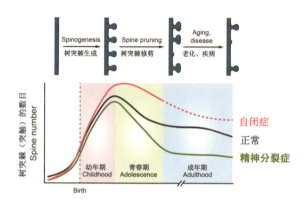

图 22 突触的数目在幼年期不断增加，反映了新连接的形成和修剪的总和；青春期以后突触数逐渐下降，反映了修剪大于增生和持续的网络可塑性；网络修剪不正常的话，会造成精神类疾病（取自 Penzes et al., Nature Neuroscience, 2011）

为什么人出生之后，要那么长时间需要父母的照顾。不像其他动物，一出生，过一阵以后，就可以跑了。头几年都需要照顾，这时的照顾是什么意思呢？人的演化过程中出现的最有意义的现象，就是成熟过程的延迟化。出生后头几年婴孩需要照顾，需要训练、跟他交流、教他讲话，所有的重要网络都在这段时间里建立。通过这些经验才能修剪出有正常功能的神经网络。所以父母带孩子极其重要，你们将来有孩子，一定要注意头两三岁的时候的照顾绝对重要，比后来重要性要大得多，不能把这个任务完全丢给保姆，保姆跟父母照顾是不一样的，所以这是非常重要的。网络的修剪不正常可能造成自闭症或精神分裂症，发育过程中的早期是最重要的，我们叫发育的关键期。神经网络形成在出生后的特定的时间里面，经验造成的电活动可以修剪网络，不正常的电活动会形成不正常的网络，不正常的网络一旦形成，就长期存在，很难调整的。

不同的脑区和不同的功能都有不同的关键期。比如我们的视觉系统，一岁到三岁的时候。视觉系统网络在修剪的过程中，比如婴孩有白内障的话，一定要赶快治。否则不正常的视觉信息会造成不正常的网络，造成弱视。语言也是，六七岁之前不学会使用语言，将永远不会有正常的语言能力。成年的网络，不是没有可塑性。我们刚刚讲了，成年之后还是可以学习的，学外国语，成年之后学也可以，成年的网络也有可塑性，但是这时的可塑性比幼年时要小得多。我们看到刚才的修剪，在成年的时候还是继续，但只能有限地改变网络。所以这个是很有意思的一个演化结果。假如说我们的网络，在成年的时候像幼年一样那么可变，那就不好了，那你就说幼年经验所建立的网络都被修掉了。幼年期是所有技能、所有智能的形成期，网络要有高的可塑性。但是一旦到了成年的时候，大脑还保存了有限的可塑性。这是有好处的，可以继续学习，有限的可塑性，就是成年人可以继续储存经验和记忆的基础。

人的聪明才智从哪里来？人脑所有信息的处理就是靠着神经网络，网络不是出生就有的，是出生以后才慢慢修剪而成的。出生后，环境和经历引起的电活动，是塑造网络的主要因素。聪明才智的来源是网络，所以聪明才智的来源是出生后的经历，不是与生俱来。至于遗传基因是否重要？当然重要，没有正常的基因，就没有建筑网络的材料，没有正常的修剪网络的机制。因此有些基因异常会造成智障、自闭症，正常的网络不能形成。但是，一般来说只要基因没有问题，所有的聪明才智都是在出生之后、在关键期神经网络的修剪的结果。基因不好不能形成网络，所以基因是必要的，但是网络形成的主要因素是经验。是遗传重要还是环境重要？这个问题的答案是：基因是100%需要，环境也是100%需要。网络的建筑材料是基因提供的，没有材料哪里来建筑？建筑的设计是经验，有材料没有建筑设计哪里来建筑？因为有异常基因的是极少数，所以出生后的经历是人各有异、聪明才智有差别的主要原因。

还有几分钟，给大家看一个有意思的实验。我们现在要理解自我意识等高等认知功能是如何出现的？什么是自我意识呢？你在镜子里面看到自己，你知道是你自己。脸上有个东西，你会去摸脸上。你知道镜子里的影像是你自己，这个能力是哪里来的？小孩子大概一岁半到两岁时都开始具备这种镜中识别自我的能力，假如你有孩子的话，你可以做检测。一岁之前，你给他镜子，他不会知道镜中是自己。但是两岁以后，他就知道了，怎么回事。他怎么会认得镜子里是他自己呢？有严重自闭症和精神分裂症的病人，常不会识别镜中自我，也许是丧失了自我意识。自我意识的神经基础是什么？怎么研究？很多年来，有人发现少数的黑猩猩可以有镜中识别自我的能力。怎么知道呢？因为它在镜子前会看嘴巴里面、牙齿上有东西，会剔牙，好像知道镜子里就是它自己（图23）。猴子就没有这种能力，你给猴子一面镜子的话，它看到自己会吓一跳。你可以从小就给它镜子，它永远也学不会认识自己。

图23 自我意识可以反映在从镜中认识自己

婴儿要到两岁才能学会从镜子中认识自己,除人类外只有几种猿类(如黑猩猩)能从镜子中认识自己

中科院神经所的龚能老师和他的学生常亮堂做了一个很妙的实验,成功训练猕猴在镜前能识别自己。龚能是中国科大少年班的毕业生,中科院神经所的博士,他拿博士后决定留在中科院神经所做研究,做出了国际领先的工作。龚能和常亮堂把猴子固定在椅子上,头不能动,前面放着镜子,用一个高功率的激光笔,照它脸上,让它有一点热的感觉,让它一看到镜子里的面孔上有个光点的时候,脸上就有感觉,就去摸自己的脸,摸对了就有食物奖赏。另一种训练的模式是激光不照脸部,照到背后猴子看不到的板上,猴子要用自己的手从镜像中看到的光点位置去摸光点,摸对了就有奖赏,从而建立了镜子里的影像和它自己身体的联系。两种模式都是要建立镜子里的影像和它自己身体的联系(图24)。这样不断地训练几个礼拜之后,它就认得镜子里的是自己。然后我们做传统的检测。

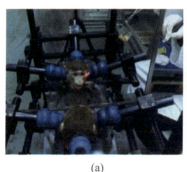 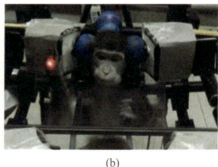

(a) (b)

图24 (a)用激光笔照射脸部训练,建立脸部镜像与脸部感觉的联系;(b)用激光笔照射身后的板上,建立镜中手指的位置与自身躯体感觉的联系(取自 Chang L T et al., Current Biology 2015; PNAS, 2017)

就是偷偷在它脸上弄颜料,在猴笼里放个镜子。受过训练的猴在从镜中看到脸上的东西,就去摸到脸上的颜料,通过这个面部标记检测实验,一般都认为它有认识自己的能力了[图25(a)]。

但是它是认得一只猴子还是认得它自己?那就做一个实验。用两只猴子,一只是训练过的猴子,带着绿颈圈的,一只是没有训练过的猴子,在没有训练过的猴子的脸上涂一种颜色。假如训练后的猴子看到另一只猴子脸上有标记就摸自己脸,就表示它不认得自己,只是认得一个有标记的猴脸。结果是训练过的猴子不去摸自己,而是摸另一只猴子的脸。还有另一个实验,用一块玻璃板或一面镜子将两只猴子隔开,一只没有训练过的猴子和另一只受过训练并通过脸部标记检测实验的猴子,两只猴子脸上都在镜像同侧涂了颜料。当隔开两只猴子的是玻璃板时,训练过的猴子看到对面有一只面上有标记的猴子,就开始抓玻璃板,想与另一只猴子交流[图25(b)]。当用一面镜子隔开两只猴子时,受过训练的猴子看到自己的脸时,是去摸自己的脸。这些实验都支持我们的结论,就是猴子认识自己的脸。

(a) (b)

图25 (a)经过训练的猴子在镜前会摸脸上的颜料,通过传统的"脸部标记检测",证实猴子能从镜中识别自我;(b)两只猴子隔了一块玻璃板,脸上都涂了颜料标记,受过镜中自我识别训练的猴子(左边的猴)看到玻璃板对面有一只猴,脸上有标记,但不会去摸自己的脸,表示猴子不是只看到有标记的猴脸,就摸自己的脸(取自 Chang L T et al., Current Biology, 2015; PNAS, 2017)

最后,最能说明猴子知道镜中是自己的是一些在镜前的自发行为。我们观察经过训练的猴子在镜子面前做些什么动作,结果发现猴子在镜前会去拔脸上的毛,看自己的耳朵,反过身回头看自己的背部和屁股,对自己身体以前看不到的地方都感兴趣，这都是没有训练过的动作（图26）。没有训练过的猴子，与训练过的猴子同笼住了半年，看另一只猴子照镜子行为，但自己一直没有学会。猴子一定要经过镜像与自身躯体感觉的关联训练以后，才会建立镜中自我识别的能力。

图26　猴子在镜前的自发行为，回头看镜中自己背后以前看不到的地方

我们为什么要在猴子上建立镜中自我识别的范式。因为有了这种范式后，可以研究自我意识的神经基础，也进一步理解婴孩是怎么产生自我意识的。也许两岁儿童镜中自我识别的能力是学来的。父母在旁边，告诉他、提示他宝宝在镜子里面啊！宝宝在镜子里面啊！两岁的孩子已开始懂事，不断地说，他以后就慢慢建立这个镜中自我的理解了，就学会照镜子。这种能力可能不是与生俱来的，是训练出来的。对于自我意识受损的精神类疾病，我们可以做类似的训练，来建立自我意识。我们可以研究猴子学会之后和之前，神经系统有什么变化，如利用非侵入性的脑成像去观测研究，就可以理解高等认知功能的神经机制，可以帮助治疗认知障碍的病人。我今天就讲到这里，谢谢大家！

王中林　　中国科学院外籍院士
　　　　　　国家"千人计划"顶尖人才

1961年出生于陕西省蒲城县。1987年7月获得美国亚利桑那州立大学物理学博士学位。现任佐治亚理工学院终身教授,中国科学院北京纳米能源与系统研究所所长、首席科学家,中国科学院大学纳米科学与技术学院院长。中国科学院外籍院士,欧洲科学院院士,首批国家"千人计划"顶尖人才,国际顶尖纳米科学家、能源技术专家。

主要从事纳米结构压电电子学和压电光电子学等领域的研究,并在电子显微学,原位物性测量,一维氧化物纳米材料在能源、电子、光电子以及生物技术等应用方面均作出了原创性重大贡献,对纳米机器人、纳米传感器、LED技术等发展具有里程碑意义。迄今在 Science, Nature 等国际刊物上发表了学术论文1100余篇,他引172000次以上,H因子206。曾荣获2018年埃尼奖(Eni Award)(能源领域的诺贝尔奖)、2015年汤森路透引文桂冠奖、2014年材料领域"世界技术奖"、2014年佐治亚理工学院杰出教授终身成就奖、2014年美国物理学会詹姆斯马克顾瓦迪新材料奖、2013中华人民共和国国际科学技术合作奖,以及2011年美国材料学会奖章等诸多奖项。

科学第一课
KEXUE DIYI KE

科学研究中的原创与创新

主持人：

> 各位同学晚上好，今天晚上，我们非常荣幸地邀请到了中国科学院外籍院士，美国佐治亚理工学院终身董事教授和Hightower讲席教授，中国科学院北京纳米能源与系统研究所创始所长王中林教授，让我们用热烈的掌声欢迎王老师。
>
> 王老师是一位国际知名的纳米领域领军科学家，我相信他的报告肯定会让大家受益良多，让我们期待王老师的精彩报告。

各位同学，晚上好！

看到我们这么多年轻的学生，我非常的激动，你们是祖国的未来，你们是人类的未来。很荣幸，我受学校的邀请今天给大家作个报告，一开始便想讲什么样的报告内容大家会比较感兴趣。我后来想了想，就从我们研究中一些原创思想的发展过程给大家讲起。我可能会给各位演示一些科学数据，但大家不一定都需要去仔细地深究这个数据是什么意思。我想跟大家讲一些故事，就是后面的故事。我相信我们在座的各位，大家都想成功，都想成为国家的栋梁，那么我今天就讲讲科学研究中的原创与创新。人类的发展离不开技术，但任何技术都是从零开始的。从这几张照片（图1）中，我们可以看到世界上第一个固态三极管，第一个集成电路，这些就是我们今天大面积集成电路以及整个微电子产业的根本。但是如果你看到它们第一次被做出来的时候，你能想到它们的今天吗？在最初原创的时候，这个思想是怎么来的？包括第一个微处理器，第一块电子手表等，这些原创的成果都是从科研中一步一步做出来的。我今天讲有些原创思想是怎么产生的，我们轻视的思想可能是你未来的研究，而我的工作得益于这些原创研究。

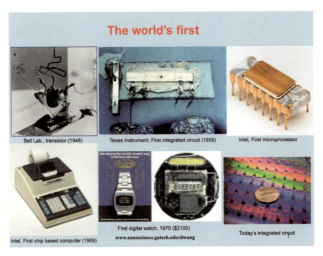

图1

　　我先从自己讲起，我本科是1978年上的，1983年出国留学，在过去的十多年时间里一直从事纳米材料研究。大家可能比较熟悉纳米材料，听说过这个概念，就是合成纳米材料；我们当时在做这个的时候就想这个材料有什么用，那么这个材料便引出了一段故事。材料我们是1999年做出来的，但从2005年到现在我们经历了一段漫长的发展过程，这漫长的发展是什么故事呢？在人的一生中有很多珍贵的照片，但是有些照片是有历史意义的。下面这张照片是2005年12月25号拍摄的（图2），大家知道12月25号是美国的圣诞节。那一天我们几位完成了一个工作，我请同学们吃午餐，当时所有的餐馆因为圣诞节都关了，我就领着同学们到办公室对面吃了一顿便餐。我当时告诉他们，你们各位记住，永远不要忘记这一天。我说这话有两层意思，第一层意思，圣诞节对西方人来说就像我们的大年初一一样，大年初一有几个人还在实验室工作？不多吧？第二个是我们完成了一项工作，我当时认为这个工作可以有重大的影响。但是当时只是一个模糊的想法，我没想到这个想法能驱使我坚持做了11年，到现在还在继续而且发展得越来越大，所以这个是一张照片带给大家的故事，这是我讲的主线。那么这一段到底发生了什么呢？在座的各位本科生，你们可能有相当一部分人要从事科研，要做研究，那么我们做研究写的文章会起到什么作用呢？可能对你的事业会起作用，但是一篇文章可以衍生出来几个大领域发展的情况却非常之少。我们当时写这

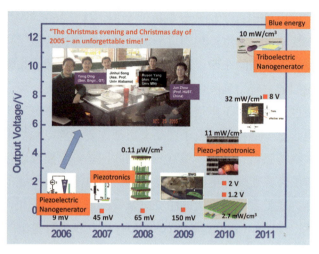

图2

篇文章时就提出了纳米发电机（nanogenerator）的概念，这个概念一直发展到现在，还提出了微纳能源的概念，同时还提出了新的电子学，即压电电子学和压电光电子学。首先给大家讲一下微纳能源的理念当时是怎么提出来的。这个学生是我们中国科大毕业的，我是他的博士生导师，2005年的时候我们想做电学测量，我说咱们只做材料合成不行，测测材料的电性能吧！他说我们设备还不够，我说那咱们想想办法。当时没有测试用的软件，他告诉我说他中国科大有个同学写了个软件可以给我们一份，但是人家要钱。我说没问题，一手交钱一手交货，之后就回到北京和这位同学约了一个地方见面，他给我软件CD我给他现金。为什么要讲这个呢，因为这是我们走向微电测量的第一步。做了电测量以后，我说既然我们制备了这么多的纳米结构，能不能测测力学性能。然后我就让一个学生来测，利用原子力显微镜针尖拨动材料，测算一下材料的弹性模量系数，测完以后文章就发了（图3），但发了就完了吗？我说我还有个想法，能不能测这个压电材料的压电系数？我们很多同学可能不知道什么叫压电效应，压电是某些晶体在应力作用下会产生极化电场的材料。我说你去测这个压电系数，学生测了一个夏天，然后告诉我说：王老师，测的结果和我预计的差100倍。100倍，我就想着肯定是我们假设出错了。果不其然，我们的假设出了问题，因为当时假定能量转换100%，而能量的转化不可能100%。那还测什么压电，咱们就做纳米发电！所以利用纳米材料做发电就引入了纳米发电机这个词，这是2005年9月20号的下午，我们发明了纳米发电机。我也没想到这个词的提出能够使我做了11年，同时在这个过程中又发现了很多新的东西，这都是由一个科学的好奇心来驱动的。这只是个开始，后来我们把它应用到医疗上做生物发电、心跳发电，现在在健康监测和环境监测等领域也逐步取得了应用。同时我们提出了新的概念，十多年前手机不像现在这么普遍，对于这种小型电子产品来说都需要外部电源供电，特别是现在测健康的一些生物传感器，以及环境监测、物联网等都需要数以亿万计的传感装置，目前这些传感装置还要靠电池来驱动工作。而电池总有用完的时候，用完了就得充电和更换，这就会造成巨大的污染以及资源浪费。基于此，我们就提出了自驱动纳米技术（self-powering nanotechnology）。我当时提出的时候和欧洲人的叫法不一样，欧洲人叫zero power，通过和他们的交流，self-powering如今被全世界普遍接受。

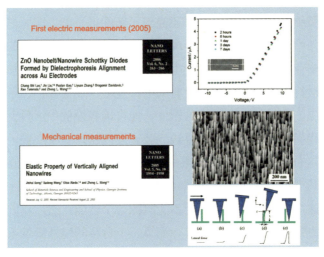

图3

我们大家都知道能源是国家的重大需求，能源的话题是永恒的话题。我们研究的是小能源，就是用在小型电子产品里面的能源，这就是我们提出的微纳能源的概念。11年前讲这个问题的时候，大家可能还感觉不那么重要，现在提这个事情已经是国家的战略需求了，国家哪方面的战略需求？第一个是生物传感；第二个是对病人的监护。我们现在正逐步迈入老年社会，对老年人的监护非常重要；

同时需要对环境进行监护，环境监护的面积非常大，森林的监护、河流的监护等，很多的传感装置都需要电来驱动的。此外，最近十年兴起的互联网和资产监测，还有基础设施监测如桥梁安全监测，以及国防监测都需要几十亿级别数量的传感装置。如果能够利用纳米发电机收集传感器所在环境中的能量，为以上微纳传感装置提供持久的、无需维护的、自驱动的电源，那么将极大地降低电池定位、更换以及检测的成本，并有效地减少电池造成的污染。在这研究期间发生了一件事，我们当时做的压电式纳米发电机，器件是需要严密封装的，输出电压通常约为0.5 V。2008年有个学生做的时候却得到了3~5 V的电压输出，我们当时都认为可能是人为因素导致的偶然现象。但是到2009年、2011年又相继出现这个现象，所以我们得出可能就不是人为因素了。当时那个同学做的结果因为没有发现原因，我们就没敢相信。后来经过6个月的仔细检测发现是什么原因呢？原来我们做的压电发电机在封装不完美的情况下存在另外一种效应。这种效应我们在座的每一位都懂，都知道，那么是什么效应呢？摩擦起电效应，你们上中学时学电的第一节课就叫摩擦起电。2011年的时候我们把这个摩擦效应用来发电，通过一年的努力，发电的能量密度已经可以达到400 W/m^2，这个还是相当可观的。那么什么叫摩擦发电呢？讲到摩擦起电，玻璃棒和毛皮的摩擦大家都知道，这个现象人类已经知道有两千多年了，但是历来都认为是负面效应，就是没有用，要想办法排除。而我们做的工作则是利用这个现象把机械能转化为电能。那么怎么做呢？两种介电材料相互接触的时候会起静电，分开的时候电压会降，电压降一定会驱动电子流动，这个简单的变化使微小的机械动作发生了转化，这就叫摩擦纳米发电机，而且可以做到器件完全透明。所以未来的孩子们学电的时候第一节课是摩擦起电，第二节课可能是摩擦发电。这两个区别是什么呢？（图4）一个是摩擦起电，第二个是利用这个驱动力使电子流动。这就是我们从一个微小的实验现象里面悟出的新的发电原理，这个是我们同学利用摩擦发电原理做的实验演示，口哨一吹灯就亮了，能够真正做到有动就有电，有动就有功率，所以利用这种微小器件供电无处不是能源。

那么，这种效应用在我们生活中可以干什么呢？从我们发第一篇文章到现在四年半左右，我们已经有了自己的工业产品。先给大家看一张图片（图5），这辆汽车是有排尾气的，先测这辆汽车排出的尾气$PM_{2.5}$含量，得出的结果大概是一千

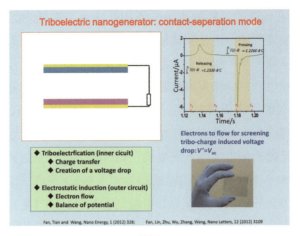

图 4

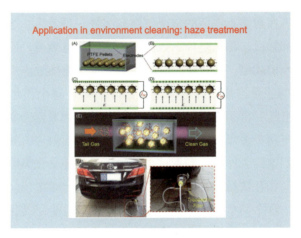

图 5

多；咱们再看利用这个排出尾气的动能驱动纳米发电机的情况，等于让汽车来吹产生一个高电压，对粉尘进行静电吸附，测得的吸附以后尾气$PM_{2.5}$含量，只有20多。同学们，从一个科学发现到写第一篇文章的时候两年半，但这还不是工业产品，这只是第一步。最新的一代，我们做到汽车的尾气排放系统上去，没有过滤以前$PM_{2.5}$是1500，过滤后是50，而且以80 km/h的速率行驶5000 km后过滤效率依然不减。另外，这个技术不耗电，是一个洁净的空气过滤器，这就是我们摩擦发电机发明以后的一个应用——汽车尾气处理。那么对于室内空气也一样，我们利用空气流动所产生的高压,能够实现空气的净化;并且与传统的空气净化装置相比,能够实现臭氧等有害附加气体的零产生。所以,从我们开始做到现在短短两年之内从一篇文章衍生出工业产品,这就叫创新,这就叫原创。从摩擦起电到摩擦发电再到工业产品,我希望它对我们人类生活质量的提高能起到一定的作用,但这才是第一步,我们可以做的研发还非常多。

以上是第一个故事,其实这个过程经过了很多步。下面我们讲蓝色能源,什么叫蓝色能源?地球表面70%以上是被水覆盖的,为了把水的能量变成电能,我们追寻到1831年法拉第发现的电磁感应定律,这个定律发现以后,经过几十年演变成交流发电机,这种发电技术是我们现代发电的根本技术。如果我问大家这种发电机的优点是什么?当然你可以说优点很多;缺点是什么?你却并不一定想过。但是同学们肯定学习过导体切割磁力线,洛伦兹力产生电流,那咱们看看这个用在发电里面的优势和劣势是什么。为了展示,我做一个简单的比较(图6),这是一个电磁发电机(左边);另外一个是摩擦纳米发电机,它的体积、重量都更小。我们用这两种类型的发电机分别带动3个LED灯泡,对比一下哪个先亮。可以看到,80 r/min的时候被摩擦纳米发电机带动的3个灯马上就亮了,而另外一组三个灯却迟迟不亮。那么为什么不亮呢?因为它的转速频率太低,需要等到转速达到350 r/min的时候才会开始亮,那为什么到了这个频率以上才足够供电,低于这个频率就不行呢?首先,咱们先从简单的数学公式出发,法拉第电

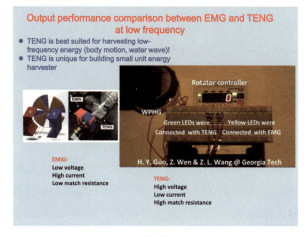

图6

磁感应定律输出的电压是磁通量的变化率，变化越快，电压越大，电流越大，所以它输出的功率与频率的平方成正比。然而，对于摩擦纳米发电机来说，它的输出电压是个恒定量，电流是频率的一次方，所以功率输出是频率的一次方。测试时，在频率比较低的时候摩擦纳米发电机带动的LED灯很快就亮了，但是电磁发电机几乎没有动力输出，只有到了5 Hz以上才会有。那好，咱们看这个交点大概是5 Hz，属于低频范围，那么什么是低频呢？我们人类的活动都是低频，比如说走路。摩擦发电技术能把低频机械能高效地转化为电能，而传统技术则做不到；电磁发电只在高频的时候效率比较高，所以在高频的情况下我们用这个技术。传统水利电磁发电如何实现高频呢？首先得把大坝修起来，水位达到一定高度的时候利用水的重力驱动涡轮机高速旋转（50 Hz）；而水位高度差很低的时候，就没有办法用来发电。这就是为什么刚才说电磁发电机在低频率的时候效率极低，而要把低频变成高频必须修建大坝来解决，所以只有在特殊的地方如狭窄、水位差大的地方才能修，诸如三峡大坝、三门峡大坝等就是处于此类特殊的地理位置。那么它的局限性是什么呢？世界上75%的地球表面是水覆盖的，它的运动是没有规律的，而且频率很低，可以想象其中蕴含的能量是多么巨大。如果我们将摩擦发电机做成球形，把它们连成网，并像渔网一样撒到海面上，它漂浮在海面上的时候，漂动的动作就可以发电，而且效率比较高，这就使海洋能源得到充分的利用。我们估算了一下，根据一年以前的实验数据，每平方公里海域可以产生兆瓦级的电量；那么用这种方式发电有什么优势呢？第一，它不占陆地面积，我们最贫乏的是陆地面积；第二，不分昼夜，天气越坏越好；第三，不会造成自然灾害或威胁。我们把这种利用摩擦纳米发电机的方式收集海洋能的新思路称为蓝色能源，超越绿色的蓝色能源。2014年的3月份我有了这个想法，2014年年底就做出了第一步，到现在在这个方向上已经发表了七八篇文章。这是个大想法，还没有实现，但是只有想的大才能做的大；如果能够实现，我们人类便可以拥有可持续的、不间断的能源，而且这个能源是用之不竭的。

我们生活中充满了各种低频的信号，人类活动、自然活动大都是低频的，所以能把低频运动有效地变成电能是一个非常重要的进步，突破了传统发电技术的应用领域，我们称为摩擦纳米发电机的杀手应用（killer application）。目前我们总结的可能用途包括但不局限于，第一个是微小能源；第二个是蓝色能源和环境保护,还有包括传感在内的其他领域都能够利用到这种技术(图7)。当初从一个想法开始,我做梦也没想到我们能做这样的事情,所以做任何事情我们都要从小的东西开始做起。那这东西到底有多少价值呢?最近美国一个公司做了评估,他评估我们的摩擦纳米发电机用在触觉传感上,就这一个小小的应用他们估计有4亿美元的市值,但是我觉得低估了,我的判断至少是400亿。另外更使我受到激励的是前一段时间中国科学院文献情报中心发布了全球文献研究热点,2016年化学、材料研究热点的前十名,我们的摩擦纳米发电机排在第三名。开始的时候我们也没想到它可以走这么远,能会成为全球的科学研究热点,所以这就叫原创、创新。

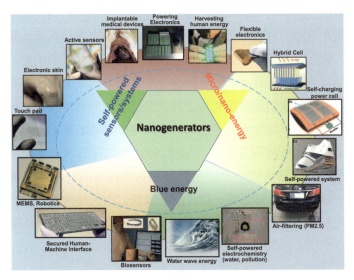

图7

有的同学会说王老师你走得太顺了,太幸运(lucky)了,下面我给大家讲一些我不lucky的故事。我们当时把摩擦纳米发电机做出来的时候自己感觉很重要,就写了一篇文章,学生马上把文章送到《自然》杂志的子刊 *Nature Communication*,第二天就被打回来了。我们就把这篇文章送到另一个杂志,叫《先进材料》,本科同学可能并不一定理解,研究生都知道《先进材料》这个杂志在材料领域算非常好的杂志了。送去以后受审两个月没消息,我就在2011年11月28日晚上写了封申诉信,义愤填膺地强调了该工作的重要性,然而一个半月以后又没进展,我和同学们都非常郁闷。虽然遭遇了暂时的困难,但是我们还是坚持几年使这个领域逐步发展起来了，所以当你遇到困难的时候不要放弃，要坚持。

　　下面我讲第二个故事，刚才讲的是微纳能源，而第二个故事里面的压电电子学等很多词汇同学们从来没听过，因为这些词是我们十年前创造出来的。新的压电电子学、压电光电子学概念是怎么提出来的呢？这个可以追寻到2006年。当时发第一篇文章的时候，我们就去做计算，模拟利用原子力显微镜拨动纳米线，纳米线一边产生正的压电势，另一边是负的压电势，横跨纳米线宽度上电势差为0.8 V。可能有的同学不知道我在说什么，这是固态三极管的原理，那能不能利用压电现象做出压电式三极管呢？我们当时就提出了这个想法，这个想法产生在2006年11月24日，想到后我就提出了这个词（piezotronics）叫作压电电子学。之后我去波士顿开美国的材料年会并做了个报告，有个记者让我给他讲讲这项研究是什么意思，后来他写了半页纸的报道在2007年元月份发表了出来，里面就写到了压电电子学这个词，使我自己吃惊的是十年以后这会成为一个被普遍接受的新领域，这里面包括了我们很多的努力。其实提这个词的时候我也是理解不太透，但是我们还是在2007年将它发表了出来。那么这个领域后来的发展就使得我们提出了压电电子学三极管阵列（图8），当时做这个芯片的武文伟同学就是我们中国科大毕业的，非常踏实的一个学生，在跟我读博士的时候发了两篇文章，一篇Science，一篇Nature，都是第一作者，所以我们中国科大的学生功夫非常的扎实，他现在在普渡大学当助理教授。当时我鼓励他们说你们做一定能做出来，这

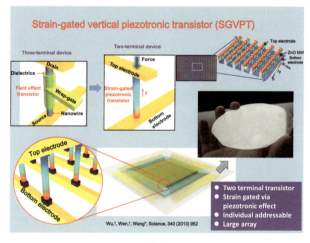

图8

项成果目前全世界依然无人超越。现在大家手机用的都是硅基的三极管,你能提出一个三极管不一样的原理吗?你敢提吗?当时我们都把它写到这个文章里面去了。当你有一个很好的想法的时候一定要白纸黑字把它发表了,如果你不发表谁知道是你发明的?别等到别人发表的时候说:呀!我去年也有这想法。

再讲个例子,1984年我读博士一年级的时候,我的导师跟我说你们能不能拿透射电子显微镜看单个原子?那个时候我们才二十二三岁,就去看,看了一个夏天也没看到;那个时候还没有CCD,什么都没有,就跟老师说我们看不着。老师说给你个办法,你去拿些石墨粘上去,然后放到溶液里面,石墨片就会漂上来,然后拿样片去捞,再把金镀在上面。为什么这么做呢?因为石墨是晶态,它没有非晶态的其他效应。我们就去做了,但因为显微技术的限制还是没看着。这件事就这样过去了,谁能想到在2004年,这就是世界上首次发现石墨烯时用的方法。1984年我老师就让我做过,我就后悔当初怎么就没写两页的文章,你说我后悔不后悔,所以你有什么好东西一定要把它记载下来,当是开玩笑了。这是压电电子学,后来我们又提出了压电光电子学,光电子学是什么呢?就是LED(图9),现在我们很多照明灯、激光等都是光电子过程,能利用我们这个效应来进行性能调制,这里面比较科学,就不讲其中的物理原理了。有人说王老师你们运气太好了,你看我们用的热电效应、光伏效应都是上百年以前提出来的,别人没找到的新效应,你是怎么提出的呢?怎么那么幸运呢?事实上也可以看交叉学科(图10),半导体和光激发的结

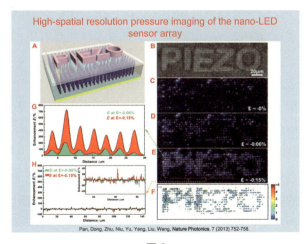

图9

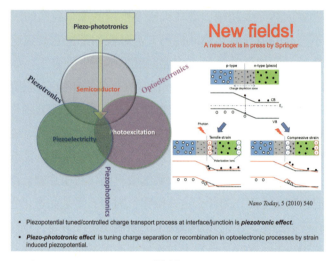

- Piezopotential tuned/controlled charge transport process at interface/junctioin is **piezotronic effect**.
- **Piezo-phototronic effect** is tuning charge separation or recombination in optoelectronic processes by strain induced piezopotential.

图 10

合是光电子学，还有一个领域叫压电学，为什么它们分开了呢？因为用的材料不一样，光电子学用的是氮化镓、氧化锌材料，压电用的是铅钛锆氧化物，材料的用途使这两个领域分开了。把压电与半导体两个领域重叠起来就是压电电子学，而将压电、半导体、光激发三个领域结合起来就是新的压电光电子学。我也没想到提出概念以后会慢慢衍生出来这个小小的领域，而这个领域也逐渐得到了世界范围的认可，并且在不断地发展壮大，所以有时候你想的东西可以由小想到大，这些就是原始概念。尽管有些离应用还比较远，但是你把科学概念提出来也是有用的。从今天看压电电子学、压电光电子学对很多领域都有用，这都是我们十年来做出来的成果，像智能皮肤、人机交互、LED照明、传感、心肌发电等都是相关的应用，每一个都是从这些原始概念中衍生出来的。所以我十多年就是种了一棵树，养了一棵树，基于这些最基本的概念，把它建立主干，做成纳米发电机自驱动系统，自充电能源包，它在基础设施监测、医疗、国防、环境保护、复合能源、移动通信、物联网等领域都有应用，别说这么多应用，其中有一个能用上就很了不起。除此之外我们还写了几本书，为什么写书呢？就是把我们发展这个理念的过程中用到的知识、我们的见解系统化、完整化。因为做研究的时候有些东西先做，有些东西后做，但是写成书，我们就有逻辑性来读了。所以我给大家一个建议，做研究一定要坚持一棵树的概念。树和草有什么区别呢？首先树不能经常地移动,不能今天做这个领域,明天做那个领域,搬来搬去树就死了;第二,树是有年轮的,是需要时间沉淀的;第三,树是有主干方向的。所以大家以后做研究的时候一定要盯住一个领域,把它做深、做透。我们中国科大有好多专业都是世界领先的,我们的量子通信、微结构实验室,还有其他(如超导)等都是全世界领先的,要做到非常棒(very best!)为了使我们提出的这个领域能有更大的国际影响力,我首先在国内办了一个香山科学会议,请了一些国外科学家来。第一届会议在国内开,第二届会议就跑到美国去开了,在亚特兰大,第三届在罗马,下一届在韩国开。国外的科学家也逐渐认识并认可纳米发电机和压电电子学这个领域,因此,要创世界品牌就要不断地推进自己的理念。同时在美国的材料年会,2013年、2015年、2017年都有我们的纳米发电机和压电电子学分会,提出的理念也慢慢地、循序渐进地被接纳。我们在国内也在推,我们在国内举办纳米能源和纳米系统会议,宣传我们最新的研究成果、培养我们的专业学生,不断地传播我们的理念,同时我们还要把自己的杂志办起来,使我们这个领域更加蓬勃地发展。

刚才讲这么多,主要简单回顾了我们这些年做研究的背景、思路和历程。借这个机会再向大家介绍一下中国科学院北京纳米能源与系统研究所,这个研究所是我们从零做起来的,2012年我们办这个所的时候没有地方,没有科研人员,也没有行政人员,只有我们几个,可谓比较艰辛。现在我们包括研究生在内大概有300人规模,这是在中国科学院、北京市的支持下,当然在国家财政部的支持下才能做到叫中国科学院北京纳米能源与系统研究所,我们购置了很多先进的设备,搭建了非常好的研究平台。同时我们的新园区建设也已开工了,这是在怀柔建设的我们未来的家园,欢迎中国科大的同学报考我们的研究生。我们有自己的技术发展路线,我们有引领世界的气概,我们要引领、主导这个方向的发展,所以在微纳能源、大能源以及传感等方面一步步往前迈,得到了全世界很多科学家的响应。这是我2012年画出的技术路线图(图11),从一篇文章做起,经过长时间的努力衍生出来很多我们以前想不到的事情。原创就会导致技术上的重大变革,科学提供了技术发展的原动力,技术发展也促进科学发展,两者是相辅相成的。上面讲的这些都太顺了,但也有不顺的事,2008年我们文章发表不久的时候,德国一个组就来挑战我们,说我们这个可能有点问题,我们就和他们展开了辩论，后来证明我们是对的。只有经过时间的考验，经过全世界的检验才能形成一个很好的学科，所以今天我站在这儿给大家讲这个东西的时候就非常有信心，历经十几年什么问题我基本都遇到过。

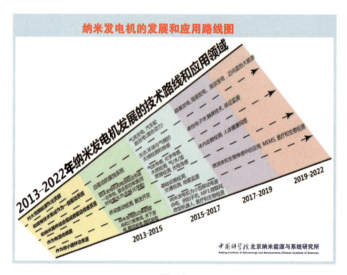

图 11

最后，给大家讲一些总的理念，我们在座的各位同学们都非常聪明，但是有些我人生的体验和经验想和大家共勉。

第一，乔布斯说做任何事情，往前看是星星点点，连不成线，往后看星星点点连成了图片，要坚信在你的未来这些星星点点将连成美丽的画卷。我们做事情往前看的时候，明天做这个，后天做这个，好像星星点点，但往回看就能把故事讲出来。

第二，做任何事情，你要相信你朦胧的直觉和信念，就是那种直觉才会促使我们一直走下去。此外，当你开始尝试解决问题的时候，第一个方式往往会非常复杂，大部分人都停下来了，但是如果你继续探索，锲而不舍，最后你会提出一个非常巧妙和简单的方法，最后的答案才是最有用的答案。

四年前我去欧洲出差和朋友一起去了诺贝尔纪念馆参观，学习了几个条幅和大家共勉。

（1）是爱迪生的名言，天才是1%的灵感加99%的汗水，我认为可以改成成功等于灵感乘以汗水，只有灵感没有汗水等于零，只有汗水没有灵感则汗水白流，这两个不是加的关系而是乘的关系，所以两者要兼备。

（2）另外的条幅使我收获更大：每一个科学真理要经过三个阶段，第一阶段，彻底否定；第二阶段，彻底诋毁；第三是一直坚信该真理，你就一定能做成功。三阶段可能需要3年，也可能10年，也可能30年，你能坚持吗？这是弗莱明的话，非常有道理。我上高中、上大学的时候，什么激励着我？就是陈景润的哥德巴赫猜想，我像你们这个年纪的时候就是要学习物理、数学、化学，都想摘取皇冠上的明珠，但皇冠上的明珠就只有那么几个。所以做非常基础的研究，像引力波一样，如果我们在座的两千名学生都去做引力波，我绝对不赞成，为什么？它是非常基础的研究，门捷列夫说过一个人要发现卓有成效的真理，需要千百万个人在失败的探索、悲惨的错误中毁掉。我们愿意毁掉吗？不愿意，但是这是基础研究，一定要做。另外一种研究是什么呢？从一个小小的科学发现不断衍生出来新的学科、新的应用，这是另外一种思路，这需要很多人来做。那这两个科学的关系是什么呢？它是这样子，基础研究加应用研究加产业化，合起来是一个平行四边形，叫和谐科学，缺一个都不行，缺一个就不稳了。我鼓励我们同学们做基础的研究，但是我自己绝对不鼓励大家千军万马地去干同一件事。

做研究需要满足一部分的好奇心，但世界的发展除了满足好奇心还不够，还要扎实的技术，特别是国家急需的技术。所以这个需要什么呢？我们需要合作，要有共赢的观念。我们古人写"赢"的概念非常有道理，要共赢首先要有亡我的精神；其次，从小事做起，日积月累对应月，利用资源对应贝，贝就是钱的意思嘛，这样才能够实现最后的共赢。同时我们还要和不同的人相处，大家要互相谦让，互相帮助。我们做任何事情不是跑百米而是马拉松，需要长期的努力，我们要有持久的精神，一定要坚持不懈。逆水行舟，不进则退，所以要不断地努力，同学们都很聪明、很能干，在我几十年的科研和教学生涯中我看到过很多聪明的孩子，聪明很重要，但也必须要实干，一定要记住人外有人，天外有天。当你遇到困难的时候不要轻易地放弃，得志的时候别猖狂太高调，失落的时候不要消沉。同时，机会和挑战是并存的，只有好好地分析、面对现实，我们才能从这一步走到下一步。所以有几句话和同学们共勉，简称为"8C"：第一，热爱(compassion)，做研究能不累吗？特别累，但是对科研要热情不减，要热爱它；第二，必须投入

(commitment),不要三天打鱼两天晒网,要珍惜每一个来之不易的机会;第三,综合的知识(comprehensive),技高不压人,当今的科学属于综合性的交叉学科,懂的越多越好;第四,原创(creativity),做任何工作,想想我是不是原创,是不是跟在别人屁股后面跑?因为有很多人喜欢跟着热点跑,打一枪换个地方,结果把自己的本土就打没了,因此在原创的基础上要坚持,一个东西做大是不容易的;第五,要合作(cooperation),当今很多东西不是一个人能做的,要很多人一起去合作,尤其是在企业里面,一定要讲究合作;第六,交流(communication),口头交流和书面交流都十分重要,只有交流人家才能理解你的思想,理解你的观点;第七,对知识的吃透(consummation),而不是百度、Google能搜出来的东西,所以同学们对基础的物理、数学、化学一定要非常下功夫学好,只有把基本功学好以后才能练就其他的东西;第八,完整(completion),不能片面地理解一项科研成果。所以很多研究都需要坚持不懈、锲而不舍,只有这样,我们才能从一步走向另外一步。

在人类文明史上,特别是近百年来的很多重大发现,对人类文明起到了革命性的促进作用,比如X射线、盘尼西林、DNA、阿波罗、蒸汽机、电力、电报等都是西方特别是美国、欧洲人发明的。我们中国人在这段时间却没有什么成果,但是我们的祖先发明了很多东西,最早的珠算、针灸、火药、地图、纸,包括粮食酿酒都是我们祖先发明的,说明我们祖先的基因是可以的,我们的聪明才智并不逊色于西方人。在当下国家对教育科研、创新创业如此重视的环境下,只要我们扎扎实实地按照8个"C"来,我相信未来必定会有对人类文明有重大促进的成就出现。

最后,我用Arthur C. Clarke的几句话来总结,他说技术的发展有三大定理:(1)当一个科学家说什么东西是可能的时候,他可能是对的;当科学家说什么东西是不可能的时候,他可能是错的;(2)要达到极限必须超越极限;(3)任何重大的科学进展都是和魔术分不开的,有些魔术性的发现才是重大发现。今天从我们当初研究经历中几件大的事情讲起,到做事方法的感悟,我希望这些能够给同学们一些借鉴和鼓励,我相信同学们以后一定会为我们国家做出重要的贡献,做出我们国家引以为荣的科学研究。

谢谢大家!祝福同学们学业有成!

赵启正 　中国人民大学新闻学院院长

国务院新闻办公室原主任

1940年1月出生于北京，于中国科学技术大学核物理专业毕业后从事科技工作20年。现任中国人民大学新闻学院院长、博士生导师。1996年以来历任中共上海市委常委、组织部部长、上海市副市长等职务。1991年浦东新区成立，兼任上海市委浦东新区工作委员会党委首任书记和管理委员会首任主任。1998年起，先后任国务院新闻办公室主任、第十一届全国政协常委、外事委员会主任、中国共产党第十六届中央委员会委员。在此期间他推动了新闻发布制度的建设以及公共外交的理念和实践。

在从事科技工作时，曾被评为上海市和航天部"劳动模范""先进科技工作者"等。已出版个人著作有《向世界说明中国——赵启正演讲谈话录》、《在同一世界——面对外国人101题》、《对话：中国模式》、《交流，使人生更美好——赵启正、吴建民对话录》、《公共外交与跨文化传播》和《直面媒体20年》等，其中许多著作被国内外出版机构选中并翻译出版。

科学第一课
KEXUE DIYI KE

时代在呼唤你们

主持人（中国科学技术大学陈初升副校长）：

同学们好！今天我们"科学与社会"又要开始新的一课。同学们两个多月以前进入中国科学技术大学，我不知道同学们有没有想过，在中国的名牌大学乃至世界的名牌大学里，有哪一个大学还可以请得到它的首届毕业生来给大一新生讲课。大家都知道，名牌大学通常都是"百年老店"，唯有中国科大是个例外，这说明我们中国科大很年轻，我们的首届毕业生也很年轻。

今天要给大家上课的老师，是赵启正老师，他是1958年进入中国科学技术大学核物理专业学习的。大家知道，当时我们中国科大建校的专业都是围绕"两弹一星"而设立的，当时的核物理系是1系，不是现在的数学系。赵老师是1963年中国科大第一届毕业生。当时的系主任是赵忠尧先生，我很清楚地记得，十多年前赵忠尧先生去世的时候，当时我们国家的"首席新闻官"以及国务院新闻办公室主任赵老师写了一篇很感人的文章来悼念恩师。赵老师在中国科大毕业以后在科研战线工作了很多年，承担科研、设计方面的工作有很多突破性的成就。

在1984年他走上领导岗位，担任过上海市委组织部部长、副市长，特别是浦东新区管委会首任主任。因为在浦东开发开放过程中他与众多国外名人政要和媒体进行的开放坦诚的交流，更因为他的杰出贡献，被外国朋友称为"浦东赵"。后来他到国务院工作，成为国务院新闻办公室的主任，在有些国家的政府里面设有新闻部长，这和我国新闻办公室主任的职责和地位应该是相似的。在担任新闻办公室主任期间，他提出了"向世界说明中国"的理念，同时他作为我们国家的"首席新闻官"，还推动建立了从中央到省、市各级政府的新闻发言人制度。所以使得我们国家政府的新闻发布工作机制化、常态化，推动打造"透明政府"。

2007年以后赵老师担任了十一届全国政协外事委员会主任和多次大会的新闻发言人，他开始大力倡导并传播"公共外交"的理念，大家知道人民政协已经成为我们国家开展公共外交的重要主体和推动者。赵老师是中共十六届中央委员会委员，现在赵老师还担任着中国人民大学新闻学院院长。他出版有多部重要著作，比如《向世界说明中国》、《江边对话》和《浦东逻辑》等等，还被国内外出版机构选中并翻译成了多种外文本。

好，下面我们有请赵老师给我们上课！

科学第一课

同学们，大家好！

我和别的来校的演讲者不一样，我是回母校和大家交流，不是上课，是和大家谈心。温故而知新，温故就是我毕业以后怎么走向社会的；知新呢？就是和你们这些年轻得叫人羡慕的一年级大学生交流。我希望大家提一些问题，你们也会修正我的认识，启发我的思想。

我是1958年入学，1963年毕业，毕业的时候想过许多，但是没有人想到要留学，当时我们不知道有出国留学这件事。我在上高中的时候，每年会选几名到苏联去留学，但是1958年的时候和苏联关系已经恶化，就不再选留苏学生了，由于两大阵营的对立，也从未有过去美国等西方国家的出国梦。而你们毕业的时候有许多种可能的选择，你们生长在祖国迅速崛起的时代，许多新兴的职业在等待你们，令人羡慕。

我们毕业的时候，有同学问钱三强老师，毕业如何选择工作，怎么维护自己的专业方向。他回答说，你们在大学里只是培养了从事科学研究的一些最基本的素养，你们还是"无业游民"，要在以后的工作环境中来选定自己的专业，学物理的人，可能由于题目的开拓去搞了化学，学数学的人，也可能走到物理里来，这个要看你所在的环境的需要和你的志向。

我们毕业时，周恩来总理在人民大会堂给我们作了5小时的报告，他说，你们有机会上大学的人，只占同龄人的1/100。你们要做有社会主义觉悟的、有文化的劳动者。我们认为觉悟就是"祖国的需要，就是我们的志愿"，怀着这样的决心，同学们走到了全国各地。

我毕业以后在科技领域工作了20年，十年是核物理，属于国防领域，十年是航天，与军民结合相关。我在公务员的位置工作30年了，所以我是一个半路出家的"官僚"。大家知道在核反应堆中，一个中子打到U-235上去，会产生一个以上的中子，中子越来越多，借助控制棒的调整，成为可持续链式反应，才能维持反应堆在某一选定的功率运行。但有一部分中子在运动中偶然逃出了反应堆，叫"泄漏中子"。我呢，就是走出了一直所熟悉的科研领域的"泄漏中子"。但这不是我自己要求的，是时代的呼唤。我也一直努力，"泄漏"了，而没有"失效"，没有辜负母校，没有辜负时代。

时代在呼唤你们

一、"艰苦奋斗、自力更生"的力量

我毕业后分配的第一个岗位，是当时的核工业部的反应堆的研究和设计单位，那个时候我国建设反应堆不是为了发电，是为了制造钚，Pu-239。这是小型原子弹和氢弹必需的材料，建设生产钚的反应堆是国防科技的基础性工作。

美国为维持核威慑力量一直从各方面警惕和遏制我们核武的发展；由于苏联和中国的关系破裂，他们原来答应提供的反应堆的设计资料和建设材料不给了，1960年他们的专家撤退的时候，在我们设计院的院子里把他们带不走的图纸烧了。在戈壁滩上的反应堆工地也只是做了一个地基大坑。

苏联专家撤退，我国正值三年自然灾害的极其严重，人民生活困难的时期，我们本着艰苦奋斗、自力更生的精神建成了这个核反应堆。我是实验核物理专业的，自然就参加了"物理启动组"，任务是完成一个新反应堆的临界实验和测量出运行的合理参数。苏联专家走了，我们自己培养的大学生就成了主力了，我们必须去学我们不知道的东西，我们必须承担时代赋予的责任。那个时候的计算机是庞然大物，是机器语言，因此做题目必须在纸带上穿孔，一个孔是1，两个孔是3，三个孔是7，如果你穿错一个，那一个纸带几十米，可能你找一个星期都找不到错在何处。所需专业的实验设备国外都不卖给我们，比如说探测中子的计数管、电离室和多种专用的电子仪器都得在国内试制。为了较灵敏地探测中子，必须在堆芯放进去一个镭铍中子源，其中镭会放射出阿尔法粒子，它打到铍上，可以产生中子。但是这个中子源的伽马放射性极强，靠近会伤害身体，太近会受到致命剂量，也没有条件去专门制作一个现在并不稀罕的"机器人"。于是大家抢着轮流用一个几米长的铝杆挑着中子源，每人跑十几秒钟，把它从库房移入反应堆里去。第一个人的操作复杂，时间长，受辐射多，是比我们大十岁的启动组长周平（留苏学生，后来是核工业部副部长）担当的。现在想想这方法是蛮土的，人也是满勇敢的，这都是不声不响地做，没有报纸报道，也没有想得到表扬，不过回顾起来还是有些贡献的，没有虚度青春。

毛主席在1956年说，"我们还要有原子弹。在今天的世界上，我们要不受人欺负，就不能没有这个东西。"我们在1964年成功爆炸了第一颗原子弹，1967年爆炸了第一颗氢弹。如果在那时我们无所作为的话，今天我们是什么处境呢？

这样工作十年之后，我调到上海航天局的一个工厂，这样我就改行了，从比较典型的核物理转到电子光学领域了。当时中国彩色电视刚刚开发，彩色电视原理是红蓝绿三个颜色的图像，分别处理，最后再重合起来，如果这三个图像不精确一致、准确匹配的话，就好像彩色印刷的几个颜色错开了，合成的图像就很糟糕。那时中国做不出来就一直高价进口，原来中国也有的工厂做了多年没有成功，我想不能走简单仿制的路子，带领一个小组，结果一年多就成功了，还获得了专利。那时与"文革"时不同，是开放时代了，可以有机会请美国人帮助鉴定，鉴定结论是超过了最好的飞利浦的产品。我的体会是，中国在追赶中要有一点赶超的信心，我们会在某些局部赶上外国之后有所创新，从而超过他们。

二、坚信中国道路光芒万丈

由于"文化大革命"的严重破坏干扰，在20世纪80年代我们国家各部门都出现了领导干部的老化现象。党和国家提出了干部队伍"革命化、年轻化、知识化、专业化"的任务。我尽管留恋科技工作，但是也一直记着，我是"同龄人的1/100"的使命感，我服从了时代呼唤改变了人生轨迹。走到我从未从事过的政治和行政领域，我能做好吗？

1982年，因为我是"文革"后第一批高级工程师，又是上海和航天部的劳动模范和先进工作者，所以作为知识分子代表参加了中共十二大。1984年我调到上海国防工业办公室，成了科研生产的管理者。面临这样的转折，我想起钱学森老师在我们大学毕业的时候说过，你们当中有一些人将来应该做科技管理工作。他举例说，美国曼哈顿计划最后那么成功，计划的管理者格罗夫斯和奥本海默是第一贡献人。钱学森老师说的这些话，我们当年是不太懂的。在座同学可能此刻也会听不懂。我也请大家记住，时代对我们的召唤是多种多样的，我们能和时代同步是一种幸运。

在国防工办做了一段时间后，又调我做上海市委组织部部长，于是我在这岗位做了五六年。后来去做上海市副市长，去管浦东开发。邓小平同志说了，发展是硬道理。中国发展经济的道路与外国不同，首先，我们是追赶，好的方法就会追赶得快一些，差的方法就追赶得慢一些。邓小平同志提倡大胆和谨慎相结合，叫作"摸着石头过河"。中国太大了，得找几个地方先试验、先改革，成功了向全国推广。中国比较有名的特区，第一个是深圳，1980年宣布建立的，深圳取得了很大成功之后，浦东开发是1990年宣布的，我们宣布这一计划之后，世界上很多人是不信的，当时的诺贝尔经济学奖获得者货币学家米尔顿·弗里德曼到上海，听说了浦东开发计划，他说这是要搞一个"波将金村"。波将金是俄国女皇叶卡捷琳娜二世时代的一个宠臣，他在圣彼得堡郊区修了一座假村庄，这村庄只有面墙，非常漂亮，他请女皇晚上打着火把，坐着马车去视察。弗里德曼说中国人在做"波将金村"欺骗人，他是个大学者，他懂得货币，懂得经济，但是他不懂中国，不懂中国的改革开放，自然也弄不懂浦东开发。而当时基辛格对浦东做了多次考察，就说了另外一句话：我看这不是口号，是实际行动。现在浦东开发成功了，所以他很得意地说：我当年就说了，是实际行动，我说对了吧？1996年《波士顿环球邮报》，美国的大报之一，发了一篇大文章，题目叫作："我们该怕中国吗？"文章说：上海市副市长赵启正，坐在旧沙发上，用着新式的多媒体，向我们介绍了浦东开发野心勃勃的计划。假如这一计划在他有生之日成功了，中国不仅是军事大国、政治大国，也是经济大国了，我们该怕它吗？还画了一漫画，画上有一双很长的筷子，夹一盘炒菜，炒菜的叶子全是美国国旗，这是中国"威胁"论最早的版本。我给《波士顿环球邮报》总编写封信，我说：中国从来没有把其他国家当过菜吃，恰恰相反，中国曾经被其他国家当过菜吃。我不赞成你的观点，也不赞成这张漫画，我希望能在你报纸上刊登我的不满。结果它登了，还加个题目：中国人不赞成"弱肉强食"。浦东开发是非常迅速、非常大规模的建设，可以说真是一天一个样。到2007年，经过国务院发展研究中心计算，浦东的经济规模相当于1990年整个上海经济规模的1.7倍，也就是说，到2009年，一个浦东地区等于原来两个大上海。不仅如此，浦东的行业比老上海要好。多数是高科技的，比如微电子、精细化工、制药、汽车等。说浦东开发取得了比较好的成就，被世界公认，成功了！

浦东开发有什么你不满意吗？有中外记者问我。我的不够满意是高科技产业比较慢，浦东有四个主要的区域，陆家嘴金融贸易区、金桥出口加工区、张江高科技区和外高桥保税区。一开始进展较慢的是张江高科技区，我们在四个现代化当中，农业、工业、国防、科学技术现代化，最难的是科学技术现代化。原因很清楚：外国不会在中国投资一流的高技术企业，如果投资二流水平的，也要具备较高的条件，如要求我们降低地价，减免一些费用去平衡专利费；再则如果合资，我们还缺少高科技人才，担任重要的岗位。你看在20世纪80~90年代初引进了多少电视机装配线和显像管生产线，但是引进LCD屏（液晶屏）和半导体集成线路（芯片）就很困难。结论是西方把控科技的制高点，是绝对防范中国进入的。在这领域，政治考虑和经济是分不开的。你们今日的一年级大学生，明日要做中国科技的领军人！

三、向世界说明中国

中国实行改革开放以来取得了那么多成就，做了那么多事情，可是国际舆论中的中国和实际的中国不相同，舆论中国比实际中国低很多，其中有很多误读、歪曲甚至攻击。这是西方冷战思维的残留，是西方媒体的价值观所致。但是我们对外表达的方法、方式存在的缺陷也是必须正视的，人家讲了中国的假故事，你啊再讲真故事，世界一样都是先入为主，真故事就很难战胜假故事！

我到新闻办之后提出要"向世界说明真实的中国"，说明中国的国情，包括经济、文化、政治的进展、内外政策，也要说明中国的不足。我们身在中国，十分了解改革开放的过程，应该有信心、也有能力向世界说明真实的中国。我不是文学专业出身，但我和大量外国人接触中体验到跨越文化障碍才能取得"说明"的效果。我顺便说一句，希望中国科大开些文科讲座，讲点比较文化和公共外交等。今日的大学生在学校就有机会和外国留学生、外国教授打交道，毕业后会有更多的与外国人交流的需要。

一开始我就说时代给我们带来很多机遇。以前有句话，叫勤奋加机会等于成功，这不很准确，我的一个弟弟是"文革"时的老高二学生，先是坚持十几年自学英语和文学，后来在中国上了大学，念了研究生，在美国念了博士，现在是一名有成就的教授。他以自己的经历，说明勤奋加机会等于成功不太正确。应该是勤奋乘以机会等于成功，如果你有机会，你毫不努力，你浪费机会，相乘是零。我觉得是有一定道理。周总理中学时期在南开中学的作文被发现了，其中一篇的题目是《一生之计在于勤》建议大家找来看看。人的一生之中没有遇到一次机会，我觉得不太可能，只是机会多少不一样而已。特别勤奋、特别聪明的学生才能考上中国科大，这是相乘的结果。

在有些场合我说过，如果一个30岁的人有40岁的智慧，他的一生可能是成功的，但如果是30岁的人只有20岁的智慧，他的一生可能平淡无奇。曾经有人问我，在网上看到您的话，我正好30岁，但我说不清我是40岁的智慧，还是20岁的智慧，所以，人如何能有超前的智慧。我回答，建议：第一，和有智慧的长者多交流；第二，读一些可靠的好书；第三，脑子里要留点空间跑自己的思想，不能都让名人名言占满，像电脑一样不留足够的空间，运行起来就不流畅了。我希望大家在毕业时都有超过年龄的智慧。

四、勇攀科技高峰的历史使命

最后，我们不妨回顾一下，改革开放以来取得这么多的成就，都有哪些重要因素。人们首先想到的是由于实行了中国特色的社会主义市场经济，解放了生产力。具体地说最早有农村实行的家庭联产承包制，接着改革了国有企业，成功地吸引了外资，有以特区新区先行先试带动全国的改革创新，还有大量的国有土地储备、巨大的人口红利等等有利条件。但是，其中某些优势是会随着时间的变化而减弱的。

其实还有一个最重要的因素不要忘记，这个因素随时间将越显重要。那就是1977年邓小平同志决定恢复中断了十年的大学教育，当年高考录取了40.2万人，而四年后就能开始源源不断地提供大量的人才。人才的来源本应是长江后浪推前浪，但在刚刚进入改革开放时代之初，我们这批"文革"前毕业的老大学生回头看不见后浪，人才短缺形势显而易见。进入20世纪80年代，这些毕业生犹如新的血液，迅速地注入到全社会各领域，成为祖国建设的生力军。当时作为上海市组织部部长的我从他们当中选拔了一些优秀人才填补了急需岗位，当时的欣喜之情至今记忆犹新！

在全国人民热切地期望实现"四个现代化"的时候，都知道其中最难实现的是科学技术现代化。我刚刚也说了浦东开发高科技园的体会。在国外一直有人嘲笑我们，说中国对世界不会有什么重大贡献。英国前首相撒切尔夫人在2003年写过一本回忆录叫《治国方略》，在关于中国的部分她是这么写的：冷战结束了，最高兴的是美国和中国，因为他们少了一个敌人。但是，我们亦喜亦忧，因为共产主义还没有结束。她还说：中国不会成为超级大国，因为中国没有那种可用来推进自己的能力、而削弱我们西方国家的具有国际传染性的学说。今天中国出口的是电视机而不是思想观念。

她说这话之前的1987年，中国以几十条流水线生产了近2000万台电视机，而居世界第一位，但是电视机早已不是什么新发明了，也远算不得高技术产品。令我们惭愧的是，当时我们确实没有几项重大的科学发现和重大技术发明贡献给世界。

有人说，中国的科学技术落后。我们反驳说，我们历史上有四大发明。可是四大发明至今多少年了？我们分享祖先的光荣要到何时？

随着科学技术的迅速发展，近几年，数字技术、新能源、生物医学和人工智能等领域不断地涌现出许多新成果，其中有多少成果是我们中国人原创的？毫无疑问，我们创造科学技术新高峰的光荣与梦想的主力就是你们新一代的大学生，基础科学的发展同样需要你们有坚强不懈的使命感。

中华民族的伟大复兴，其中必须包含着我们自主创新的科学技术复兴！在复兴的征途中，有人说我们不会成功，有人以各种手段阻碍我们成为科学技术强国，但这些艰难险阻丝毫动摇不了我们向科技强国进军，国家的信心和民族的希望寄托在你们这一代青年身上。

坚信你们每个人都不会辜负时代的呼唤，都能勇敢地成为历史使命的承担者！

谢谢大家！

问答互动环节

Q1：赵老师，您好，我是信息学院的新生，我为有您这样的校友感到非常自豪。我注意到在您工作的二十余年经历中，有一种自力更生、坚强勇敢的精神，您觉得在我们这一代，怎样更好地看待社会的变化、把握时代的脉搏？

A1：我刚才也提到，学自然科学的人，要分一点精力学习一些基本的人文科学，如文学、历史、哲学、新闻学等，还要关心国内外政治经济动态。这样我们的思考就比较全面了。我们校歌不是说"红专并进，理实交融"吗？不要认为科学与社会生活无关，科学的事情最后都会折射出某些社会效果来。如最初对曼哈顿计划有重大贡献的科学家们，在美国投下原子弹后，有许多反思；而在德国帮助希特勒研制原子弹的大物理学家海森堡等人，并没有拒绝不应当做的工作。科学家要了解社会，了解时代。大家身在中国最好的时代，科学现代化等着你们作贡献呢！

Q2：赵老师您好，我是金融专业的，我想问一个具体的问题，您在面对一些媒体，尤其是外媒的比较尖锐敏感的提问时，您对这种场合的处理原则是什么？

A2：新闻发言人的立场是他代表的机构立场，但这不等于为了维护立场可以不实事求是，可以信口开河，恰恰相反，为了维护正确的立场，却更要实事求是，更要正确表达，绝不说谎。回答尖锐问题，这是一个解疑释惑的好机会，我给你举个例子，2012年全国政协新闻发布会上，一位香港记者问，现在藏区有喇嘛自焚了，你们为什么不请达赖喇嘛来进行调和呢？因为达赖喇嘛说了，他不赞成自焚。我回答，老吾老以及人之老，幼吾幼以及人之幼。对于这些年轻喇嘛受人蛊惑而自焚，我们是很痛心的。你说达赖喇嘛反对自焚，但我确切地知道达赖喇嘛说过，这些自焚的人很勇敢。如果你说的也对，我说的也对，那么达赖是个两面派。我的发言被国外媒体广泛报道了，效果很好。

Q3：我是少年班学院的学生，我想问一个比较朴实的问题。我这个人吧，情商比较低，经常处理不好人际关系，赵老师能不能帮我们解决这个问题，怎样处理人际关系？比如我的舍友，他们每天都在玩"三国杀"，但是我不会玩，所以感觉有点难与他们相处，找不到共同语言。

A3：我们有句圣贤的话"己所不欲，勿施于人"。这是相处的重要的原则。另一个是《旧约》说，你要想别人如何待你，你就要如何待别人。这两句话很近，这就是处理人际问题的原则。他们不能硬要求你参加"三国杀"。不能"己所欲，必施于人"，你也不能要求他们停止"三国杀"。你可以找到另外的双方都喜欢的话题。至于与人相处有没有技巧？你去看《培根论说文》，论友谊一章，培根说与人交谈的时候，要多谈论对方熟悉的话题，不要只说你熟悉而对方没有兴趣的问题。你是少年班的，我推荐你一本书，少年读起来最合适，是新出版的《周恩来青少年论说集》，是周恩来总理在十七岁到十九岁写的作文集，他谈到了怎么看社会、修养、志向、时事等几十个问题。原文是文言文，南开中学以及中央的文献办公室联合出版了附加白话文的版本。

Q4：我想问的问题是，像您这样多次变换工作岗位，对于工作岗位的变换的抉择，什么样的品质是最重要的？

A4：我的工作岗位的变换的确比较多。我到了国务院新闻办，有人说赵启正没做过记者，没当过总编，是个外行。这是提醒我要虚心学习，提醒我要比内行人更努力才行，这对我是最好的提醒和鼓励。我要熟悉新到的机构的历史背景，基本任务，有什么规矩。

然后提一些基本问题去请教，过几个月我就能提出一些改革的意见，不能总是"萧规曹随"。实事求是和锲而不舍是最重要的，这样我就一关一关地过来了。咱们在中国科大接受的科学素养教育总是在起作用的。中国科大学生要有一种"舍我其谁"的精神，不要害怕，不要后退。

Q5：我觉得中国科学技术的发展，相对于美国的科学发展速度是非常慢的，像美国从发射卫星到登上月球用了十多年，而中国1970年发射了第一颗卫星，到现在也没有登上月球，对此，你怎么看？

A5：登月需要国家的综合实力，中国的综合实力和美国相比还是相差很大，中国可也有很多方面做得不错，比如，美国掌握先进的核弹头技术，共做了1030次试验，中国只做了45次也掌握了相当高水平的技术，包括中子弹在内。但是在广泛的关键领域，不可能都和美国去比。我们要保持头脑清楚的状态，要一步步追，在中国科学落后的背景下，我们要继续尽最大努力。李光耀说，美国靠英语吸收了各国会英语的科技人才，以使美国科技保持长盛不衰，但是中国就不行，因为中国英语不普遍，外国科学家可以和中国同事英语交流，但他的夫人、孩子没法在中国长期生活。他说因此中国要想吸引人才，应该像新加坡一样把第一语言设为英语。中国这么多人，汉语是我们传统文化的精髓，以英语作为第一语言，这可能吗？真正的挑战是我们如何培养更多的科技创新人才。我刚才说了，中国科大的学生至少应该有两个特点，一个叫创新，一个叫舍我其谁，永远记着我们的校训——"红专并进，理实交融"。

刘修才　凯赛生物产业有限公司 董事长

1981年本科毕业于中国科学技术大学近代化学系，1986—1989年在威斯康星大学密尔沃基分校取得博士学位，1989—1991年在耶鲁大学和哥伦比亚大学做博士后，1991—1994年在美国山度士药物研究所任资深研究员。在美国学习和工作期间的研究领域为生物大分子，包括蛋白质和DNA的结构与生物功能。留美期间还创建了最大华人专业团体"美中医药协会"，并担任首届理事长。

1994年回国创业，主持过多项国家自然科学基金重大项目，曾被国外专业杂志评为"世界上对生物能源最有影响力的百名人物"之一。1997年创建凯赛生物，在中国已经投入70多亿元资金，专门从事生物合成研究和生物新材料的产业化开发，推出了包括生物法长链二元酸、生物丁醇燃料、生物基戊二胺和生物基聚酰胺PA5X系列等具有颠覆性的生物新材料技术并实施了产业化，且在汽车、电子电器、生物医药、3D打印和纺织材料等多个领域成功替代传统石化材料，成为开拓生物制造和聚酰胺新材料领域的先驱。

科学第一课
KEXUE DIYI KE

生物仿生材料的研究和应用

导语：

各位同学，晚上好！

我今天主要给大家介绍一下我近20年来研究的工作领域，同时分享一下我从求学到创业的心路历程。我会从三个方面来和大家分享：第一个方面是我求学与创业过程中的一些经历；第二个方面就是今天的题目，生物仿生材料的研究和应用；最后我给大家介绍一个例子：就是我一直从事的生物仿生材料的项目。让同学们体会一下这个领域里面可以做哪些事。希望今天我的介绍能够对大家有所帮助。

No.1 一、求学过程与创业经历

我自己的人生基本经历了两个阶段。一个是求学过程，一个是个人创业过程。1976年对于中国人来说是一个非常重要的年份。那一年，我正在农村里面当生产队长。我们在像你们这个年龄的时候几乎失去了任何希望。高中毕业了，唯一的出路是到农村里当农民，不会种地也要学着做，非常辛苦，而且不只是体力上的辛苦，主要还是精神上的折磨。1976年社会形势好转，我个人重新燃起了巨大的期望。到1977年的时候，我得到了高考恢复的消息，从而使我有幸考上了中国科学技术大学。对77级的学生来说，上大学是一件自己都难以置信的事情，所以我们非常珍惜学习的机会。40年之后，我们的社会和每个人都发生了很大的变化，这些变化都超出了我们个人的想象。在中国科大所受的教育让我受益一辈子。

我在美国读博士学位的课题是研究金属硫蛋白的结构和性能。在课题研究的过程中运用到很多在中国科大学习的基础知识。我的课题做得很顺利，理清了很多重要的科学疑问，尤其是金属在金属硫蛋白的动力学及对蛋白结构稳定的功能。后来瑞士物理学家用核磁共振多维谱测定了金属硫蛋白的溶液结构，并有两人因此先后获得了诺贝尔奖。在我博士后阶段，主要研究抗癌药物与DNA结合的溶液结构。我发现抗癌药与DNA结合以后，可以破坏DNA碱基对的平行结构，这在当时可能是一个新的抗癌机制。但由于导师的谨慎，这个结果没有发表。后来哈佛大学一位教授发表文章利用X射线衍射得出和我一样的结论，证明我的推断是正确的，但我已经失去了第一次发表这个结论的时机。这两次经历，给我个人的感觉是这个世界有时好像很不公平。

在我们刚进中国科大的时候，所有的老师都教育我们去获诺贝尔奖，我们也确实为这一目标很努力地学习。我在中国科大做研究生的时候，化学楼到晚上会关门，我们就偷偷地在关门之后，通过厕所的窗户回到实验室做实验。当时的目标很简单，就为的是成名、获诺奖、成为大科学家。从中国科大毕业之后我也一直想成为大科学家，只是一直没有机会。然而后来，通过不断地思考、求索，机遇和个人努力成就了今天的自己。

在哥伦比亚大学做完博士后研究以后，我在美国一个著名医药企业获得了一个做研究的职位，4个月以后就被提拔组建一个新药设计部门，但是在那个环境下做了三年我都没有找到自己的感觉。到了1994年，我决定回国。我当时应该是第一个在世界500强企业里已经有资深研究员的待遇而辞职回国的人。我回来的时候，既没有打算到大学工作，也没有准备做技术官员。那时我37岁，读了很多年的书，掌握了很多实验方法和技能，但苦于没有找到方向，不知道能为这个社会做什么。不过，我立志一定要做一个对社会有贡献的人。

一个偶然的机会，我认为我找到了人生的价值。当时的科技部长朱丽兰要求我为国家做些研究工作，特别爱护我的顾孝诚教授（北京大学生命科学院原院长）也建议我去承担国家的科研项目。于是我就选择并承担了一个用生物方法制造维生素C的国家攻关项目，我认为这个项目是中国在生物医药领域有自主知识产权的项目。项目的目标是，用中国发明的微生物两步法生物技术取代全世界都在使用的化学方法制造维生素C。最后，经过大家的共同努力，大幅度提高了生物方法的效率，在短短几年内就成功替代了全世界所使用的化学方法。

这件事对我的启发很大，我发现生物的方法可以替代化学的方法。有那么多的化学品都是利用传统石油化工工艺，如果可以用生物方法替代，这将是一个非常有价值的产业。所以在1997年我决定专门从事这个领域的研究，于是我成立了凯赛公司，专门做这样的事情。公司成立时，我到香港、华尔街，到处去找投资，但是没有找到一分钱。大家都不理解，为什么要做这样的事情？最后，我把自己在美国的房子卖掉了作为启动资金，才有了今天的凯赛。过程虽然很艰苦，但是我很开心的是找到了可以实现自己人生价值的领域。

还要和同学们共享的一个体会就是：在把创业的想法变成事业的过程中，需要很多的合作伙伴，并能够从合作伙伴里积蓄力量。我从1997年开始，到现在经历了20年的时间。作为世界上第一批做这个产业的人，离不开我的各位同事的帮助。

二、生物仿生材料

生物仿生材料究竟有什么意义？仿生大家都很熟悉，就是人们利用生物各种智慧的行为，从中获益。但是这不是我要讲的内容。仿生材料涉及的内容很广，我今天主要集中在用生物的方法做仿生材料。人们想改天换地，应该从最容易的做起。现在生物学发展的速度非常快，可以用生物的手段去模拟生物能够做的材料，做那些对人类有价值的材料。

我们现在的衣食住行都离不开高分子材料，今天的高分子材料几乎全部来自于石油化工。这样会带来什么问题？在过去的几十年里，由于地球变暖，两极冰块面积缩小了20%。地球变暖是因为地球大气中的二氧化碳浓度增加了，产生了温室效应。二氧化碳浓度增加的原因，就是人类大规模开采化石能源的结果，石油和煤炭的使用速度大于它的储藏速度。这个问题非常严重。仅从冰块的融化角度来看，人类生活的陆地部分只占地球的1/3，如果海平面升高0.5 m的话，中国上海、杭州这样的城市就都不存在了。人类必须要解决这样的问题，否则自己就把自己消灭了。

解决问题的办法就是要解决二氧化碳的循环问题，利用生物就是有效的方法。地球上的绿色植物都可以利用二氧化碳和水，通过太阳光的光合作用，变成有机物。我们可以把植物作为原材料，利用生物的方法，去制造我们现在所需要的高分子材料。这种方法使碳循环维持一个平衡状态，不会增加空气中的二氧化碳。这是人类改善自己生存环境的唯一的方法，也是人类终极制造方法。环境和资源问题越来越引起各国政府的重视，也使从事环境科学的科学家感到万分迫切。同时，每一个生活在地球上的公民也应该意识到，维护地球的长远发展，是我们每一个公民应尽的义务。

现在人们所需要的各种高分子材料都可以利用生物的方法制作。二氧化碳和水经过光合作用形成碳水化合物。最简单的碳水化合物是葡萄糖。我们穿的衣服所含有的纤维素是糖的聚合体。我们吃的大米，里面含有的淀粉，也是葡萄糖的聚合物。通过基因工程技术改造微生物可以将葡萄糖这类光合作用产物转化为人们所需要的化合物，这就是生物仿生的核心。要想把这件事做得更加有效率，就要依赖现代生物学的发展。

生物仿生主要仿什么？首先要仿生物里几个主要的物质。比如说，由氨基酸组成的蛋白质。氨基酸聚合形成了蛋白质，蛋白质二维和三维空间结构可以构造很多功能。我们人类最原始的材料，丝绸和羊毛等主要成分都是具有α-螺旋结构和β-折叠结构的蛋白质。

再举一个例子，就是DNA。DNA有四个碱基形成两个碱基对。DNA通过脱氧核糖聚合形成主链，四个碱基通过氢键形成两个碱基对，在空间上就可以形成一个螺旋结构，这个螺旋结构有大沟槽和小沟槽。我个人认为，DNA可能是拉伸能力最强的结构。在分子水平上，任何金属都不会比它更强。它可以做成任何人类想要拉伸的材料。同时，不管是DNA碱基对本身，还是在DNA骨架上面，都可以传递很多信号。未来人类传递信号，不管是芯片，还是纳米材料，DNA都将是一种非常理想的材料。

第三个例子就是多糖结构。所有的绿色植物基本上都有多糖结构。多糖结构是一个非常诡异的结构。我自己做了蛋白质结构，做了DNA结构，但我从来不敢碰多糖结构。糖是淀粉和纤维素的基本组成单元。糖结合起来，可以在材料领域发挥无与伦比的功能。比如说，我们看到的植物，春天的柳条就很柔软，而柳树的树干就很坚硬，这些都有多糖结构在参与发挥作用。它可以制造很多很奇妙的材料。

用生物的方法制造自然界已经存在的大分子结构，会为人类解决很多的材料问题。这个问题为什么到今天人类还不去解决呢？我觉得可能是人类懒惰了。石油在人类历史的发展中已经被奠基下来了，人类习惯上就是挖出石油去用。但是，今天出现了环保问题，而且石油资源是有限的，一定也会产生能源危机问题。更为重要的是生物技术的发展，使得过去很多不能做的事情，现在都能做了。而且，还能保障生物技术可以制作现在石油化工制作出来的所有的材料。

三、从事生物仿生材料研究经历

接下来，我想给大家举一个我亲身经历的例子，就是生物基聚酰胺的研发过程。这是我带领我的团队花费了十几年时间做的项目。聚酰胺就是模仿自然界蛋白质结构的一种高分子聚合物。人类穿着的衣服有一种材料是由蚕丝做成的丝绸，这种材料穿着很舒服，因为蚕丝本身就是蛋白，与人类皮肤的主要成分蛋白是同类物质。蛋白与蛋白之间的信号传递靠的是水分。它们对水分的结合强度都是一样的。所以说丝绸吸湿排汗的效果好，人们穿着就舒服。

人类创造的第一种仿生材料是聚酰胺66。它是通过化学方法得到的，就是我们常说的尼龙。尼龙是人类历史上第一种人造丝，是仿照蚕丝的蛋白结构做出来的，强度远高于天然蚕丝。但是比较可惜的是，人工合成聚酰胺不容易制造侧链，所以很多蛋白质的功能实现不了。尤其是化学合成的偶数碳聚酰胺链与链之间氢键的规律性，导致它丧失了相当一部分与水结合的能力。要想让它保持人工合成的优点，同时更加接近自然界蛋白质的功能，一个简单的做法就是破坏链与

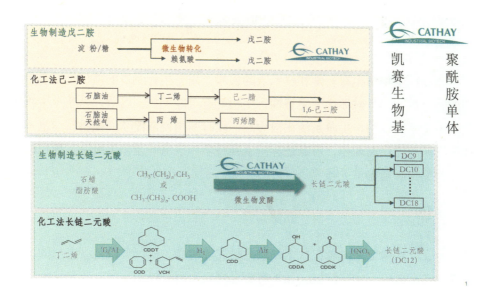

链之间氢键的规律性，使一些具有形成氢键的功能团释放出来。要达到这样一个理想的结果，用化学方法很难做到。

化学方法想在一个分子中简单地加入一个碳或者减掉一个碳都不是很容易，而生物代谢具有这种可能性。几十年来，人们一直期待生物技术在这个领域的突破，通过我们多年的努力，今天有了突破。生物技术可以有效利用葡萄糖，产生化学法难以合成的奇数碳的二元胺，它和一系列的二元羧酸聚合，就可以产生一系列的聚酰胺。这些聚酰胺可以用来做不同熔点、不同硬度和不同性能的新材料，在汽车、电子电器、纺织和3D打印等各个领域都具有广泛的应用。

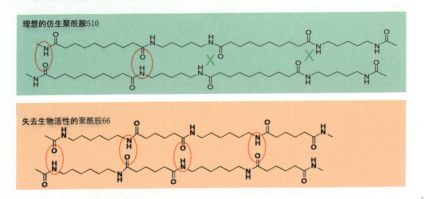

当然，生物仿生有科学和技术上的挑战。用于生物制造的微生物要有生命活动的完整性，一旦破坏这个完整性，生物就有可能死亡、腐败。当整个生物的代谢发生不平衡以后，生命系统在很短的一段时间内就崩溃了。生物制造也不应破坏生物原有的代谢规律，所以还有一系列科学和技术问题需要解决。现在的基因工程为生物制造提供了非常强有力的手段。

四、结语

大家今后要工作或者在这个领域做研究的时候，仅仅会做是没有用的，你要做得非常有效率，才有价值。如果有愿意研究生物材料的同学，我建议大家学习

生物仿生材料的研究和应用

建设中的生物基聚酰胺工厂

一些科学实验的方法。我自己在中国科大是学习分析化学的，毕业这么久，一直受益于这个学科。任何领域里面，方法都是非常重要的。解决了方法问题，你就掌握了这个领域的命运。

1997年我开始做生物仿生的时候，被投资界的很多人认为是个笑话。20年走过来以后，我们成就了这个行业。我们现在非常有信心，改变外界对这个行业的看法。中国的纺织行业有超过9万亿的市场，但几乎难以见到有一种新材料是中国人自己发明的，也很少见到某种新材料在世界上是有一定地位的。我们一个小小的团队都能做这样的事情，将来会有更多的学者介入到这里面来，世界上这个领域一定会有很大的变化。所以我相信，人类最终一定能够通过生物制造解决地球上目前存在的环保和能源危机，那就要靠各位同学了！

问答互动环节：

Q1：请问您对现在中国科大流行的"废理兴工"思想怎么看？

A1：我这里从来没有把理科和工科分得很清楚。我觉得对于在座的同学来说，严格的区分理工为时尚早。在大学阶段，大家不要考虑是理科还是工科。将来应用的时候，你学的什么学科都不重要，重要的是你在大学期间打下的基础和学到的方法。到了最后，不管你是学什么学科的，知识都很难分开。

Q2：请问计算机科学在生物领域的应用有哪些？生物领域和大数据、互联网之间的关系？

A2：我觉得计算机和大数据对生物学绝对有用。因为人类目前对生物这一块的了解还非常少。现在人类基因测序的手段已经非常成熟了，人类基因库的建立是全球一起动员，中国只贡献了1%。基因与人类行为的关联性还有很多是未知的。这些都需要计算机技术的推动。所以，我认为大数据与计算机在生物学的发展过程中是必不可少的。

Q3：现在生物工程效率低，请问应该如何解决？

A3：生物工程在为人类应用时需要解决两大问题，即转化和产物纯化。转化需要从两个角度突破：一是用低成本的原材料；二是要提高转化效率，减少其他代谢产物的生成，同时还要保证细胞本身的活性，不能破坏细胞本身的正常代谢。生物质利用和合成生物学取得的学术和技术上的进展，对生物转化效率都有贡献。纯化问题实际上更加重要，由于普遍存在关注提高转化率而忽视纯化技术的现象，使得这么重要的问题一直没有被重视。由于生物代谢产生众多副产物，纯化的难度其实非常大，不容易出成果，也不容易被别人关注。但是，这是一个无法回避的技术问题。至少在目前，纯化是很多生物工程项目的瓶颈，不是做不出来，而是没有效率。我觉得生物代谢产物的纯化有技巧、有方法，可以达到高分子材料的要求。但是，要把复杂的生物纯化过程变成像石油化工那样的效率，还有很多问题需要解决，需要科学上的突破去改变人们的观点与解决问题的方法，比如导致低成本的离子液体、分子蒸馏、超临界提取、亲和色谱等基础学科的理论和技术突破。

Q4：请问您如何看待转基因？基因工程应用很多吗？

A4：基因是控制一切生物的根本源头，任何东西长得不一样就是基因不一样。我在担任生产队长的时候，我们一亩地产200斤粮食。现在同样的一亩地可以产到1000多斤了。这主要是种子基因的变化导致的。基因变化有两种可能性：人为的和自然的。人为的变化又分两种：有意识和下意识。基因工程就是有意识的变化，而杂交等方式就是下意识的变化。下意识是在大量的杂交实验结果中选择效果好的，但是不知道基因是如何变化的。基因工程就要求我们知道增产或抗逆的功能基因，然后有意识地定向地改变某些基因。我想，如果你是经过科学训练的人，你一定想知道，基因如何变化是有利的，然后有意识和有目的地去改造基因。

孙立广　　中国科学技术大学教授

1945年6月生于湖南临武，毕业于南京大学地质学系。现任中国极地科学技术委员会委员。

主要从事生态地质学研究。参加过南极考察、首次北极考察和南海西沙考察，独创的企鹅考古法研究成果发表在 Nature 上，被教育部评为"2000年中国高校十大科技进展"，被科技部等四部委联合评为"科技攻关优秀成果"，并获2001年度安徽省自然科学奖一等奖（排名第一）、"中国科技大学杰出研究校长奖"。开创了"南极无冰区生态地质学"研究方向。曾出版《南极无冰区生态地质学》和《南海岛屿生态地质学》等学术专著，还出版有《南极100天》、《风雪20年：南极寻梦》等科普读物。先后在 Nature，Nature Geoscience，Nature Communications，ESR，EPSL 等国际学术刊物上发表研究论文近300篇。曾荣获"全国先进野外工作者"、"中国极地考察先进个人"、安徽省教学名师，以及"中国科学院优秀研究生导师"（3次）等荣誉称号。

科学第一课

KEXUE DIYI KE

气候与环境变化

主持人：

各位同学，大家好！

今天是我们"科学与社会"新生研讨课的第五个主题报告，我们邀请到孙立广教授就环境、气候与人类发展相关问题作主题报告，大家欢迎！

同学们，大家好！

请先看下面这幅照片（图1）。

图1 浮冰和彩虹

这张照片展示了南大洋的浮冰和彩虹。在地球上，还能找到如此美的蓝天，如此干净的海洋吗？很难找到了。大家都在说，南极是地球上最后一块净土。其实，这块净土现在已经不那么干净了。对地球而言，人类文明的出现，从某种意义上说或许是这颗星球最灿烂的礼花也是最大的灾难；对宇宙而言，如此充满神秘色彩的美妙宇宙和地球要是没有文明的人类去欣赏，那是何等不幸的事！因此，我们要珍爱和敬畏地球，我们要珍惜文明。

今天我讲课的题目是"气候与环境变化"，显然这是一个关于"科学与社会"的话题。我们进入中国科大的目标是什么？就是学习科学和技术。将来用科学服务社会，或者通过技术这个桥梁来服务社会。服务社会的根本目的是什么？是服务于人，服务于全人类，所以我觉得在这个世界上，找不到比科学更伟大、更美好的事业。

我们通常说科学是对自然现象和规律的认识。我给科学下的定义是，科学是洞穿复杂的简单。科学发现就像是一个长长隧道前面的一个亮点，它也像火山从地壳深处喷出来的岩浆，是很闪亮的、光彩夺目的，但一定是经过了一个长期在地下孕育的过程，然后才能显示它的美。所以美是一种洞穿复杂的结果，科学是美的。

一、悬在人类头顶上的"两朵乌云"

我认为，在地球环境的天空现在有"两朵乌云"，"一朵"是全球变暖；"另一朵"就是环境污染。天才的物理学家们已经驱散了20世纪物理学天空的"两朵乌云"：以太和紫外灾难。我觉得好像没有什么天才能够在21世纪驱除人类头顶上的这两朵新的乌云，它们最终能够被驱散吗？

国际社会应对全球变化的过程，从科学的认识层面到寻求政治共识，已经做了很多的事情。最早，环境问题引起大众重视的是1962年蕾切尔·卡逊写的一本科普著作《寂静的春天》。这本书用一个童话，寓言式地预言了未来的环境危机。

春天，应该是鸟语花香的，可是蕾切尔·卡逊展示了一个寂静的、没有生机的春天，大量使用农药使得树林里的昆虫和鸟儿都消失了。春天是寂静的！这是非常危险的前景。当时引起了很大的震动，导致越来越多的科学家、政治家开始关注地球的环境问题。1972年，《斯德哥尔摩宣言》把环境问题提上了议事日程；1973年联合国成立了环境规划署；1979年，第一次世界气候大会宣言，揭开了系统研究全球气候变化的序幕；2009年，哥本哈根联合国气候变化大会把环境问题推上了国际顶级论坛。此前，1988年，世界气象组织和联合国环境保护组织成立了政府间气候变化专门委员会，即IPCC。IPCC从1990年到2013年9月28号发布了五次评估报告，中国科学家参与了五次评估报告的编写。IPCC中国科学家关注的是气候变化的未来。

二、要节能减排：发展的"陷阱"与"救赎"地球

应对全球变暖最重要的解决方案之一就是节能减排。它的前提是确认全球气候变暖，变暖是由二氧化碳、甲烷、氧化亚氮这些温室气体的人为排放所引起的。所以这又带来了一个问题，要不要减少温室气体排放，怎样减少排放？一些发达国家站在道德的高地上期待救赎地球，所以要求减排是当务之急。而发展中国家认为这可能是个陷阱，如果不分主次，全面、"平等"减排，那确实是不平等的。原因是发达国家先发展了许多年，早年大量的气体排放是它们造成的，限制排放就是限制发展，所以在这个时候要求大家"平等"地减排就不公平了。1997年，《京都议定书》明确了发达国家和发展中国家减排的量化指标，但是美国不签署，因为美国是排放大户，可是别的国家签署了。2009年，哥本哈根联合国气候变化大会确定：共同但有区别的责任原则。这就达成了政治共识，相对比较公平。发展中国家可以多排放一点，发达国家少排放一点，这就是有区别的责任，到了2010年的时候，墨西哥坎昆气候变化大会达成《坎昆协议》，大家觉得妥协是一个非常聪明的解决方案。到2012年情况并未好转，俄罗斯、新西兰、日本、澳大利亚追随美国，相继退出了《京都议定书》的第二承诺期。2016年4月在纽约签署了《巴黎气候变化协定》（简称《巴黎协定》），这个协定是2015年12月12日在巴黎气候变化大会上通过的。目的是安排2020年后全球应对气候变化的行动。2016年11月4日，《巴黎协定》正式生效。共有147个缔约方批准了该协定，其温室气体排放量占全球排放总量的82%。

三、现在是了解过去的钥匙、过去是了解未来的钥匙

首先，我们要知道全球变暖到底是怎么回事。一讲变化，就要了解过去、现在和未来。两百多年前，有一位英国的地质学家莱伊尔曾提出：现在是了解过去的钥匙。另一方面，过去也是了解未来的钥匙。要回答气候变化的未来问题，我

们需要看看过去的气候是怎么变化的。

地球历史上有过五次大冰期，第一次大冰期，是距今27亿年到23.5亿年，它经历了3.5亿年；第二次距今9.5亿年到6.15亿年，它经历了3.35亿年；第三次是距今4.6亿年到4.4亿年，它经历了2000万年；第四次发生在晚古生代距今2.25亿年前后，持续了8000万年；第五次就是最近的这次，即第四纪冰期，第四纪冰期开始于距今300万年至200万年前，末次冰期结束的时间是距今一万八千年，也就是说，在过去的距今300万年至200万年间还经历了好几个持续时间短的小冰期、新冰期，冰期的气候也在不断振荡。现在公认的末次冰期是不是第四纪的末次冰期呢？这取决于未来几万到几百万年间有没有再一次大的、持续时间长的冰期出现。如果大冰期再次出现，那么刚刚过去的这个冰期就是倒数第二次冰期，而不是末次冰期。所以我们现在说，现在的这次大冰期只经历了200万年至300万年，比历史上最短的冰期还要短得多，我们现在还不能肯定地说，末次冰期已经过去了。

过去一百年中，气候在逐渐变暖，但是中间也有变冷的时期。1940年，第二次世界大战的欧洲战场上，斯大林格勒保卫战正在进行，那年冬天特别寒冷，法西斯德国的坦克和机械设备瘫痪了，斯大林格勒保卫战的胜利有"老天爷"的贡献，其中很重要的原因就是天气突然变冷。未来会不会再出现变冷的可能性呢？

IPCC（政府间气候变化专门委员会）评估报告指出，如果人类争取二氧化碳低排放的话，到21世纪末，全球升温是1.8℃；中排放的话是2.4℃；如果是高排放，温度要上升3.4℃。这是计算机模拟得出的结果，不能不信，也不能全信。据估计，全球平均气温如果上升2℃，格陵兰冰盖将全部消融，海平面将上升7米，这是需要警惕的。有证据表明从1906年至2005年这一百年当中，全球地表温度上升了0.74℃，过去50年（指1955年至2005年）平均每10年上升0.13℃，2013年IPCC第5次评估报告谨慎认为，过去30年（指1983年至2013年）非常可能是过去800年来温度最高的时期。

四、二氧化碳是气候变暖重要的原因

看看这张图（图2），过去四十年来，二氧化碳浓度在不断上升；工业革命两百年以来二氧化碳在飞快上升。不过，再看看过去16万年以来二氧化碳浓度的变化，现在还没有达到10万年以前的也就是暖期的最高点。工业革命之后二氧化碳排放是人类活动引起的，前期的排放是什么引起的呢？显然是自然排放引起的，地质历史时期有比现在温度和二氧化碳还要高的时期，如何去解释这些事实呢？所以需要研究。

IPCC（2007年）第3次评估报告认为近百年来全球升温可能是人类活动排放温室气体的结果，第4次评估报告(2011年)认为非常可能是人类活动引起的，确定了气候变暖的主要影响因素。图3中这条黑色的线，是有气象记录以来器测资料直接得到的温度曲线，是基本可信的，温度是这样变化的。图3（a）这个蓝线附近模糊的虚影线是各种模拟曲线，大体一致，它排除了人为排放二氧化碳的影响。在自然状态下，最近几十年温度应该是在缓慢下降的。根据模拟，把人类活动因素放进去以后，图3（b）的黄色曲线和实测的曲线是基本一致的。这个曲线是不是很可靠？要看看里面的变化趋势。但是二氧化碳、甲烷等温室气体，在地球历史上到底是不是导致全球气候变化最重要的原因呢？我觉得还需要继续研究。2013年发布了第5次评估报告，2022年将发布第6次评估报告。IPCC紧锣密鼓地持续推进对人类控制全球气候变暖的研究。但是，2017年8月4日，美国向联合国正式提交退出《巴黎协定》意向书。美国的退出行为对人类应对气候变化的积极努力造成了

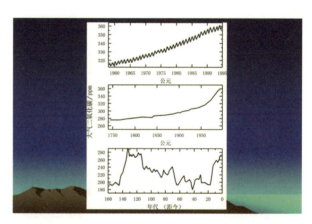

图2 不同时间尺度上的大气二氧化碳浓度变化

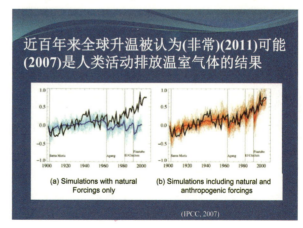

图3 IPCC评估报告中的结果

巨大打击,将对全球应对气候变暖的治理模式产生重大影响,这是非常令人担心的。

五、太阳活动对气候冷暖变化起到了重要作用

再看看太阳黑子的活动(图4),从太阳总辐照度的情况来看,黑线代表太阳活动的强度,灰线是温度曲线,你看太阳活动变化的曲线和北极圈范围内的温度变化曲线是多么吻合,从这张图上看,现在的气候变化似乎与人类活动和二氧化碳变化无关。

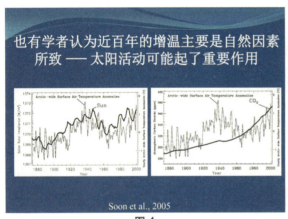

图4

这是全球温度变化曲线和太阳黑子数目的变化曲线(图5)。在1980年以前,它们是同步的,太阳活动起到了重要作用,有学者这样认为,从几百年的指标来看,也是这样。但是,1980年以来,太阳活动的状况和温度变化曲线呈现一个相反的变化趋势。太阳活动减弱了,但是温度却不是随着太阳活动的减弱而下降,特别是过去十一年以来,太阳活动明显减弱,太阳黑子该活动的时候没有活动,那么温度应该降低,但实际上并没有降低,它是在平稳地上升。所以这是个值得研究的问题,非常可能是人类活动造成的温室气体排放起到了主要作用或者激发了自然的作用。

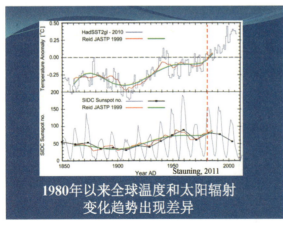

图5

六、气候变化的不确定性,但也是有规律可循的

有学者模拟出几十年后北冰洋海冰在夏季将会全部消融,可是拿2013年与2012年比较,同期的北极冰面夏天的表面积增加了60%,超过了一百万平方英里。看到这张图(图6),又有一些科学家在发出警告:世界正处于气温急速下降的时期,必须为全球变冷做好准备。而现在,2018年8月上旬,最新的卫星照片显示,北冰洋表面积已经逼近2012年同期水平,冰面还在继续减小。是不是又要重新开始应对气候变暖呢?看起来,这个变暖的大趋势在短时间内似乎是很难改变的,虽然在上升的大趋势中,会有振荡式下降。

其中,白色的部分是2013年增加的,这些数值说明气候是在不断地变化,北冰洋冰盖的大小也是这样波动的(图6)。

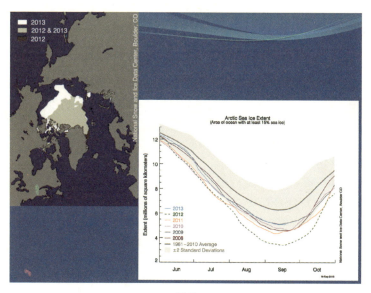

图6

这是一张全球大洋温盐环流图(图7),上面红色的是表层的海洋暖流,温度高、盐分低,自东向西运行,到北大西洋北部下沉,然后转化成深海冷的海底环流,温度低,盐分高。洋流是大洋里面的河流,它在不断地循环运转。但是全球变暖以后,北冰洋的冰消融了,消融的海水淡化了,表层海水淡化以后海水密

度降低，就漂在上面，在北大西洋环流该沉下去的地方就下不去了，下不去怎么办？那就只能往南后退，北大西洋暖流输入北冰洋的热量就减少了，北冰洋的冷水就会进一步向南推进，结果会导致北美和欧洲的大西洋两岸突然变冷，接着，北半球就完全有可能变冷，这个过程历史上是不是发生过呢？

2004年，中国在北冰洋的斯瓦尔巴群岛建立了黄河站，我们参加了建站和首次北极考察。我们在那里发现，在距今9400年期间里面就有一次非常明显的降温过程，时间持续约一千年左右，导致钝贝几乎灭绝。在全球范围内都出现了这样一个突然变冷的过程。末次冰期以来，这样的突然变冷事件或者小冰期在南极和北极发生过多次，留下了显著的记录。

2012年我们在浙江舟山群岛的朱家尖也发现了距今两万多年前一次非常干冷事件的直接证据，这次事件导致那里将近有一千年的时间寸草不生，有机碳的含量几乎等于0。从地球历史来看全球气候变化，人类是很幸运的，从自然的角度来看，现在绝对不是气候异常时期，恰巧是地球上最风调雨顺的时期之一。如果现在有点"异常"，那是人类活动的结果。

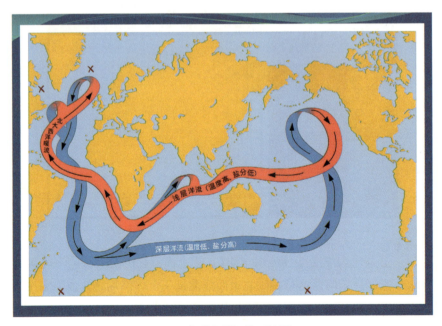

图7　全球大洋温盐环流图

七、探寻不同尺度上的气候周期变化

整个南极大陆是被冰覆盖的,中心部分是高原,高原内部有山脉,我们国家在高原的顶峰建立了昆仑站,现在正在那里打冰钻。这个钻要打穿冰层,达到冰层底部的岩石界面,可能要到十多年以后才能结束。如果能得到一个超过40万年,甚至达到100万年的气候历史记录,那会是件很振奋人心的事情。

国际南极冰芯计划已经揭示了80万年以来温度和温室气体浓度的变化,下面这张图显示了冰穹C冰芯记录的温度、二氧化碳和甲烷的变化趋势(图8)。这是高分辨的精确结果(图9)。从中可以看出温室气体和温度之间高度相关,宏观上对比,十万年一个周期。深海有孔虫得出的海表温度和南极冰芯四十万年来所得出来的结果也是可比的。有一个显著的特点是,每一个周期达到温度的高峰时,接着就有急剧的断崖式温度下降。我们不能不叹服科学解读自然的力量!

在最近这个10万年周期中,我们现在处于一个什么位置呢?我们现在是继续处在变暖的过程中,还是在走向全球变冷的门槛之前的暖期巅峰?有没有到暖期的顶峰?离顶还有多长时间?这些都还是未知的。因为人类的活动,现在气候在继续变暖,变暖到什么程度,到什么时间开始变冷,人

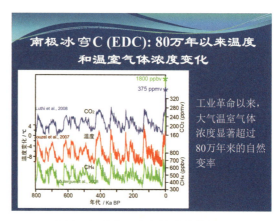

图8 温度和温室气体浓度的变化

工业革命以来,大气温室气体浓度显著超过80万年来的自然变率

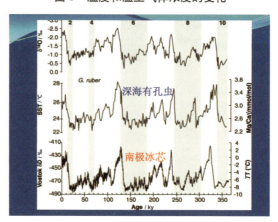

图9 高分辨的精确结果

类的活动如何平衡未来的冷,这都是非常严峻的问题。地球冷暖变化的十万年周期,在南海的深海沉积和南极冰芯得到的结果都是一致的,而且,从黄土高原里面的黄土层得出来的结果和南极、北极也都是可比的。

过去一万年以来温室气体也在变化,在距今八千年前后,二氧化碳浓度开始缓慢地上升,过去两百年以来一直在快速上升。甲烷浓度的情况是:距今一万年开始下降,到距今五千年后开始慢慢上升,然后到近代二百多年快速上升。所以有人认为,人类活动对全球变化的显著影响是开始于工业革命以后,实际上,5000年前就开始了(图10)。

我们中华文明有五千年的历史,埃及文明更早一点,有七八千年。在那个时候,人类开始烧荒,从狩猎转到播种、浇水、除草和牧羊的农业革命,这导致了二氧化碳浓度的上升,大家从下面这张图(图11)上可以看到,二氧化碳浓度是在距今八千年开始上升的,可能与烧荒有关,甲烷浓度是从距今五千年开始上升的,可能与水稻种植有关,这两个上升标志着人类农耕文明的影响。

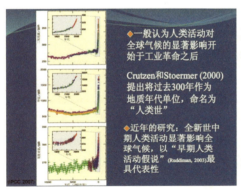

图10

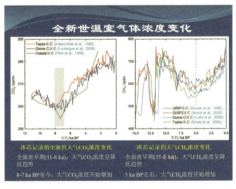

图11

全新世大气温室气体浓度变化的主要驱动因素和全球变化的驱动力到底是什么?是自然的还是人为的,还是这两者的叠加?在这里面谁占主导地位,未来的变化是以自然因素占主导,还是人为因素占主导?这是气候变化的核心科学问题。

人类活动会排放甲烷,水稻种植也是甲烷排放重要的源,水稻生长过程中大量吸收二氧化碳,同时排放甲烷,所以水稻种植的增加导致甲烷上升。大家知道,家畜的饲养实际上也是温室气体的重要来源,人为排放的甲烷占全球总排放量的1/5，牛、羊这些反刍动物会排放大量甲烷，它们的排放量约为人类排放甲烷总量的37%，目前化石能源燃烧排放的二氧化碳占75%。温室气体的来源是什么？水稻种植、畜牧业、烧荒、化石能源，这都属于人为源。另外一个方面，人类排放的、早期烧荒所造成的二氧化碳排放，都会导致大气增温，进而驱动海底、冰冻圈和湖沼中的碳库把温室气体释放出来，这也在加剧全球变暖，本质上，这是自然因素和人类因素叠加的结果。

重要的问题是：排除人类因素的影响，在自然状态下受太阳活动控制的气候变化趋势到底是怎样的？我觉得这个问题特别重要，在这个问题上学术界还没有达成共识。虽然IPCC代表了主流观点，但是太阳活动与人类活动到底是谁在决定地球气候的未来还是不确定的。不过，节能减排是人类应对气候环境变化的最优的选择，这一点与气候变化的未来走向无关。

八、气候变暖导致的生态灾难正在导致物种的衰退和消失

全球变暖可能引发的后果有什么呢？我们首先来看负面的结果，气候变暖正在扰乱自然生态系统，鸟类、昆虫、海洋生物以及人类都遭受过流行病的袭击，猪流感、禽流感等传染病都和气候变暖有关。

前不久有7个国家的19位科学家对不同地区的1103种动物植物物种进行了系统研究，得出的结论是，在未来的50年里，气候变化将会导致部分物种灭绝，澳大利亚的气温在未来五十年中要上升0.8~1.7℃，大气二氧化碳浓度要提高到500 ppm，物种灭绝预计是7%~13%，气温上升2℃的话，二氧化碳浓度到550 ppm的时候，则灭绝预计会达到43%~58%。

你说这是多么危险的情景！在气温上升2℃的时候，蝴蝶就要灭绝。蝴蝶是喜欢吃花的，但是气候变暖以后花期不变，蝴蝶的产卵期却要提前，蝴蝶没花可吃就会遭到灭顶之灾。北极熊在无冰的北冰洋是注定要灭绝的。在南极，鲸鱼、海豹和企鹅的主食都是磷虾，磷虾以海冰下面的冰藻为食，因此它们在南大洋形成一个食物链。由于冰架崩塌，冰消失后，冰藻没有了生存的空间，磷虾断了粮草，南极海洋里的磷虾资源将会大大减少，南大洋的食物链就会崩塌，这是非常危险的一个情景，虽然还很遥远。

有统计资料表明，全球变暖导致的损失在2008年这一年达到了4.53万亿美元。根据计算模拟，到2050年可能达到28.6万亿美元。经济社会发展的脆弱性增强了，海平面上升、治安事件和公共事件频发，未来还有海洋酸化危机，海洋酸化会导致珊瑚白化死亡，还可能最终导致海洋沙漠化，海洋沙漠化是什么意思？就是海洋里面没有多少生物了，仅仅可能剩下大量水母会过度繁盛，这是非常危险的情景。目前在局部海域，水母爆发性的生态灾难，有时甚至使得海岸边的核电站不得不暂时关闭。

九、环境对气候变暖的反应也不完全是负面的

在中国历史上，在距今8300年到4500年，是一个暖期，然后就突然变冷了。暖期时华北地区的平均温度可以高出现在2℃以上，降水比现在还多4%。那时候森林茂盛、湖泊发育、温暖湿润，西北、华北的气候比现在还好，长江中下游常绿林带向北扩展，出现了亚热带的阔叶树种，长白山覆盖了胡桃树。所以换另一个角度来看，气候变暖也有好的一面。

在中世纪暖期，距今1000年前后这一段时间里，新疆地区的植物多样性显著增加，《中国气候与环境演变》中有记录。当时水体中的软体动物大量增长，湖泊里生长着丰饶的水生植物，但是公元1400年以后的大约300年间，全球又一次变冷，温度突然降低，是个小冰期，新疆地区从暖湿转为干冷，生态环境显著恶化。我们在南极的研究表明，在距今2300年到1800年，气候变冷，企鹅数量锐减，而在距今1800年到1400年气候转暖时期企鹅群落繁荣起来。

此外，如果气候继续变暖，北冰洋的海冰继续消融的话，北极航线将会打通。2012年雪龙船在破冰船的带领下，穿过白令海峡，沿着北冰洋南部边缘，开辟了一条东北航线，直达冰岛。这个航线如果常态化贯通的话，从中国东部海岸到欧洲大西洋海岸的航运距离大约会缩短三分之一，这将节省大量运输费用。同时，北冰洋大陆架的石油资源非常丰富，高纬度地带的冻土将会解冻，整个植被带将会北移，沿岸国家的利益将是巨大的。

如此看来，究竟是气候变暖好，还是气候变冷好呢？排除人类因素的影响，在自然过程当中，现在处于什么阶段，是持续变暖还是处于变冷的门槛前呢？

IPCC第五次评估报告给出的结论是：200年以内变暖的趋势不可逆转。他们一定是经过了精确的模拟运算得出来这样一个结果。反对的声音，甚至认为气候会变冷同样也存在。二百万年前，也就是第四纪开始的时候，全球变冷了，人类就是因为变冷才举起了文明的火把，然后走出丛林。变暖的结果我们还不知道，让我们拭目以待吧！无论大家是怎样看待未来，节能减排都是最重要的事情。

十、人与自然的和谐相处是唯一的选择

在自然面前，人类是脆弱的，2008年发生在中国南方的那场雪灾严重影响了交通、电网。没有一位权威专家能够模拟预测出这场灾害；在人类面前，自然的生态系统也是脆弱的，城市化使得自然的生态系统被破坏，经济林木的开发导致生物多样性被破坏。

现在存在两种不同的声音，一种观点认为，全球变暖是一个不争的事实，它是主流，但不是共识；另一种观点认为，在未来的两三百年内，地球气候将开始变冷，它是杂音，但也不是说没有一点根据。过去的十一年是第一个没有太阳黑子剧烈活动的周期，有人说，太阳病了，如果持续下去，温度应该会向下滑动。

不管你的学术观点是什么，不管你预测未来是暖还是冷，我认为能够应对气候变化的唯一选择是发展低碳经济，节能减排，这是大势所趋、人心所向。

十一、全球变化的十大环境问题

全球变化有十大环境问题，气候变暖首当其冲，此外还有臭氧层消耗、生物多样性减少、酸雨蔓延、森林锐减、土地荒漠化、大气污染、水污染、海洋污染和危险性废物越境转移。我认为还有个非常重要的环境问题就是土壤污染，这个常常被忽视。为什么不可以叫十一大问题呢？我觉得土壤污染是个最严重的污染问题。现在有个学科方向叫土壤修复，一旦土壤被污染了，再想修复它，那个代价就非常非常大，而土壤一旦污染，将会直接影响到我们的食品安全、农作物安全和生态安全。我认为最大的环境问题是环境污染。

气候变暖不是危及可持续发展的决定性因素，决定性因素是环境污染，包括大气、水体和土壤的污染。这个问题不作结论，很多问题都是没有标准答案的。

在学术界存在争议的问题，如果只有一种标准答案那肯定是有问题的。除非它已经成了定律写到中学教科书里，其他的都是可以讨论的。其实成了定律的也未必就是不可质疑的，只要你有充足的依据。

最后，送给同学们两句话

第一句是："沿着前人的脚印走，永远也走不出自己的脚印"；第二句是："在生活的田垄上行走，在思想的星空中遨游。"

谢谢大家！

八个讨论题供课后讨论和思考，我觉得以下大部分问题都没有标准答案，可以选择其中的一个进行思考和讨论。

1.人类工业文明的进程以及环境代价；2.评论IPCC和N-IPCC关于全球变暖的认识；3.以典型实例来解释经济发展与环境伦理之间的关系，提示：如何避免先发展后治理的老路；4.环境修复的科学途径与成功的范例；5.控制全球变化的科学方法与政策；6.如何统筹东西部地区保护环境和经济发展的政策；7.是全球变暖导致海底冰冻圈的温室气体大规模的排放加剧了全球的变暖，还是人类排放的温室气体导致了全球变暖或兼而有之；8.你认为全球变暖与环境污染相比，哪个对人类未来的危险性更大？

问答互动环节

Q1：您去过南北极，请问有没有什么让您记忆深刻的经历？

A1：在这个喧嚣的世界上，我常常回忆在南极的时光。特别是人与人之间，人与自然之间的那种和谐。记忆最深刻的经历就是用97天意外发现了一个小湖，找到了企鹅粪土层，那是我们研究生态与气候变化的载体。由此首次得到了过去三千年企鹅数量变化和人类文明在南极的历史记录，Nature发表了我们的成果。找到企鹅粪土层的过程是我在南极记忆最深刻的经历。

Q2：请问您怎么看待大自然的美？

A2：要用智慧的眼睛去观察大自然、去欣赏大自然的美，并不是所有的人去南极，都能看到南极的美。自然的美就在那里，对谁都是公平的。关键是你有没有一双发现美的眼睛，大自然最美的那部分，隐藏在大自然的深处，需要我们去破译。

Q3：中国在南极最高点设科考站，是不是象征意义大于实际意义？

A3：不是！在南极最高点建设科考站是个非常重要的事情。在昆仑站上可以做两件大事，一件就是在那里打一个冰钻。通过深冰芯的研究和比对冰穹C的冰芯，看看南极过去80万年以来的气候变化，在不同地区是不是一样的，有没有什么差别，是不是有跷跷板效应。这个冰芯做出来以后，可能会有重大发现。第二，昆仑站已经建了一个天文台，那里海拔高，天空清澈，空气稀薄，是在地球上观察星空的最好窗口。你说，该不该在那个地方建站呢？

Q4：根据您今天的演讲，气候变化的原因不是非常明确的，我们知道，气候变暖曾经使许多物种灭绝，那气候变暖，会使人类灭绝吗？是自然毁灭了人类，还是人类将毁灭自然？

A4：关于气候变化的原因基于两点：一个是人类因素，一个是自然因素。气候变化会导致生态变化，地质历史时期像恐龙灭绝这样的事件简直就是一个常态，物种很少有不灭绝的，当然也有例外，比如五亿多年前就出现的水母，它的生物结构简单，对环境变化很不敏感，能适应恶劣的环境和环境变化，所以它活到了当下。

有的生物，它对特定的环境特别适应，等到环境一旦改变，它就特别不适应了，这种生物是最容易灭绝的。恐龙是最典型的例子，侏罗纪时，它们控制了海陆空三界，非常适应当时的气候环境，陆上的恐龙越来越庞大，环境变化后就不能适应了。人类是不是会因气候变化而灭绝呢？人类迟早会结束的，凡是形成的东西都要灭亡，太阳也会熄火。生命有它的周期性，寒武纪…侏罗纪、白垩纪，地质时代怎么划分？都是以某些生物的灭绝作为里程碑的。一部分生物灭绝了，另外一类生命开始了，这是地质时代也是物种的世代的更迭，这是规律。人类能否逃脱这个规律？我觉得不能，人类能够存在多久呢？这不取决于自然，而取决于人类自身，如果人类不善待自己，气候环境继续这样地恶化下去就可以直接导致人类毁灭，不必说核大战，也用不着等陨石撞击地球了。当然，星际移民是人类未来的一个不错的选项。

人类可以破坏自然的生态系统，也可以毁灭自然，但是毁灭了自然也就毁灭了人类自身。没有人类的地球将会在不太长的时间内，自我修复成另一个不一样的自然。所以，从长远来看，人类是毁灭不了自然的！

Q5：海豹和企鹅，在气温高的情况下数量增多，是否意味着，气温适度增加，有利于稳住生态动物的多样性？

A5：我们通过环南极的研究，发现存在着企鹅适宜期，就是在一段时间里面，企鹅生长繁殖得特别好，数量大大增加。气候冷的时候，企鹅在迁徙，数量大量减少，这似乎是不变的规律，但是气温超过了一定的范围，企鹅的数量也会减少，可见太冷和太暖都不好。除了温度变化的影响，地形、风、洋流、海底的上升流都会影响海洋生态变化。

Q6：请问环境科学的研究流程和基本手段是什么？

A6：建议你去选修"地球环境科学导论"课。

Q7：地球为什么会周期性地变冷和变暖？

A7：这个有好多学说，太阳系轨道尺度的变化，地球绕太阳轨道的周期性变化，太阳活动强度的周期性变化，地球自转轴偏角的变化都可能对气候变化的周期产生影响。从而形成10万年、4万年、2万年的周期。中国科学院丁仲礼副院长曾经给我们环境专业开设过两次"古气候学"课程，感兴趣的同学建议你们来选修。

Q8：为什么企鹅全在南极，北极熊全在北极？

A8：讲到这个问题大家都笑了，这是个可笑的问题，是吗？我给每一届同学上课的时候，都会给他们一个忠告，你们不要怕提出可笑的问题，可笑的是，你们上了一门课却提不出任何问题。我这是鼓励学生提问，能提出问题表明你在思考。

中央电视台做过一个节目，问为什么北极熊不吃企鹅，因为企鹅不在北极嘛！实际上在上个世纪北极还有企鹅，被称为大企鹅。看起来大企鹅的生态环境太脆弱了，现在已经灭绝了。为什么南极企鹅长盛不衰呢？我以为，南极洲是个大陆，它周围是海洋，海洋的藻类为磷虾提供了源源不断的食料，磷虾就繁盛起来，企鹅的主食是磷虾，企鹅适应南大洋的气候，又有了吃的，又缺少天敌，自然就繁盛起来。北极没有磷虾，高纬度地区是北冰洋，被大陆包围，大企鹅的活动范围只能在北冰洋的沿岸，那里正是欧亚和美洲大陆的北缘，是人类活动区，早期北欧的海盗猎獗，大企鹅的生存空间可想而知，灭绝也是正常的。

北极熊为什么全在北极，这个问题我回答不了。我猜想，西伯利亚过去有很多北极熊，它们能下海，会游泳，海冰多的时候，北极熊慢慢随冰山漂移到北极圈的冰面去了，这是个演化的过程，南极周边被南大洋包围，南美洲离南极大陆太远了，熊游不过去吧。这是我临场发挥，不算数。你们也可以去猜想，然后去北极求证。谢谢大家！

主持人：

各位同学，时间有限，我想今天孙老师给大家作的报告非常精彩，不仅告诉大家在学科选择要凭兴趣，特别是孙老师的激情能给大家一些启发，提醒大家用自己的眼睛去寻找美，引申一下要用有思想的脑袋去思考对不对，特别值得鼓励的是，今天你们问了孙老师也没回答出的问题。其实我也想知道北极熊为什么在北极。今天的报告到此结束。谢谢大家！

李卫平　　国家"千人计划"专家
　　　　　中国科学技术大学教授

1982年，毕业于中国科学技术大学，获学士学位；1988年获得斯坦福大学电机工程博士学位。1987—1998年，就职于美国里海大学电机工程及计算机科学系。1998—2010年，在美国硅谷高科技公司担任副总裁与首席技术官，从事技术与管理工作。2010年3月作为国家"千人计划"专家回到中国科学技术大学工作。

因其在图像及视频编码算法、标准以及实现方面的突出贡献，于2000年被选为国际电气与电子工程师学会会士，并担任学会视频技术期刊的首席编辑、学会会刊的客座编辑、数个技术委员会的主席，以及电路与系统协会学术会议多媒体及通信课题主席。其中，他发明的精细可调视频编码技术和图形自适应小波编码技术被MPEG-4国际标准采纳。曾荣获中国科学技术大学首届郭沫若奖学金、2004年度国际标准组织（ISO）特殊贡献证书、1995年度国际神经网络与信号处理会议最佳论文奖、1992年度里海大学优秀教学奖等。

科学第一课
KEXUE DIYI KE

信息科学与社会发展

各位同学，大家好！

我是中国科大77级的校友，从下面照片（图1）上可以看到我的学号是776012。77说明我是1977级的，6是6系。如果略微知道一点信息编码的同学，可能就注意到，6只有一位数字。当时我们一共只有8个系，没想到会有10、11、12系，所以前面没有留一个0出来。你们现在应该是06，这是信息编码中的一个问题。012就是我的序号，这个编码可以允许一个系最多有999个学生（序号从001开始）。如果一个系有一千名学生的话，那么这个3位数的序号也不够了。不过这个一般没大的问题，现在每个系每一级不会有超过一千名学生。

图1

下面，我们就进入正题，大概分成三个部分。第一个部分，我们回顾一下信息领域的历史。历史当然有很多，而且很丰富，我们不可能全部讲到，所以我把认为重要的事情跟大家一起回顾一下。第二部分再展望一下未来。未来的话，那就会更加的宽广，也不可能全部看到。我们也就是看一看，有哪些我们可以看得到的未来。第三部分再立足于现在。如果你们有兴趣在信息学科里面发展和学习的话，应该做点什么。

第一部分：信息领域的历史

首先，信息领域的历史，可能是离不开电话的故事。电话现在是每个人都有，也是最普通的通信工具。要讲电话的历史，当然就离不开Alexander Graham Bell，也就是著名的贝尔。后来成立的AT&T（美国电话与电报公司）建造了贝尔实验室，就是用贝尔的名字来命名的。

下面这张图中最早的电话出现在1877年，电话是一个方盒子（图2）。到了1913年的时候，电话有了铃。这是一个巨大的进步，可以呼叫对方来接电话了。在最早的时候，贝尔让他助手到旁边去，然后他们两个就通话。但是你要远距离地告诉对方我要跟你通话，怎么做呢？所以就出现了这个铃。再过了几年之后，电话机出现了一个拨号的装置。这就可以不限于只能跟一个人通话，而可以有选择性地跟很多人通话了。再过几年之后呢，把麦克风和扬声器做在了同一个把手上。这样就避免了分开式电话机的回音问题。

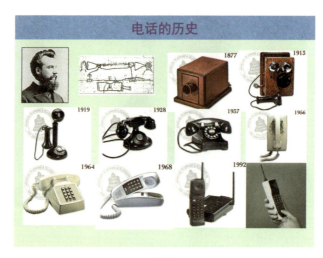

图2

从图2中可以看到1937年的电话与1928年的相比，电话耳机与座机相连的线的长度有了变化。在信息领域，经常要遇到这样的优化问题。以这个电话机为例。从话筒到电话座机之间这根线，它有个长度。有什么办法能确定这个最优长度？一方面是这根线可以很长很长，这样讲话可以跟没有线一样的方便。但是线越长，带来的问题是这根线的成本也越高。如果太短的话，需要凑到电话机跟前才能讲话，给人打电话的体验就不好。作为一个工程师，或是一个研究人员，面对一边有问题，另外一边有另外的问题，在这两者之间，就需要找到一个所谓的最优点。这就如同你们现在学的微积分中，在一个函数的两点之间，找一个最佳的点。这个最优点就是，做这个东西的成本，和这个东西做出来给用户的体验之间的一个平衡点。

当时还有一个故事。贝尔实验室为了决定这根电话线的最优长度，把这个任务交给了一个研究员。这也算他当时的一个科研课题了。这根线长了成本高，短了用户体验不好。但是用户体验这件事，是一个很抽象的、很主观的事。他为了要研究这个问题，想了一个办法。他先把这个线搞得很长，把贝尔实验室所有楼里的研究员的电话机全部都做成标准的那个长度。然后他就让清洁工每天晚上到每个房间里面，把电话线拆下来稍微剪掉一点，然后再把它安上去。每天就这么剪一点，每天剪一点。到了某一天，就有人对他抱怨了，他就把这个抱怨记下来。慢慢地抱怨的人就越来越多了。他做了个统计，横坐标是长度，纵坐标是有多少人抱怨。最终得到了一个用户体验的实验结果。从这个结果里，他找到了一个分布，在什么样的情况下，电话线的长度可以满足绝大多数人的体验要求。这个故事是个非常有意思的故事。在信息学科里面，经常有类似这样的问题。

从图2中可以看到，后来随着时间的推移，这根电话线设计成了弹性的，可长可短。弹性电话线，从根本上解决了长度问题。再到后来，拨号的方式可以用按键而不是用圆盘来拨号了。这个设计在技术上向数字方面迈进了重要的一步。然后再发展，就把拨号和听筒放在一起，这叫作集成，越来越小型化。所有的东西越来越小型化，集成度越来越高。所谓集成度越来越高，就是把多种功能集成到一起，它的物理体积变小了。但是这也带来一些问题。就是讲话的时候，肯定不能按号了。因为讲话时话筒贴在脸上，你就没法按号了。这个问题在刚开始的时候还不是那么严重。往往拨号和打电话这两件事情是分开来的，先拨号然后再打电话，打电话一般就不再拨号了。但是随着时间的推移，在打电话的过程中，还可能要按数字。出现新问题，就要有新的方法来解决。比如说在智能手机上面，现在就可以做这件事了。你可以一边打电话，一边可以把键盘打开。然后还可以在上面按号码。

图2中显示到1992年，出现了cordless phone，但这不是wireless phone。这两个是有区别的。cordless phone中文翻译成无绳电话，而wireless phone是无线电话。无线电话是指，远程的传输不要线。而无绳电话还是有根电话线的，是有线的电话，但是它的接收机和话筒之间，可以没有线。你们可能注意到，这些发展都是贝尔实验室的工作，贝尔的logo几乎贯穿了整个电话的发展。图2中最后出现的真正的无线电话，就是所谓的wireless phone，是摩托罗拉的无线电话，中文叫大哥大。发展到今天，出现了smart phone，也就是智能电话。

我们再来看一下电话系统的后台，也就是所谓的电话交换机（图3）。最早的电话交换机就是人工交换。要给谁打电话时，先给接线员通个话。把电话机拿起来之后，接线员那边的灯就会亮，然后问你要跟谁通电话，接线员就把那根线一插，对方的那个人再接起来。这就是当年的接线员的工作。后面再发展，出现了一种机械的交换机。这种交换机是一种机械的装置，可以用来切换电话的接通方式。再后来，就出现了完完全全电子的电话交换机。今天的电话交换机已经完全自动，而且这个规模比原来要大得多。

电话的一百多年发展，进步非常之大，但是视频电话的历史却令人匪夷所思。视频电话是在打电话的时候还能看到人像。最早的视频电话出现在1964年，也是贝尔实验室做的。如图4中所示，早在1964年贝尔实验室就发展出了视频电话的雏形，当时图像有点像鬼影子似的。到了1970年的时候，AT&T还把它真推到市场上去了，每个月的电话收费是160美元。即使是今天，160美元估计我也不会去用。经过这么多年的发展，直到今天，我们好像还是不太用视频电话。电话机从一百多年前开始发展到今天，经过不断地改进，越来越好。但是视频电话从1964年开始就已经有了一个可以演示的系统，1970年就研制出了一个可以商用化的产品和一套可以提供服务的系统。而到今天，为什么我们还是没有用上？

首先，当然存在技术上的原因。当时是用电话的网络来传输视频，视频的数据量很大，它占用的信道带宽要很高。当时的电话线只能传很小很小的黑白图像。

到了今天，我们已经有了互联网。在网上可以看到流媒体视频、看电影，为什么还是没有可视电话呢？原因很简单，在网上看视频的时候，往往有一个东西在转，叫 loading。也就是流媒体的内容要先下载一点，然后才可以播放。现在的互联网实时性不是很好。如果在通视频电话时，我说 HELLO，这个 HELLO 要等十几秒才传过去。传过去之后，你那边听到再 HELLO 过来。正常双向对话的时候延时不能够大于 300ms，否则你就会觉得不是在打电话，而是在用对讲机了。因为互联网一开始是作为数据网络设计的，没有这种高实时性的要求。当时考虑的只是，网络怎样能够可靠地把数据传给对方就行了。对实时性没有做很好的考虑。

图 3　　　　　　　　　　　　　图 4

另外，从心理层面讲，视频电话的发展也受到制约。很多心理学家也做了这样一个分析。往往打电话的时候，人们不希望被人看到。例如，刚刚起床，没有梳洗，面色不是很好看，虽然可以打电话，却不愿视频。这个是人的主观因素上面的问题。

前面讲的是电话的发展，我再跟大家分享一下关于信息理论的发展。信息科学，还是有一定的理论。要讲到信息的理论，我们就不得不提到 Shannon。他是大家公认的信息论的奠基者。他主要的工作，也是在贝尔实验室做的。那么他主要解决了什么问题呢？

第一个问题，就是什么叫作信息。信息好像就是，我看到新闻，我得到了信息；我看了电视，我得到了信息；我朋友告诉我一件事，我得到了信息。这个信息，要严格地定义它，好像还是蛮难的一件事。信息理论的一个基础贡献，就是把信息和不确定性连起来了。如果你得到的一条消息把原来不确定的事情给确定化了，那么你就收到了信息。信息就是去掉了不确定性。比如说，我去参加一个演讲，主持人介绍了我，介绍完了之后，我还说"我叫李卫平"。这是一个消息给你们了。但在这个消息里面没有任何信息。因为你们已经知道我是李卫平，主持人已经介绍过了。既然你已经知道了我是李卫平，那么我再说一遍我是李卫平就是没有信息，因为已经不存在不确定性了。所以说信息就是能够去掉不确定性一个东西，这是信息的一种定性的定义（图5）。

接下来我们说怎样定量地来定义信息，也就是说这个信息量有多大。一个消息的信息量大小是有区别的。假设说你现在收到了一条消息："中国乒乓球队获得了世界冠军。"和另外一条消息："中国足球队获得了世界冠军。"两者相比，哪一条消息的信息量大？当然是第二条信息量大！中国乒乓球队获得世界冠军，so what？几乎届届都是世界冠军！没什么新的信息。但是中国足球队获得世界冠军，这个信息量就很大。而这两条信息里面，第二条消息还少用了一个字。这么说字数并不能作为信息量衡量的标准。任何一种事情如果存在不确定性，那么它一定都有一个概率，概率就是可能性。中国乒乓球队获得冠军的概率很大，这从它过去的历史可以知道。在以往经历里面得冠军的概率几乎是99%。而中国足球队获得世界冠军的概率，现在是几乎为零（不是零，还是有可能的）。这说明我们可以用概率作为信息量的一个度量。Shannon就用了这个方法定义了一个东西叫作熵。这个熵与热动力学的熵是同一个字，英文也都是entropy。但是具有完全不同的意思。在物理里面，熵是指这个东西有多无序。越有序熵越小，越无序熵越大。而在信息领域里面，熵越大说明信息量越大。用Log概率的加权平均来定义一个信息源的熵。也就是说，如果一个消息的概率越小，那么它的信息量就越大；一个消息的概率越大，它的信息量就越小。如果有一个信息源，这个信息源里面有不同的消息，不同的消息中间有不同的概率分布。用概率分布对不同消息的信息量加权就是熵。如果概率分布是完全均匀的话，那么信息源里面的熵就最大。这是信息理论的非常非常基础的一个基石，像力学里面的牛顿定律和近代物理里面的相对论一样。

信息传输有其极限，也就是所谓的信道容量。现在我们有了信息的定义，也有每条消息含的信息量。每个信息源里面有一组消息，这一组消息有它的概率分布。然后定义一个熵,来描述这个信息源里面的信息有多少。这些信息需要传输,一个信道能够最多传输多少信息,这就是信道容量,也是一个很基本的定义。信息量衡量的单位叫作比特(bit)。这个工作是Shannon在1948年的时候奠基的。

这张图显示的是他当时发表的一篇奠基性文章(图5),发表在Bell System Technical Journal,也就是贝尔实验室一本杂志上。这是信息领域里面最经典的一篇文章。这篇文章讲了什么呢?如果现在有一个信道,这个信道可以传输一定的比特。如果说信息源里面的信息量小于信道容量的话,信道可以把它完全地传输过去。但是如果信息源里面的信息量大于信道的容量,就会出现信息失真。随后又有理论考虑如果出现失真的话,如何度量这个失真?怎样减小失真?等等。在65年的发展过程中间,信息理论不断地进步,也在不断地完善。同时也出现更新的挑战。新的挑战是什么呢?

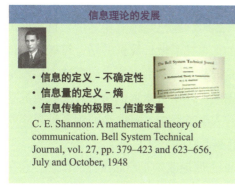

图 5　　　　　　　　　　　　　图 6

当年香农定义的信息论主要是点对点的信息传播。一个发送者,一个接收者。如果一个信息源要给多个人发的时候,应该怎样发为好?在如今的网络时代,是多个人跟多个人都在通信。于是出现了网络信息论。这个领域现在非常的活跃,同时也有很多很基本的问题,都还没有回答。在这个领域,还有很多理论性的挑战。

刚才我们讲到了信息理论的发展历史。下面再讲点信息社会的发展。这可能需要讲到Steven Jobs,苹果公司的创始人(图6)。他最早做了Apple One、Apple

Two等一些产品,最成功的一台计算机,叫Macintosh,现在叫作Mac。第一代的Macintosh是1984年的时候出来的,这个在当时是一个很大的革命。为什么说是很大的革命?它有一个很大的进步,就是这个打字的字体。以前在电脑里打字,荧光屏上打出来的都是同样的字体。而Macintosh是第一次,可以用不同字体、字号、字型显示打出来的字。这个比Windows要早。微软的Windows大概是到1987年才真正推出来。Steven Jobs在20世纪80年代末的时候,由于公司内部一些意见分歧,董事会把他给踢掉了。虽然他是Apple公司的创始人,但是最后不得不离开了Apple。他被赶出苹果公司之后,又去创建了另外一家公司,叫Next。这个公司非常不成功。那个时候正好是在互联网要起飞的时候,Steven Jobs又回到了Apple。到了2001年,互联网泡沫破灭了。很多高科技公司都面临着很大的挑战,包括苹果公司。此时苹果公司推出了一个产品,叫iPod,可以用来听音乐。它的用户界面做得非常好,用一个触摸的方式来调节这些功能。后面又出现了iPhone。它从一个做计算机的公司,慢慢成了一个做电话机的公司。

Steven Jobs失败过,而且不仅仅是在开始时,他已经很成功之后,也有很失败的经历。但是他能从失败中间体会到,如果再接着做计算机的话,可能就不行了,得要做别的东西了。他能从失败中间吸取教训,然后再次走向顶峰。你们刚刚进入大学的学生应该记住这一点:人生中间,你不会永远成功的。失败是成功之母,没有失败,是不可能成功的。在你的人生道路中,可能会遇到各种各样的挫折,很重要的一点,就是不要被失败给打倒。

从这个例子里面也可以看到,Steven Jobs彻底地改变了产品设计的理念。这在我们信息领域里面,特别是我们信息产品的设计里面,也是非常重要的一点。一般做产品设计的时候,要考虑用户的体验。最早贝尔实验室的电话线也考虑了用户体验。用户体验怎么做呢?通常就是把一群用户找过来,用座谈的形式,问你们觉得应该要什么东西,或者是发一张调查表让他们填,叫作用户调研。但是苹果公司的成功在于,它把这个概念完全改变了。苹果生产出来的iPhone并不是靠这种形式调查出来的。你可能觉得Steven Jobs有灵感,他就知道用户喜欢什么。实际上这里面有很深奥的学问。同时也在设计领域中引发了一场很大的变革。你要做设计,不能仅仅问用户,你要啥要啥,因为用户他不一定知道。他不知道将来是什么样子,他不知道你能做什么事情,所以他们也就不知道,现在能够要什么东西。而新的设计理念就是，设计者要有很强的观察能力和去找到这些用户需求的能力。你得要去观察，去琢磨。我们中国科大这两年，开始跟斯坦福大学合作开了一门课，叫作设计创新。这个课程，不讲很多的技术问题，讲的是一种方法论，这个方法论里有很重要的一点叫作need finding，就是寻找需求。让学生到校园内外去做观察。看看人们的行为，提取他们所需要的东西，帮助他们的生活，帮助他们的学习。这个理念的改变就是把设计从问卷方式变成了观察和提取用户需求。

另外一点，苹果公司也是我们信息领域里面很大的一个奇迹。在2011年的时候，Apple成为全球最有价值的公司，它的市值是全球第一。超过了所有的公司，包括石油公司、汽车公司，包括了那么多有价值的高科技公司。而Apple做了什么？就做了点iPad、iPhone。在信息领域里，而在苹果公司看似简单的产品线背后有些东西，这些似乎都是看不见摸不着的。而这些东西，恰恰可以使Apple成为全球市值最高的公司。

用这个例子（图6），我主要想跟同学们讲三点。第一，不要怕失败。失败了过后，你再站起来可能会更成功。第二，设计的理念现在有了很大的变化。设计者需要有更强的观察能力和创造力。第三，信息产业实际上是非常大的产业，而且可以做出世界上第一值钱的公司。

第二部分：信息领域的未来

过去我就讲这么多，再展望一下未来。未来当然就更加看不清了，我的想象能力也不够。只能跟大家讲讲，我能够想到的，目前基本上能够看到的，未来信息领域的几个发展方向。有一个是和我本人做的专业方向比较相近的，叫作多媒体通信。简单来说主要就是通信领域里面视频的通信，到目前几乎都还没有怎么用到，但已经处在了一个临界点。我们能够想象的是浸入式的多媒体通信。浸入式就是身临其境的一种通信。比如说在图7中的一个教室里面，这个地方你可以看成相当于一个窗口，其对面也有一个教室。这两个教室，可能是隔了太平洋，隔了非常远。但是这个交互可以是完全身临其境的通信。也就是说你站在这里看着对面，就跟隔着一层玻璃一样。这可以叫作能够跨越空间的通信（图8）。同时也可以跨越语言障碍，也就是把各种不同语言进行翻译，这个也处在了一个临界点,它叫作机器翻译。

　　另外一个方向,叫作量子通信。我们中国科大在这个领域的研究做得是世界一流的。量子通信方法应该是全新的一种通信方式。一般我们通信的时候,如果不加密的话,只要把信道上的线接过来就可以窃听。传统通信方式也有一些密码,但是可以被破解。而量子通信可以保证无条件保密。如果各位想知道为什么的话,可能还要好好的学一学量子力学才能知道。对于我们做信息领域研究的人来讲,想把它用到实际中间去,目前还有很大的挑战。一个是它传输的距离,这个距离目前(2013年9月)大概还不到一百公里。于是中间要进行一些中继。另外一个挑战是复用,复用是什么意思呢?现在的量子通信依靠单光子。一个光子相当于非常非常微弱的光,如果说一根光纤就只让一个光子在里面走,成本会太高。现在的光纤通信,一根光纤都是给几百路、几千路、甚至上万路的通信。如果要解决这个问题,就要复用。使得普通的光通信也能走,量子也能走。普通的光通信用很强的光, 量子相当于很弱的光,强光就会把弱光给盖住了。怎样来解决?这是一个很重要的研究课题。还有一个速率的问题。现在的量子通信的速率大概只能在kbit量级,每秒钟几kbit这样一个量级上面。如何提高量子通信的速率,也是一个研究课题。

图7　浸入式多媒体通信Ⅰ

图8　浸入式多媒体通信Ⅱ

　　还有一个方向,就是云计算(图9)。我们在信息领域里面,经常要画图,要画一个系统,将信息传到别的地方去。由于画这个图的时候,有一部分画的有点像云彩,所以就这样命名了。实际上就是集中放在一个数据中心里面的东西,全都把它叫作云计算。有人说云计算是一个数据中心里面，有很强大的计算机。这个说法不太准确。多少年前就有了超级计算机，各种巨型机。也有人说，它有很多的存储空间，这个其实也不是很主要的。如果存储空间再加大一点，也没有什么太了不起。比较重要的，实际上是要在计算领域有一次真正的革命。它要把计算变成一个Utility。就是说要把它变成跟用水用电一样。现在用水不需要再去打井了吧？用水龙头一开它就来了；用电不需要自己再去安一个发电机了吧？把开关打开就行了，然后电表上，看你用了多少电，按月付钱就可以了。这就是Utility。今后就是要把计算也变成这样。我们不用去考虑计算机了，也不用知道计算机怎样做，需要计算的时候，有一个网络把它连起来，将计算结果告诉我就好了。

再一个方向，我把它叫作心想事成。这张图是在去年《自然》杂志上报道的一个研究工作（图10）。有一个病人，她的双手已经瘫痪了，但是她可以用大脑来控制一个机器臂。她想要喝水，这个机器臂就把水给她拿过来。其中有一颗芯片，植在大脑皮层里面，用来感知人的思维信号，这个信号经过智能的解译，就可以控制机器臂，然后通过机器臂将东西拿过来。这方面结合了生物医学和自动化控制的工作，也是发展很快的领域。

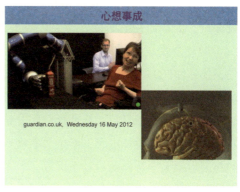

图9　　　　　　　　　　　　　　图10

第三部分：立足于现在

我讲了点过去，讲了点未来。我们再立足现在，现在你们进入本科学习，需要考虑几件事情。首先是你们对本科学习的定位，到大学里来，跟你们中学学习

科学第一课

是很不一样的。中学主要是大量的学习知识，老师教你什么你学什么。但是到了大学之后，知识需要你自己去搜寻，先知道你想学什么然后再去学。大学里知识太多了，而且信息领域的知识变化也特别快。如果你想把所有的相关知识全部学会，几乎是不可能的。所以在大学里面，很重要的是要学会找知识的能力，也就是自学的能力。这种能力的培养是非常重要的。这也就是为什么，你们在学校的时候，学知识重要，培养学习能力更为重要。

第二个就是打好基础，有些同学可能想，未来的信息领域非常神奇，我马上就想去做这些事情。要做心想事成的事、云计算的事、通信的事。但是你如果想长久发展的话，基础非常重要，特别是数理基础。有些人可能说，信息领域为什么还要学数学、学物理？信息领域里面有很多的发展，非常基础的东西都是从数学和物理里面来的。比如说刚才我们讲的信息理论，就牵涉到很多的数学；刚才讲到的量子通信，就牵涉到很多的物理。我们作为信息领域里面的人，不是研究数学和物理的东西，但是我们要能够很快地理解它。假设数学和物理里面有个新的成果，这些成果可能不是我们信息领域的人能研究出来的。但是你要有这个能力，很快地就理解它。它是怎样的一个东西？它的意义在什么地方？它怎样能够为我所用？怎样把它用到信息领域里面来？如果你们基础好的话，理解就会比较深刻。而在应用的时候，也会比较恰到好处。

再一个就是创新能力的培养。这一点，我们也在不断地提供一些条件，但还是主要靠你们的主观能动性。正如刚才提到的，我们开设了一个设计创新的课程。这张照片是两年前斯坦福大学两个教授来访的时候，给我们做了一次"我与大牛面对面"的活动（图11）。从那个时候开始，我们就开设了这个设计创新课程。基于我刚才讲的那个设计理念：学生要有观察能力，要有自己的分析能力。例如去年我们与斯坦福大学合作的设计组面临了一个题目："如何把数字世界和物理世界连起来。"这是一个非常宽泛的题目。我们的学生经过调研发现了一个需求：现在的年轻人都是生活在数字世界里面，他们的图像都用数字照相机，而他们的爷爷辈还在翻相册。那么我们能不能把这两者给连起来？于是他们设计了这张图中的台灯，其中有一个投影仪。把数字图像传到云平台里面去之后，通过这个投影仪把它投影到一个空白相册上。看上去好像还是个相册，实际上是数字系统。这个题目没有要求设计一个台灯，问题是希望能够把数字世界和物理世界连起来。然后他们找到这样一个需求：就是爷爷奶奶和孙子孙女之间可以方便地交换照片。

另外跟大家讲一讲，我们中国科大建设了一个先进技术研究院（图12），这相当于一个新的校区，在大蜀山的西边。去年开始建设，现在已经开始使用了。我们希望在这里，做更多创新能力培养的工作。

图 11　创新设计课程

图 12　先进技术研究院

最后我想用六个字来结束我的报告，是毛主席的一句话：世界是你们的！信息领域现在正处于一个天翻地覆的变化时代。你们这一代人真是生逢其时。什么叫生逢其时？我们那个时候，想要做一点东西，什么条件都没有。而你们现在有很好的条件，有无止境的前途。在信息领域里，全球做得最好的是斯坦福大学。他们在硅谷孵化出了HP、Intel、AMD、Panasonic和Cisco、Yahoo、Google这样一些信息领域里面大牌的公司，影响了我们整个社会，影响了我们整个人类发展。我们的目标是在中国科大的信息领域里面，能够孵化出我们自己的Intel、我们自己的Cisco、我们自己的Google。让我们为实现这个目标而共同努力！

谢谢大家！

问答互动环节：

Q1：请问云计算中间的信息与数据的安全如何保证？

A1：这个实际上是一个很大的研究课题。我们为什么把云计算放到展望未来呢？因为数据安全确实是要解决的一个很大的问题。其实你用水用电也是一样，也有安全问题。例如水里面会不会有毒，把整个水都给污染了？安全的问题也是我们目前正在致力研究的。

Q2：如果云计算深入到我们的生活，一切计算可以不需要人来计算，那么还需要学习计算吗？

A2：如果用简单的话来说，答案应该是YES！云计算里面的那个设施，还是要由人来设计。计算机还是要由人来设计。不过学理科的要做很多计算，现在还得要自己来写程序。云计算的作用就是，你可能不用自己写程序了。如果我要这个计算，用云计算就可以做到。

Q3：中国科大与斯坦福的创新设计课程，对全校本科生开放吗？

A3：这个回答是YES！全校的任何全日制学生都可以参加。

Q4：请问中国和美国的信息人才的培养有何不同？

A4：实际上从培养课程上都差不太多。比方说，我们有信号与系统，他们也有信号与系统。但是比较重要的一点，就是创新能力培养的方面。在美国大学里更重视对学生创新能力的培养，学校会给他们更多的机会，这个是我们还要进一步加强的部分。

Q5：我现在是物理学院的，但十分热爱信息科技，请问是否有必要在本科阶段转系？或应接触什么来培养自己的能力？

A5：以我在信息学院来讲的话，你要转系我当然欢迎。但还是看你自己。我觉得中国科大给大家转专业、转系的自由度是很高的。你需要自己衡量一下，你是对信息科技有兴趣，还是说你想在物理里面发展？就是说如果你的兴趣是去找到自然规律，这个时候你应该去学物理。如果你想把找到的自然规律用到信息领域里面来，我建议转系。

Q6：您在信息领域里面最看好的产业是什么？或者说前途最光明的产业是什么？

A6：这个问题是没法回答的，因为这个要知道future（未来），你得要能掐会算。如果要是能掐会算的话，我们就没有世界上的因果关系了。但是至少从我们现在看来的话，我刚讲的这几个方面：通信等行业、云计算这个领域以及和人体生物医学结合的方面肯定是有很大的发展。这个至少是可以看得见的。

Q7：请问信息科学与计算机科学之间有什么区别和联系？

A7：这个实际上联系非常紧密。本来在我们学校，计算机系也是在信息学院里面的。但是也有一点区别：计算机那边可能更注重的是计算机领域里边计算的方面；信息领域可能会更加广义。

Q8：目前信息科学发展的主要领域及其他面临的瓶颈是什么？

A8：刚才我讲了几个方面，瓶颈实际上有很多。比如说在大脑控制这个方面，你怎样把大脑里面的信号变成一个语义的信息。你测到的毕竟是物理量，是你的脑电波也好，是什么东西也好，你把它认知的，它想的是什么内容，要把它翻译出来，还是比较难的一件事。

Q9：请问在当今信息社会具备专业水平知识的人才和具备各方面基础知识的通用型人才，哪个更适应社会竞争？

A9：我的个人看法是这样的：整个大学学习，实际上还谈不上所谓的专业学习。几十年前大学毕业就是知识分子，就是专业人才。但是当我们的社会已经发展到这个阶段，大学生毕业，几乎谈不上是个专业人才。大学里面学的东西，基本上都还是很基础的东西。所以说在大学里面，可能更重要的是打好基础。不必钻到很深的专业方向里面去，毕业之后，可能还要学很多东西，可能还要在工作岗位上继续学习。这是为什么我刚才强调，大学对学习能力的培养，可能是更重要的。

Q10：本科生在学习期间如何兼顾打好数理基础与开拓未来国际视野这两方面？

A10：在学习中间有很重要的一个问题，叫时间安排问题。应该要培养出multi-tasking（处理多任务）的能力，就是你同时干几件事的能力。这个能力就是说不能把做这件事情和做那件事情矛盾化。不是说打好基础就不能够涉猎前沿，不能说涉猎前沿就不能打好基础。你这两方面要互相兼顾得到。我知道你们大概都玩game（游戏），有个game是各种各样形状的东西掉下来，你要把它全部填满。上面不断地掉，有直的、横的、弯的，而你最后要把它全部填满，中间不能有空。我用这个来比喻时间安排，就是说你各种各样的事情，它可能占用的时间不同，占用的时间段也不同。你反正一天就是24个小时，把你吃饭睡觉的时间作为固定的放在最底下。上面时间就是掉下来的事情，比方有一小块时间的时候，你就找一个能够在一小块时间里完成的事情。如果你想涉猎一点科普性的知识，没准一小块的时间可能干别的事情不太好，你就可以看看这些科普。如果有个比较整块的时间，那就应该用于课程，做做作业。这个能力，也是你们在读大学的时候，应该要自己培养的一个能力。怎样在这个游戏中间win（赢）？ 你们的时间怎样安排得最好？决定你们最后能否成为赢家！

Q11：创新设计的灵感来源于生活，其成果服务于生活。但就目前来看，似乎每个创新成果出现，都会导致人类变得更懒，使人身体机能一步步退化。请问您怎么看？

A11：这也是我注意到的：现在你们这一代学生和我们那一代学生好像有一点很大的区别，课外活动你们现在可能更多的是电脑游戏这方面的东西，而我们那个时候就是锻炼，没有别的东西，就是操场上面去跑步、打球，户外的活动比较多。技术的发展会使人类变懒，但是并不等于说由于这个我们就不去发展这个技术，不去为人类服务。我们提供这么好的条件，并不等于说，你自己就应该完全享受这个条件而忽略了其他方面。我觉得你们还是要到操场上，去跑跑步，去打打球。

Q12：我认识的好多中国科大学长，由于课程过重导致社会活动几乎很少，也少有人创业。因此，请问您怎么看待过重课程造成的课业压力和缺乏创业能力？

A12：这是一个很大的挑战，关乎你们独立思考的能力。在中国科大有这么一个风气：就是去图书馆占位置，去搞课程，然后还是学习。有些人可能是喜欢，他就这么做。但是慢慢就形成一种peer pressure，也就是说同行的压力。你周围的人都这么做，你不这么做好像就不对。所以说迫于这种压力，你就不得不去这么做。这就使得我们这个校园，很可能最后就同一化。在你们这个阶段，这种来自同行的、朋友的无形压力是很大的。你们要有自己的独立思考能力。大家都去做同一件事，若你想做别的事，那你可以去做别的事。你不一定就非得跟着大家在一个模子里面。所谓创业本身也是这样，你要做的东西跟别人不一样。一定要有自己的独立思考能力，这一点我觉得是非常的重要。

罗 毅 　国家"千人计划"专家

合肥微尺度物质科学国家研究中心主任

1965年2月生,江西弋阳人。1985年获华中科技大学学士学位,1985—1989年在中国科学院上海光学精密机械研究所硕博连读,1989年赴瑞典乌普萨拉大学诺贝尔物理奖获得者Kai Siegbahn教授实验室学习,1996年获瑞典林雪平大学博士学位,1997年任瑞典斯德哥尔摩大学助理教授,2000年任瑞典皇家理工学院副教授,2005年任教授。2009年入选首批国家"千人计划"专家,并回国任教。

长期从事理论和计算化学、超快与非线性光谱、单分子物理化学等相关基础科学研究并取得了一系列研究成果。在包括Nature、Nature子刊、PRL、JACS、Angew. Chem等学术刊物上发表论文450余篇,引用超过1万次。2009年获国家杰出青年科学基金,2010年以来主持科技部重大研究计划和重点研发计划项目各一项,主持国家自然科学基金委重点项目和重大项目各一项。2010年获瑞典皇家科学院颁发的Göran Gustafsson化学奖,2014年作为主要完成人获中国科学院杰出科技成就奖。

科学第一课
KEXUE DIYI KE

做·学·问

同学们,大家好!

非常荣幸能有机会上这堂研讨课。我这一辈子还从来没有在这么多人面前讲过课,语无伦次之处请大家多多体谅。关于研讨课的内容,有一天我突然在想,古时候所谓"大学生"都是中举之人,即有学问的人,都要"做学问"。这个词若是拆开来看,其实非常有意思——要做、要学、要问。平淡的三个字揭示了科学研究离不开的真谛:要学会做事,要有做学问的精神,要有问问题的能力。三者结合起来,就是个人发展良好的起点和过程。

一、首先谈一谈科学和社会的关系

什么是科学?科学、文学与艺术是人区别于动物的重要标志。这三点加起来即是人对自然的理解和表达。譬如,我们看到鹰在天空中飞,会出现不同的反应和想象,或吟诗赞美,或作画传达,或想象自己也可以飞。也有人会思考为什么鹰会飞,通过思考揭示飞背后隐含的科学规律,或在此基础上,通过技术和制造,建造出飞机……所以说做科学,是思考和制造的过程,是把一些看似表面的东西归纳和整理,利用原理和技术获得发展。

因此,科学真正的起源不是在想,而是在"做"。人类发展的第一个阶段是思考与争辩的阶段。在苏格拉底、柏拉图、亚里士多德时代,争辩是触发人思考的主要渠道。而真正的科学,一种通行的说法是从伽利略的比萨斜塔实验开始的。伽利略看似简单地,只是把重的和轻的两个球从塔上同时一扔,球同时落地,科学研究就诞生了。可验证性正是科学研究的基础和开端。而在伽利略去世的同一年,伟大的牛顿诞生了。牛顿将其所有观察凝聚成著名的力学三大定律,进一步推动了物理学的发展。

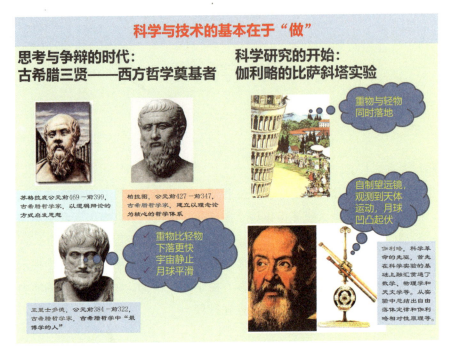

和"做"相关的一个直接专业是化学，化学就是一门做出来的科学。它的起源是炼金术。炼金术时代的基本元素很像今天的元素周期表，他们的秘方也类似今天的化学反应。神话故事中，孙悟空就是这么被炼了七七四十九天。现如今的化学反应与过去的基本思想是一致的：创造出不存在的物质。所谓化学，就是要产生新材料、新东西。从化学史来说，通常认为炼金术起源于古时代的埃及。在阿拉伯人占领西班牙之后，炼金术进入西班牙，随后传入欧洲其他国家。炼金术作为最高的科学，统治欧洲长达一千多年。现在如果去欧洲旅游，仍然会看见在教堂的某些角落有一些奇怪的标志，这些标志实际上就是当时炼金术的秘方。中国也是炼金术一大起源地，中国的炼金术同样基于两种信仰：相信金属会变成黄金、相信丹药会让人成仙。中国有非常悠久的炼金历史——汉武帝本人就十分热衷于长生不老药，因此有很多炼丹名家著书立说。特别有名的孙思邈，在《千金要方》中记录了六十多种化学变化，其中最大的发明是火药的诞生。但由于技术水平限制，当时产出的东西基本都含有重金属，炼金术的一大问题是不知道炼出

来的成分是什么。另外，不少专家也认为炼金术的起源地是中国。例如，据曹元宇教授考证，阿拉伯炼金术Al-Kimiya的发音，是源于中国金丹术中的金液，而金液的泉州语言正是Kim-Ya，且泉州正是唐代最繁盛的通商口岸。

为什么人本能地对炼金术的需求在世界各地几乎同时出现？究其原因，因为人类的好奇心是驱动科学发展最主要的推动力。然而好奇心本身是不够的，还需要学习和总结的过程。真正把化学变成一门科学的是1803年道尔顿创立原子理论。他提出：所有的物质都是由一些称为原子的小颗粒组成，每个原子都有自己的特征和重量。原子有三种形式：元素、分子、生物分子。这与我们今天的看法几乎一致。而真正能描述原子，是在量子力学诞生之后。量子力学诞生后出现了物理化学领域，把物理机制用于解释化学过程，是用物理手段来判断做出来的分子是什么，有什么性质，能干什么。标志性的1901年诺贝尔化学奖就是颁发给了物理化学研究。近20年来，该领域也有非常多获奖技术：2014年的超荧光的高分辨成像技术，2013年生物蛋白的计算方法等化学奖对人类的贡献非常巨大。科学与技术的结合改变了与自然的关系，也改变了社会生活方式和质量。

20世纪有六大技术：信息技术、生物技术、核技术、航天航空技术、激光技术、纳米技术——其中化学无所不在。引用2008年度国家最高科技奖获得者徐光宪院士的话："如没有发明合成氨、合成尿素和第一、第二、第三代新农药的技术，世界粮食产量至少要减半，60亿人口中的30亿就会饿死。没有发明合成各种抗生素和大量新药物的技术，人类平均寿命要缩短25年。没有发明合成纤维、合成橡胶、合成塑料的技术，人类生活要受到很大影响。没有合成大量新分子和新材料的化学工业技术，上述六大技术根本无法实现。这些都是无可争辩的事实。"

以合成氨即化肥的合成为例，这一发明彻底改变了人类农业成产和粮食需求。合成氨是氮和氢在高温高压和催化剂存在下直接合成。非常有名的过程叫"哈伯催化"，该研究获得了1918年诺贝尔化学奖。再如药物方面，抗生素的发展保障人类的生存质量；而合成纤维在衣服、装置方面都得到很好地运用。

因此，如今化学不再是一件随机的事情，已经发展到了"精密"的程度。我们如今可以控制到单分子的水平。中国科大的单分子科学团队，目前不仅能够看清楚分子的表面形貌，还可以剪切，可以将分子功能化——例如将三聚氰胺变废为宝，变成双功能的分子器件。

以前的科学研究，都是一个人有独立的想法，将其写出来、做出来。科学经过这么多年的发展，不再仅是一个只关乎好奇心的、可做可不做的事情，而是一个人类社会的有组织的必需的活动。现代科学需要合作和协同。中国科大单分子团队从1996年开始，经过二十年的发展，多项成果入选"中国十大科技进展"。中国科大是中国科学最重要的基地，国家赋予学校很多重要的使命，作为中国科大学子，天降大任，要好好努力，努力达到国家的期望。

科学研究需要有一定的规律和方法去做。下面讲讲我对做、学、问三方面的个人认识。

所谓做：一做人，二做事。首先要做一个让自己满意的人，让自己满意的前提是有自信。来到中国科学技术大学读书，没有道理不自信；二是要做让家人满意的人、让社会满意的人。要成为什么样的人呢？正如孔夫子那样：温良恭俭让。要温和、善良、恭敬、俭朴、谦让。这样做人有什么好处呢？首先会使你心态安宁，不会被社会杂事牵扯诱惑，使得个人发展有良好的基础。其次，个人会有很强的气场，气场也是美德的体现。

做事同样重要。尤其对年轻人来说，不仅要有理想、有抱负，还要脚踏实地，学会自我积累。成功没有诀窍，但找诀窍是人类思维的惯性。然而一个人由于他的选择、机遇、行动造就了他的成功，多是不可拷贝的。因此，一定要做自己这个年龄该做的事情。

所谓学：对大学生来说，学习是重中之重。第一是课堂学习。进入大学之后，要保持在高中时课堂学习的热情和欲望，尽快适应大学课堂节奏。尤其在中国科大，课堂学习尤为重要，因为这里有中国最优秀的课程体系。作为大学生，一定要适应和接纳这个行之有效的体系。事实证明，无论是"千生一院士"（一千个中国科大学生中诞生一个院士），还是2011年全球顶尖100名化学家12名当选华人中，6人来自中国科大化学院，都说明了中国科大教学体系强劲的实力。

这套体系将来，会帮助你做任何想做的事情。我们有最年轻的哈佛教授尹希，最年轻的中国科学院院士潘建伟副校长，最年轻的中国工程院院士邓中翰，最年轻的美国科学院院士庄小威。可以说，大学成绩是你做下一步选择的铺垫。一定要学好课程，为以后选择提供更多可能。

人这一生都在进行着选择，课程的学习是保证你有资格自由选择个人将来的基础，而课外的自学也必不可少。大学课程很快，需要强大的自学能力，因为你将来总是要做别人没做的事情，总是要学老师没教的东西。另外，要多读书。能够读书本身就是一件值得感恩的事情，快速吸收别人的知识，长远来看是缩短发展奋斗的路径。你读的是他人对自然和社会的高度积累，何乐而不为呢？网络时代信息量巨大，但系统读书的时间越来越少，因而在大学期间，有可能的话要多读些书。自学是挖掘自身潜力的路径。要保证课堂学习和课外学习有效结合。

所谓问："问"是大学与高中最主要的区别。论语说，"吾日三省吾身"。通过自问培养好奇心，找到自己的优势所在，对自己有一个总结，对自己的发展有目的地培养。但自问是比较困难的事情，询问相对简单且更重要。古人云："敏而好学，不耻下问"。对科学研究来说，只有提问才有新的发现，并且提问可以培养交流能力，促进感情和团队意识。从我个人的经历来说，我正是通过"问"才知道自己要干什么。1981年我考大学时，梦想是考上中国科学技术大学，但当时我父母认为学工科、学技术更适合工作，于是我上了华中工学院（现在的华中科技大学）。后来在考研的时候老师对我说，你学理科更合适，到中科院上海光机所（中国科学院上海光学精密机械研究所）读研究生期间，我终于来到中国科大，代培一年半时间。

中国科大的学术氛围对我影响非常大，我开始觉得自己确实更适于学习理科。那时我负责做激光光谱实验，我的导师是王育竹院士。1989年，诺贝尔奖获得者瑞典乌普萨拉大学凯·西格巴恩来中科院上海光机所访问，导师派我去瑞典参与联合培养。那时候我英文很差，会的单词很少，与人交流起来很吃力。但我觉得，老师送我来一定是有他的道理的，我就埋头做实验。但是呢，三年之后，凯·西格巴恩有一天对我说，我觉得你可能做理论更合适。我当时想，我都做了七年的实验了，好像也没把实验仪器搞坏过啊。他说：以我个人感觉，你更适合做理论计算，我给你找个老师，你从现在开始和他学理论计算。于是从1992年开始，学了七年实验的我开始转向理论计算。这确实是我最适合的方向。正是从那天开始，我找到了真正适合的东西，做了我能够做的事情，让自己很有成就感。经常有人问，什么叫好？我觉得能让自己每天都不郁闷、都高兴，就叫好。回望我的求学道路，真的非常感谢所有这些给我指路的人。年长的人，因为培养过很多学生，见过很多人，更知道你表现出来的东西更适合什么。他们会有一种慈善的心，帮你解决你看不见的问题。因此，要多听听过来人的经验，这对你将来发展极有帮助。

杨振宁教授在一个访谈录里写道，人这辈子科研，说穿了就三个词：兴趣，能力，机遇。兴趣不容易实现，因为有时你的能力不容易在兴趣上体现。能力和兴趣的结合必须在做、学、问的过程中发挥出来。而机遇有两种：一种是彩票式的机遇，属于偶然事件；另一种，即大部分的机遇都是选择式的机遇——当你的选择和当下的条件契合时，就能进入极好的境界。大学四年是人这辈子最重要却短暂的四年，是重要的铺垫阶段。若能在这四年中找到兴趣、能力与机遇的结合，就会使之后的发展更具有优势。

回到"做学问"。做学问就是科学研究。中国科大希望培养的人才，要有热爱科学的精神，致力于成为社会的精英。现在很多人认为做学问太苦，待遇太低，实则都是误解。做学问其实是满足天性最好的选择，而它的意义，是为人类社会的发展做出贡献。不夸张地说，科学研究是消除战争，让世界最终达成和平

的最好办法。因为任何领域讨论的都是如何分配已有的资源，战争的基本理念也是如此，而科学研究却是创造更多的财富，让世界能够支配的资源更多。所以做学问本身的意义非常深远。此外最重要的是，它可以让你自由自在地生活。对心怀"世界这么大，我想去看看"的人来说，做学问是最容易实现这一类人理想生活的方式。

我想讲的就是这么多，谢谢大家！

问答互动环节：

Q1：请问做物化需要多强的数学、物理实力？

A1：物化是比较大的领域，传统分类里有催化、理论化学、电化学、动力学、谱学，等等。从能力来看肯定越强越好，但并不需要单方面尤其是数学非常非常强。因为数学本身是一个很难很复杂的领域，用于化学的数学是比较直接的数学，线性代数好的话做物化一般问题不大。

Q2：如果当初有人告诉您您适合学哲学，请问您会去吗？

A2：我肯定不会去，因为我这辈子没想过学哲学。别人告诉我适合干什么，一定是基于我目前在做的事情上的调整。任何东西适不适合，最后做决定的是你，只是你在做决定有困难的时候，需要有经验的人给你提供一定的帮助，协助你做出选择。

Q3：请问刚入大学时对学习的适应是一种怎么样的奇妙体验？

A3：一点都不奇妙，大部分是痛苦。因为人最不愿意做的事就是改变习惯，这个过程是很痛苦的，悟性极高的同学或许可以轻松地转变，但大部分人都需要花时间将其适应过来。此外，要接受努力后的自我。努力后对自己满意就可以了，是什么结果就是什么结果。

Q4：一个有志于科研的研究生如果导师把注意力放在行政事务上，对学生关怀有限该怎么办？

A4：第一，读研是你个人要读，和导师没有关系。仔细看看所有成功的人和导师之间没有依附关系。甚至，作为导师我更愿意有比我强的学生。为什么经常说西方发达国家科研进步很快？就是这种问题从来都不会出现。导师干什么是导师的自由，你作为研究生，是在创造你自己的科研未来。一定要定位清楚，你做的选择是你自己想做的选择。

Q5：请问您认为今后化学的发展方向如何？

A5：化学界的说法是，化学是科学的中心（笑）。意思是说，化学需要数学、需要物理……而化学产生的东西可以给生物、给材料……所以化学永远存在。只是化学会在不同的时期侧重不同方向。比如在非战争年代，大家希望活得更长，化学有机合成就偏向制

药业的发展了。

Q6：兴趣和能力方向不一，请问该顺从哪个？

A6：顺从能力。能力很强的话兴趣自然就带动起来了。有时候兴趣广泛的隐含的意思是还没找到兴趣是啥，兴趣与能力匹配了就好了。

Q7：有人说化学是物理的附属，请问您对此这么看？

A7：这就如同人和汽车的关系。人不是汽车的附属物，但可以开车去想去的地方。

曹雪涛　　中国工程院院士
　　　　　　南开大学校长

1964年7月出生，山东济南人。1990年毕业于第二军医大学，获博士学位。现为南开大学校长，中国工程院院士、德国科学院院士、美国国家医学科学院院士、美国人文与科学院院士、法国医学科学院院士、英国医学科学院院士。曾任中国医学科学院院长、北京协和医学院校长；兼任海军军医大学医学免疫学国家重点实验室主任、中国生物医学工程学会理事长等职务。

长期从事免疫识别与免疫调节的基础研究，以及肿瘤等重大疾病的免疫治疗转化应用研究。迄今以通讯作者在 Nature, Science, Cell, Nature Immunology, Cancer Cell, Immunity 等 SCI 刊物上发表学术论文 250 余篇，已获得国家发明专利16项、国家Ⅱ类新药证书2个，曾获国家自然科学奖二等奖、中国青年科技奖、何梁何利"科学与技术进步奖"、"长江学者成就奖"、中国青年科学家奖、谈家桢生命科学成就奖、中国工程院光华工程科技奖、首届中国研究生教育特等奖、首届"树兰医学奖"、中国科学院陈嘉庚科学奖等诸多奖项。

科学第一课
KEXUE DIYI KE

中国医学科学发展与协和贡献

主持人：

曹雪涛院士是南开大学校长，曾任中国医学科学院院长、北京协和医学院校长，我国著名免疫学家，2005年当选中国工程院院士，2013年当选德国科学院外籍院士，兼任中国生物医学工程学会理事长，亚太免疫学会联盟秘书长，医学免疫学国家重点实验室主任。在Science，Nature，Cell等国际刊物上发表学术论文250余篇。

曹老师的求学和治学之路是一个传奇：

1964年 出生于山东济南；

17岁 就读于第二军医大学；

22岁 于第二军医大学攻读硕士学位；

26岁 硕士毕业时因为硕士论文优秀，被直接授予博士学位；

27岁 成为全校最年轻的学科带头人；

28岁 破格由讲师直升正教授，是当时国内最年轻的医学教授；

33岁 担任全军免疫与基因治疗重点实验室主任；

34岁 获得国家杰出青年科学基金资助；

41岁 晋升为少将军衔，同年当选为中国工程院院士，成为当时最年轻的院士；

42岁 创建医学免疫学国家重点实验室并担任主任；

43岁 担任中国免疫学会理事长；

在学生培养方面，创造了空前的纪录：培养的博士生总共有11名获得全国百篇优秀博士学位论文奖，在中国研究生培养史上是绝无仅有的。

获得首届中国研究生教育特等奖，Nature杰出导师终生成就奖。

科学第一课

2016年6月13日，北京协和医学院和中国科学技术大学签署战略合作框架协议，联合培养生物医学交叉学科人才，标志着两校合作达到了新的高度。

尊敬的各位同学，大家晚上好！

今天我是抱着学习和交流的态度，来到中国科学技术大学。我在求学阶段，对中国科大一直是仰视，到北京工作之后也一直想推动与中国科大的合作，积极谋划北京协和医学院与中国科大联合进行交叉性的、前沿的、登峰式的学生培养计划。目前此计划正在实施之中。

要对生物医学有所了解，就要先从几个方面来看这个学科的重要性。我们经常讲很多学科都很重要，事关很多重大交叉点，能为未来研究提供腾飞基础，是"要害"类的学科。但医学是"要命"的学科。从"要害"到"要命"，反映了这门学科和大家切身利益的关联。每个同学生活中都离不开两件事：一是吃饭，二是吃药。这就是说，生物医学在日常生活中离我们很近，事关人的生命安全和健康水平，事关社会群体的幸福指数。

我想从四个部分展开介绍：首先，从发展历程上回顾医学是如何发展起来的；其次，在这个基础上了解现代医学在国际上有哪些进展、发展趋势是什么；第三，比较分析中国医学科学发展现状；最后，展望中国医学科学的未来之路。另要说明的是本次概要介绍的是医学科学，而不是医疗技术，医疗技术是医学科学的一部分，医学科学涵盖面比较广，从医学教育、医学理论、医学实践，到疾病的预防，甚至健康管理和健康提升都属于大医学、大健康、大卫生范畴。

一、医学科学创新发展的历程

医学和哲学密不可分。西方医学中，各医学院开设的西医课程，以及许多国内中医药大学与中医学院的课程里，都会提到一个人：希波克拉底(Hippocrates)。他于公元前460年出生，被西方尊为"医学之父"。他最重要的影响之一就是《希波克拉底誓言》，现在已经成为医学界通行的职业操守和道德底线。希波克拉底使得过去经验性的、甚至巫术性的医学上升为医学理论。

希波克拉底出生于小亚细亚科斯岛的一个医生世家。在古希腊，医生的职业是父子相传的，所以希波克拉底从小就跟随父亲学医。数年后，他独立行医已不成问题，父亲治病的260多种药方，他也已经运用自如。父母去世后，他一面游历，一面行医，遍访了很多名家，其中有许多是哲学家。这些哲学家的独到见解对希波克拉底深有启发，并为他提出"四体液说"和撰写《希氏文集》提供了哲学帮助。"四体液说"认为，复杂的人体由血液、黏液、黄胆汁和黑胆汁这四种体液构成，四种体液在人体内的比例不同，形成了人的不同气质。希波克拉底的贡献在于，把过去人们对于疾病的认识在实践基础上上升为知识体系。另一个重要人物是克劳迪亚斯·盖伦(Claudius Galenus)。他是古罗马时期最著名最有影响的医学大师，被认为是仅次于希波克拉底的第二个医学权威。盖伦是最著名的医生、动物解剖学家和哲学家。他一生撰写了一百多本著作，非常注重药物治疗，并创建了放血疗法。这二位也在西方医学中相当有名。

此外，还有一位值得一提的人是阿维森纳(Avicenna)。其著作比前两位更加博大，囊括内容更多。阿维森纳生于现在的塔吉克斯坦。传说他是才子，十岁就能背诵整本《古兰经》。他最重要的著作叫《阿维森纳医典》。这本医典综合了当时整个西方对于医学的描述，包含了解剖学、病理学、生理学、治疗学、制剂、卫生等，引领了一千多年医学发展，在医学发展史上写下了非常重要的一笔。

让我们回到东方。中国古代第一部医书《黄帝内经》和第一部药书《神农本草经》，从理论上对我国以往的医学经验和药物学的知识进行了阐述和总结，标志中医药学基础理论得到初步奠定。早期的医学更多的是从哲学的角度思考生命的本质和疾病的转归，从经验性总结上升到理论，但在当时还是没有形成科学系统。

能够定性和定量地描述一些现象是自然科学发展的飞跃。特别是牛顿的开创性贡献，标志着人类开始掌握完整的科学理论体系去描述事物。医学在这个过程中也从实践成为医学科学。到了19世纪末，随着物理、化学和生物学的发展，人们终于找到了测量生命活动的方法和工具，包括哈维发现了血液循环规律、列文虎克发明了显微镜、詹纳借鉴中国传过去的种人痘的方式种牛痘疫苗以预防疾病等。

希波克拉底曾发现雅典瘟疫大流行时，全城只有一种人没有染上瘟疫，那就是每天和火打交道的铁匠。他由此设想，或许火可以防疫，于是在全城各处燃起火堆来扑灭瘟疫。中国早就有通过免疫的方式预防疾病的方法。英国乡村医生詹纳发明牛痘疫苗的灵感来自于他发现挤牛奶的女工不易得天花，于是就把牛痘接种到一个小男孩身上，观察其是否会得天花。这种方式最早来自于中国。宋朝就有明确记载，得过天花的小孩的脓痂研磨之后给小孩吸入。这是最早的吸入式抗原致敏方式。再往前追溯，公元303年葛洪作为医师，在《肘后备急方》中记载被疯狗咬了之后人会变疯，把疯狗的脑子取出来后涂在人的皮肤上，可以防止变疯（危险操作，切勿模仿），这就是"以毒攻毒"。而今我们才知道，狂犬病毒恰恰就是在神经系统包括脑子里繁殖的。可见，早在1700年前中国古人就发明了免疫的方法。医学的发展正是这样从经验上升到理论，再推而广之。

还有一个值得一提的是巴斯德在培养鸡霍乱菌的时候，获得了减毒活疫苗。巴斯德的这次发现很有传奇性，他在一次度假时，助手由于马虎，没有按时替他给鸡接种霍乱菌，他回来后发现用一株半死不活的霍乱菌接种后，鸡不发病了。这时，他们开始用这株霍乱菌继续培养，好像这种霍乱菌对鸡失去了作用，给鸡接种，鸡不仅未受感染，还对致病性的霍乱菌的接种有了抵抗力，这就是减毒活疫苗是如何发现的。

进入临床医学领域。过去的听诊器只是放在病人胸前的一个小木筒，这样简单的发明却是雷奈克发表在《新英格兰医学杂志》上的，在当时属于很惊人的医学成就。还有麻醉法、消毒法等，使手术的痛苦程度和后遗症概率大大减少。可见，医学科学是交叉科学，是随着物理、化学、模式生物等的发展，慢慢过渡到了对于病人特定疾病的观察，再上升到理论，最后做到诊断、治疗、干预疾病的发生，逐步完善形成科学体系。

人类文明与科技发展到一定程度之后，就需要建立一个大的体系培养更多有经验的医师为人类服务，这就是医学教育体系的来源。西方的医学教育体系的建立经过一段时间的混乱认识和争论。最重要的标志是1910年的《弗莱克斯纳报告》，奠定了美国现代医学教育的基本模式，也为世界医学教育发展指明了方向。在当时来说，德国的医学是世界高地，很多学生去德国学习。但回国后，他们发现两国的学习方法不一样，德国经验性的学习更多。于是，从美国掀起了对医学教育的讨论，一些国家出现医学院与综合大学开始合作。医学院是独立运行的一个学院，因此是合作而不是合并。

美国过去是师徒经验性的传授，没有明晰的学习课程和教育体系。医学教育大讨论之后，著名的约翰·霍普金斯（Johns Hopkins）医学院把基础课、实验课、临床教学融合在一起，创立了一个综合性的、课程明晰的、全流程的医学教学体系。这是医学教育界一个重大模式改变，这个模式使得此后的美国医学教育一直在全球遥遥领先。体系中还包括医预科，即前两年完成入学前必须的本科教育。医学院学制四年，前两年完成临床前教学，包括解剖学、药学、病理学、微生物学等。后两年为临床实践，包括内科、外科、妇科、儿科课程等。学习结束后有住院医师制，确保知识能真正用于临床，同时特别重视临床大夫的教学能力。全美确立的约翰·霍普金斯医学院模式就是以实验室和临床医院为基础，整合科学研究、临床治疗和高等教育，真正达到医、教、研一体的医学院教育模式。他们提出了作为接触到人体健康的职业，医学是精英教育的理念。

我国当前走了相反的道路，从十几年前的二百多家扩展到三百多家医学院，如何保证医学生毕业质量有待思考。过去说有病治病，目前还有一条很重要是健康管理与健康促进，即中医里面的"治未病"。我国目前在城市和农村的预防卫生体系建设是相当好的，特别是毛主席"六二六指示"，对整个中国的预防医学体系建设起到了极大的推动作用。过去村卫生室体系的建设，对我国卫生工作功不可没。可以讲，医学科学从实践性上升为知识体系，再从治病为主慢慢关注人的健康和疾病的预防，有自然科学的一面，也有社会科学的一面。所以说医学科学的提升，首先是自然科学的快速发展，其次是医学教育的革命，使医学院规模化、正规化，再是由各层级医疗卫生体系的建设延伸到乡村，使医学真正成为了认识、保持和增强人类健康，预防和治疗疾病，促进机体康复的实践活动和科学知识体系。

X射线、血压计、心电图、脑电图、超声、核磁、人工心脏、人工皮肤……其中每一项发明都极大地提升了人民的生活质量和疾病救治水平。作为个体能通过自己的知识改变人类的进程是一件伟大的事情，身为学医者对此充满敬重。遗憾的是，世界范围的一百项重大医学发明，中国人还没有排进去。但新中国对世界医学依然有许多重大贡献：屠呦呦先生发现的青蒿素；汤飞凡先生发现的沙眼衣原体；协和医院宋鸿钊院士发明的绒毛膜上皮癌化学疗法，使当时生病妇女85%死亡到85%病人存活五年以上；上海第六人民医院陈中伟先生发明的断指再植是世界首例；中国医学科学院针对河南林县的食道癌高发现场的多学科交叉病因与干预研究；前上海医科大学校长汤钊猷院士对江苏启东地区高发的小肝癌的外科研究世界领先；王振义、陈竺两位院士做的白血病细胞维A酸与三氧化二砷的诱导分化疗法开创了国际上对于急性早幼粒白血病的有效治疗方法……可以看到，过去医学的发展，一方面大家可以有一项重要的贡献，而现在越来越需要学科交叉，一项伟大的医学发明创造往往需要一个交叉性的团队才能完成。希望中国科大物理、化学、材料、生物工程、数学等专业的学生，从另一个角度认识生命科学和医学，将来投身医学事业，做出更多的发现与发明创造。

2017年是北京协和医学院一百年校庆。论其沿革历史，1906年，英国伦敦会与英美其他五个教会合作开办了协和医学堂，协和原意即"联合"之意，中国的语言是精妙的，协和有"协和万邦"即引领之意。慈禧当时捐了白银一万两，并专门让大学士那桐参加开学仪式并表示祝贺。1915年，洛克菲勒基金会收购协和医学堂，随后投入资金进行新校建设。1916年，负责设计协和建筑的柯立芝来华考察豫王府，决定设计建造一座中西合璧的校园和医院群建筑。1917年9月，美国洛克菲勒基金会正式建立北京协和医学院，开办医预科，1921年建成附属医院为北京协和医院。当时提出"最高标准、最大投资、最高水平"的口号，于是，当时中国诞生了第一所远东最高水平的医学院。她的目的是培养一流的临床医学家、医学教育家、医学科学家、卫生管理学家。

教育贡献源于教育理念。"为什么办教育"、"怎么办教育"是一个学校的灵魂。北京协和医学院与中国科大的精英教育理念是一致的，特别重视学生的培养质量。我碰见过的中国科大的毕业生，你们的师兄师姐们，谈起母校都非常自豪。中国科大"千生一院士"的培养成绩是中国教育界无与伦比的。这正是坚持了生源观和教育观的结果。

协和的理念也是精英教育，即"培养中国高质量医学领军人才，引领中国高层次医学教育发展"。严苛到什么程度呢？首届毕业生只有三个人。一百年内，总共培养了2888人，但这2888人在中国很多医院和国外医学研究中心都是临床医学领军人才和重要的医学科学家。协和的精英教育贯彻始终：名额少、淘汰制、英语教学、重实践。学制的最后四年要在医院和临床大夫一起讨论病例、观察病人诊断救治情况。协和的师资力量很强大，早在20世纪30年代，协和教师就能在 *Science* 和 *The Journal of Experimental Medicine* 等顶级杂志上发表论文。可以说，重临床也关注科学研究，是协和的医学风格。同时，协和也非常强调公共卫生教育，创造了中国第一个乡镇的卫生防疫体系——定县模式。可以说中国公共卫生体系就是来源于北京协和医学院。

再来看协和的人才。中国最早的院士制度是中央研究院院士，1948年当选的医药卫生领域八位院士中五位来自协和。1955年新中国选出第一批中国科学院院士，医药卫生界28位院士里协和占了2/3。新中国成立后不久发行过三张现代医学家邮票：内科专家张孝骞、妇科学开拓者林巧稚、微生物学家汤飞凡，也均来自协和。

贡献方面：协和是中国现代医学教育摇篮，开创了我国八年制医学教育；创建了第一所护士学校，开创了现代化的护士教育，培养护理学本科、硕士、博士；走出了第一个南丁格尔奖的获得者；实现公共卫生的成功实践；完成北京猿人头盖骨的发掘等。此外，20世纪30年代吴宪先生提出蛋白质变性理论、40年代刘思职先生定量检测抗体水平、谢少文先生创建疫苗体系等，都是了不起的工作。吴宪先生被称为中国生物化学之父，贝时璋先生是中国科大生命学科创始人。为了促进协和与中国科大的合作，我们开设了《贝时璋-吴宪生命科学大讲堂》，为中国科大学子进协和学习专门开授课程，目前已有三位美国科学院院士、四位中国两院院士授过课。

新中国成立以后，协和对于中国医学体系建设的贡献是很大的，参与了全国很多医院的创建或者扩建。例如，解放军总医院当时大家叫协和二院，创建之初是协和的一批著名临床大夫参与的，是综合科室与高水平专科相结合的高水平医疗服务体系。此外还有依托阜外医院建设的国家心血管病中心，依托肿瘤医院建设的国家癌症中心，在医疗救治方面均居于世界前列。

二、现代医学科学创新发展趋势

医学是多学科交叉的汇聚点，也是知识创新的爆发点。现代医学的发展趋势是与材料科学、工程学、信息科学等多学科交叉。比如过去四五个小时才能完成的手术，现在由于外科机器人的准确导航加上手术材料的进步，一两个小时就能完成。再如3D打印，目前可以根据模拟计算，通过手术导航系统，准确实施颈椎手术，降低手术风险。未来的融合发展，将是逐步实现家庭医生和医院合在一起的移动医疗模式。总而言之，人总是要研究我们自身、保护我们自身，生命科学和医学的发展与创新是无止境的。每个历史发展时段都需要有一些颠覆性的创新成果加以推动。哲学家经常说，认识自己难。在这里主要举四方面例子：一是神经科学。老龄化社会到来之后，认知和神经科学非常重要，例如神经退行性疾病的诊治就是一个大问题，因此，在美国、日本、欧美等都启动了"脑科学"重大专项研究，中国的脑计划已经论证完毕、准备启动。老年人失去行动甚至认知能力之后需要照料，老年人的康复、照料所需的医疗设备研发需要交叉学科。二是人类微生物组学。我们人体内有很多种类微生物，由此产生新的学科叫"人类微生物组学"，目前人们的测序技术可以把肠道等各处器官的各样微生物检测一遍。小小微生物蕴含着一个庞大的世界。讲一个例子，有一位免疫学家研究免疫炎症和肥胖的关系，通过小鼠实验建立结肠炎模型，文章发表之后，一个加拿大小组说，我们一直无法重复该实验，于是邀请对方来加拿大做。他们突然意识到，用的老鼠虽然是一个品系，但来自不同的地方，后经检测，两种小鼠肠道的微生物果然不一样。第一个想到的是，把瘦的老鼠的微生物注射到胖的老鼠体内，结果胖的老鼠并没有变瘦。但把胖老鼠的微生物打到瘦老鼠的体内，瘦的老鼠变胖了。这就说明了肠道微生态的重要性，之后发现它和肠癌的发生等关系密切。这些是新技术、新领域应用的代表事例。三是细胞治疗和免疫治疗。细胞治疗方兴未艾，免疫治疗在世界范围内仍然是一个非常热门的领域。各国均非常重视，这里有CTLA-4和PD-1免疫治疗的重大突破，大家认为这是诺奖级的成果。但我国目前因为法规执行不力，该领域乱象丛生，"魏则西事件"出来之后，我国免疫治疗的规范性发展受到一定的影响。四是基因编辑。过去认为很难的技术现在可以轻松、精准地实现，但是这也带来了伦理问题。

以上是医学科技进展方面，而科技往往影响社会发展。目前受关注的是医学健康大数据，临床这么多的医院每天看病的数据、化验的数据、实验室大量的基因测序、蛋白测序的数据，大量的数据缺乏整理，我们在此方面做得还很不够。此外，真正原创性的计算技术及其应用于数据深度挖掘、提取有用的数据也很少。全国样本库的建立非常重要，也就是说大数据科学将来会影响医疗体系发展。此外，人工智能的意义深远，过去的B超需要有经验的大夫，目前国家大力建设县级医院、乡镇医院，但有时候虽然机器优良，医生却不会使用，现在由于人工智能的发展，虽然疑难病例还需要医生的经验，但许多病症用机器判断和医生判断得出的结论差不多,将来通过人工智能可以进行B超、心电图的初步分析,这将有希望帮助乡村医疗单位的疾病诊疗。可以说,人工智能和医学的结合会带来巨大的革命性进展与实际应用。

可以看到,越发达的国家对医学和人的健康越重视。在美国,2016年美国财政投入能源部53亿、国家科学基金会77亿、农业部12亿,而投入国立卫生研究院(NIH)达320亿。从国家角度来说,医学投入对制造业等提出来新的要求。特别是移动医疗、可穿戴医疗设备、基因测序仪、介入导管、达·芬奇机器人等。目前这些器械大多数是国外进口的,我真心期盼我们在座的学生将来实现学科交叉,有所创造,给国家造几台争气的医疗设备。

小结一下,国际的医学科学发展关注多学科的交叉融合,且随着知识的创造会产生爆发点,除了具有重大的社会效益,也带动了经济效益。目前国家极为重视医药领域的重大发明创造,就像屠呦呦先生,她的工作其实一直受到国内学界和政府部门的尊重和重视。此外,强调医学和理工的交叉,过去我们的妇科手术,摘除卵巢必须要在腹腔开一个切口,现在通过微创操作,损伤小,第二天就可以出院。医学科学的发展,一是走向微观,二是走向综合,最终与社会更深融合。

三、中国医学科学发展的现状

中国的现状到底怎么样呢?第一,投入越来越大,发表论文越来越多,专利申请量占世界第一,已经授权的专利占世界第三;自然指数(Nature Index)居世界第二;2016年博士研究生招生总规模67216人,居世界第一位;已经有一批高精尖大型设备研发初步成功,推动着我国医药发展。

我国在大力推进国家临床医学研究中心建设。医学中心与医疗中心不同,要成为医学中心,需要能够引领医疗进步,能够创造医学知识,培养一流人才,担负国际交流,替国家在世界占一席之地。目前我们国家研究批准建设32家医学中心,建立了合作网络,正在发挥主体作用。

医药不分家。国家非常重视药物研发,给予了很大的投入。目前基本建立了国家药物创新体系,实现了从跟跑到并跑,但还没有真正实现领跑。实施了两大重大科技专项:重大新药创制专项和重大传染病防治专项。创制能力建设上,现在有一百多个品种获得新药证书。"大平台"建设效果凸显，中国医学科学院北京协和医学院药物研究所所承担的创新药物大平台在全国创新药物大平台评审中排名第一，且遥遥领先。目前国家过百亿的药物企业已达11家。另外一个重大专项是重大传染病防治，主要针对三大类疾病：肝炎、结核、艾滋病。协和医院是中国第一例艾滋病的发现者。为什么要实施传染病防治重大专项呢？2003年SARS来时，北京街巷人迹罕见。SARS的病原是由香港地区和加拿大科技团队合作鉴定出来的，现在看来，当时我国对传染病的应急体系是准备不足的，很被动。从那之后，我国就加强了对传染病防治平台的建设，特别是中国CDC（中国疾病预防控制中心）和各省CDC体系建设，目前这个体系非常完善了。举一个例子：2013年初，H7N9流感爆发后，三四个月内，我们自主完成了病原鉴定、测序、诊断试剂、临床救治、疫苗研发这一系列流程。作为世界上临床医学界最高等级的杂志之一的《新英格兰医学杂志》，当时刊登了多篇中国作者的H7N9流感方面的文章。WHO总干事说，中国对于H7N9流感的防治，是世界的典范，中国打了一场漂亮的战役。所以在西非埃博拉病毒流行之际，中国派出了医疗队，受到了国际医疗界的高度评价。我相信，给中国时间，中国的医疗卫生体系肯定还会进一步提升完善。结核病防治也是这样，现在全世界包括比尔及梅琳达·盖茨基金会都对抗药性结核病的治疗药物研发感兴趣，目前看该方面研发仅靠医学界不够，还需要化学、物理、材料学界的交叉参与，解决包括如何提高药物的生物利用度、如何提高药效、如何准确到达发挥药效的部位等关键性科学难题。

此外，值得一提的是我国发挥了中医药特色，实现中药现代化。"523计划"、中药的二次开发、中草药的基因身份证、本草工程等一系列举措，使得中药产业在过去二十年中惠及了广大老百姓，也保护了濒危动植物。

在看到成绩的同时，也要直面我国医学界面临的问题。社会转型，工业化、城镇化、老龄化之后，现在中国约有2.2亿老年人，我们的老年人数目是很多国家的人口总和，这些因素导致慢性疾病的高发。慢病就是非传染性的疾病，例如心血管疾病、癌症、糖尿病、精神疾患等。慢病一多，看病难、看病贵的问题就会出现。这对我们来说是一个很大的挑战。国家富裕到一定程度以后，要想达到全民医保，必须要通过科技创新推动医学发展，降低医疗成本，也亟需提高疾病的早期预防。另外一个困境是我们目前原始创新和自主产品依然缺乏。

在我国医学发展的过程中，北京协和医学院有哪些作为呢？

先介绍一下北京协和医学院的历史。很有意思的是我们的校名是在不断变化的：私立北平协和医学院、北京协和医学院、中国协和医学院、中国医科大学、中国首都医科大学、中国协和医科大学。在2006年我们改名为北京协和医学院，实质上还是大学的体制。另外，中国医学科学院于1956年成立，1957年北京协和医学院与中国医学科学院实现院校合一，一个单位两块牌子。所以去年是60年院庆，2017年是100年校庆。中国的CDC于1983年从中国医学科学院分离出来，当初是成立了中国预防医学科学院，一直到2002年成立了中国疾病预防控制中心CDC。后来儿科研究所独立出去，成立了首都儿科研究所。医科院和协和医学院又成立了新的药植所、病原所等。我们现在有18家研究所、6家医院、6个学院，研究涵盖基础医学、临床医学、药学、预防医学等诸多方面。去年评选了医科院建院60年十大科技成就，这个成就不是一个人的，有的时候是几个实验室和多人合作的。其中就包括我们大家小时候吃过的糖丸，即脊髓灰质炎疫苗，这是由医学科学院昆明医学生物研究所研发的。此外还有全国控制和基本消灭麻风病等，可见医学成绩斐然。医是一方面，药也是这样。我们建立了中国医药协同网络，实现药学院、药学系、药物研究所全链条的研发、创新、应用体系。现在还有药厂，去年的销售额有二十多亿元，有相当大的产业化实力。

有关中国医学科学院北京协和医学院对中国医学发展的贡献，在这里举几个实例：

一是食管癌高发现场综合防治研究。吴旻院士、陆士新院士都是在医学界响当当的人物。新一辈的科研人员在 *Nature Genetics* 上发表了一系列食管癌研究文章，"食管癌规范化治疗关键技术的研究及应用推广"获得国家科学技术进步奖一等奖。

二是冠心病高危人群预测预警筛查。医科院所属阜外医院在心脏病研究领域建立了一个大的国内合作网络，联合了全国320多家医院，资源很多，做临床实验和收集临床样本很有基础与规模。

三是干细胞临床医学转化体系。这是第一个国家CFDA批准的干细胞临床试验，用于临床治疗缺血、坏死等。未来将大规模用于慢性疾病、心脏疾病、老年痴呆等方面。

四是学科融合构建药学科学体系。院校有四个研究所专攻药物研究：药物研究所、药用植物研究所、医药生物技术研究所、昆明医学生物学研究所。中国的青霉素、土霉素、链霉素、红霉素研发与产业化体系最早均来自于医科院。可以讲，协和制药这张品牌还是很响亮的。2015年药物研究所的人工麝香项目获得国家科学技术进步奖一等奖。目前有430多种中成药需要麝香成分，而麝是国家二级保护动物，实现人工合成的价值可想而知。可以说，我们谋求的方向是引领中国药物体系研发的国际化，在世界上占一席之地。

五是学科交叉融合促进传染病领域发展。目前病原生物学研究所已经建立了先进的基因测序体系，48小时内，就可以从一万种生物体里面检测出究竟是哪一种病原体。协和的疫苗研发体系是国家级战略储备体系，发明糖丸的故事很感人，我们数代人都受惠于医科院老院长顾方舟先生的发明。1955年，江苏南通发生了我国有史以来第一次脊髓灰质炎大流行，大家束手无策，而最有效的方法就是疫苗控制。为了研发疫苗，我院校顾方舟先生在访问美国和苏联之后，提出我们没有冷冻运输链，不适合全灭活的疫苗。他大胆地选择了减毒活疫苗策略，于是飞到了昆明，在一个很偏僻的地方——红花洞，建立了实验室，创建了医科院昆明医学生物学研究所。分离病毒、制备疫苗，制备完之后把疫苗给自己的儿子喂服，证明了疫苗的安全，随后向全国提供，几年内完全控制了脊髓灰质炎流行疫情。昆明医学生物学研究所的科技人员再接再厉，进行创新，又自主研发了全灭活疫苗，目前每年给国家节省资金180亿，这体现了科技人员对国家的贡献。目前研发的预防手足口病的新型传染病疫苗，是国际上第一个EV71疫苗，获得了新药证书。其他成功的事例不胜枚举，包括抗美援朝时期医科院研制过我们国家第一支工业化生产的青霉素。

六是医科院牵头的国家人口与健康科学数据共享平台。通过Big Data Science（大科学数据）汇总数据，对国家政策制定很有帮助。

2016年Science为中国医学科学院成立60周年出了专辑，专门介绍中国医学科学院和北京协和医学院。去年在牛津大学设立了中国医学科学院研究中心。特别是去年在中国医学科学院庆祝建院60周年之际，习近平总书记发来贺信，指示要把中国医学科学院建设成为我国医学科技创新体系的核心基地，李克强总理做出重要批示，刘延东副总理出席宣读了习近平总书记的贺信和李克强总理的批示并发表了讲话。这为医科院的未来发展指明了方向。

四、中国医学科学的未来之路

将来怎么做？中国医学科学发展的前景如何？我们有政府的强大支持，医学发展的道路肯定会越来越宽广。2016年我国召开了全国科技大会，8月份召开了十五年以来第一次的全国卫生与健康大会，习近平总书记做了长达两个小时的讲话，提出"把人民健康放在优先发展地位，加快健康中国建设"。此外发布了《"健康中国2030"规划纲要》，明确新时期卫生与健康工作方针，俗称38字卫生方针，提出"以基层为重点，以改革创新为动力，预防为主，中西医并重，将健康融入所有政策，人民共建共享。"

总体来说，将来中国医学的发展方向包括：从治病到健康的转变，实现预防为主；由单向模式向协同的转变，多学科交叉，实现整合集成；突出自主创新，依赖进口的局面要早早打破，争取掌握主动权。

同时，需要坚持四方面的发展原则：一是坚持需求导向，为医改提供服务。参考启东小肝癌研究、河南林县食管癌研究、人工麝香研究的成功范例，把重大疾病的防治延伸到基层，推动有效的预防，实现医药研发全链条创新，各种实验室和研究机构争取协同、合力、打破封闭。积极推动综合型、特色化、前瞻性国家医学与健康高端智库建设，为医学发展提供政策支撑。二是强化自主创新。要尽早打破依赖进口的局面，把13亿人口健康掌握在自己手里。在基础领域要占据前沿、重点突破，以点带面，引领发展。应用领域，高端的医疗设备要自主研发，例如老龄化社会到来后需要的护理机器人、康复机器人等。三是突出优势特色。我们有独特的优势：中医药资源和中医体系，并且我们病源多，做临床试验的条件充足。我们需要协同创新，但要积极鼓励个体科学家发挥创造性。四是创新体制机制。发达国家有国家级医学研究机构，例如，美国有NIH、英国有MRC、法国有INSERM国家机构，引领着医学研究与应用国家目标体系布局与建设，但中国还没有国家层面的医学研究机构，我们应尽快发挥协同创新全链条的优势特色，建立完善国家医学科技创新体系。《中国医学科学院医学与健康科技创新工程》列入《"健康中国2030"规划纲要》，是个很好的开端。最关键是要加强人才培养。中国尚缺大师级战略科学家和医学家，缺领军科技人才，需要发现培养青年拔尖人才，建立有国际影响力和国际视野的创新团队。

作为中国的协和，应该成为世界的协和。协和将与国内同道一起，为中国医学科学发展做贡献。我们认为，解决了中国13亿人口的问题，就是解决了世界医学界一个重要问题。我们的口号是"科学济人道"。协和一直秉承精英教育，初心从未改变，在此希望与中国科大师生一道，通过合作交流，共同推动中国医学科学发展。

问答互动环节

从收到的几个问题反映出我们中国科大学生思维还是非常活跃的。

Q1：为了事业要不要熬夜？要健康还是要事业？请问怎么去减少它的危害？

A1：我相信每一个学术有成绩的人都是勤奋的。我送同学们两句话：要比聪明的人多一分勤奋，也要比勤奋的人多一分思考。要注意健康的日常生活，要保持身体健康。

Q2：对于中医未来发展趋势请问您怎么看？

A2：现在社会上有些声音否定中医，我不认同这样的观点。其实中医博大精深，在中国社会发展进程中，对中华民族贡献非常大。20世纪50~60年代现代化西医尚未广泛普及时，在很多边远农村和地区，村卫生室很多就是靠中医中药达到疾病预防和救治的。因此，我们要保持开放包容的心态，去探讨其合理之处。我认为中医药对于一些疑难杂症还是有效的，特别是有些内分泌方面的慢性疾病，通过中医药调理有些得以缓解甚至康复。所以，不要因为不知道不了解就去简单地否定它，毕竟医学本质上是一种临床实践，要保持客观的科学态度。当然中医和中药是两个概念，中医有其自身的体系，而中药现代化非常有前途。在屠呦呦先生获得诺贝尔奖之前，谁能知道她的灵感来自于《肘后备急方》呢？中医中还有多少灵感等着我们去用呢？再如现在调节肠道微生态治疗哮喘的方法，通过粪便提取出的微生物进行移植治疗。粪便其实就是中医里面的人黄。在 *Nature*，*Science* 发表之前，谁能想到可以通过调节肠道达到肺部疾病的救治？可是，你去看看咱们中医药典籍里就有"肺与大肠相表里"的记载。有很多这样的例子，就是说我们需要思考，西医的哲学体系是否适合于研究中药的单体，单体出来以后如何恢复其天然的组分，发挥药效。所以中医药是中华民族的宝贵文化和医学财富，应该尊重和支持。同时应该用现代化的科学体系去研究它、分析它，使之与现代化医学融合，提升中医药发展水平。

Q3：能否介绍一下北京协和医学院和中国科大学生的联合培养计划？

A3：我们同时在给大学二年级、三年级学生做招生的讲解。我们现在和中国科大签了协议，有12位同学已经在北京协和医学院学习，协和为同学开设了专门定制的课程。比如你前三年左右在中国科大学习完成后，去协和学习生命科学，四年结束的时候还回中国科大拿中国科大的毕业证书，也可以直接进入到协和的博士学习阶段。我们希望能用4+4或者3+5模式，打造自然科学和医学博士的教育体系。我们也希望双方将来有药学博士培养体系。博士有两种，PHD和MD。PHD我们进入到医科院协和各个所院，都可以授予PHD。中国科大学生能否直接进入协和拿MD呢，我们和中国科大正在努力，正在和教育部沟通。这两所顶级大学联合办一件大事好事，我相信国家教育部会支持的。如果这个渠道走通了，可能是中国教育史上一个很大的尝试与创举。我也期盼更多同学将来把它作为一个选择，为你的成功成才增加一个选择。

Q4：请问与清华大学的合作有什么独特之处？

A4：我们和清华大学的合作是2002年开始的，2006年正式合作办学。我们北京协和医学院的八年制，前面两年半原是在北京大学生命科学院学习，延续了过去北京协和医学院学生的预科学习最早在燕京大学完成的模式。2006年和清华大学合作之后，就转到了清华大学去学习。和清华大学的合作，一方面是我们八年制学生的医预阶段在清华大学学习两年半，另外一方面我们帮助清华大学提高临床医学教学和临床医学研究水平。清华大学第一期实验班学生有二十多位，现在就在北京协和医院实习。我们解决了清华大学目前尚没有高水平直属医院进行临床实习的难处。目前看，清华大学学生的科研见长一些，北京协和医学院学生的临床实践见长一些。事物是发展的，清华大学现在也在自己办医学院，我们现在也开始谋求和中国科学技术大学合作。与中国科大的合作更理性、站得更高。特别是科学发展到现在的高度，北京协和医学院近年来从国外回来了很多教授，我们就想根据学科交叉的特点，依据医学科学家和临床医学家的培养规律，为我们中国科大到北京协和医学院上学的学生，打造个性化的、量身定制的、高端的生物医学课程，使这些学生成为一流的人才，这其中体现了我们北京协和医学院精英教育的理念。

Q5：我本科是学物理的，请问转行学医的可行性大吗？

A5：可行性很大。关键看你的决心。我两周前在哈佛大学作报告期间访问了一位学者，她的简历可能会给你有启发。她叫Judy Lieberman，哈佛大学教授，是世界一流的女科学家。研究领域是免疫调控和疾病发生，现在转向药物研发和药物传输体系。她本科是学物理的，后来突然发现对生命科学感兴趣，又进医学院学习，最后41岁开始找工作，五十来岁成为世界一流生物医学科学家。她的研究角度是我们通过生物医学常规培养体系培养的学生所不具备的。所以，学科交叉和不同学科背景看医学科学的发展可能更有优势。特别是生物医学工程领域，太需要这样的交叉型人才了。

Q6：请问医学和哲学是什么关系？哲学在医学科学中发挥着什么作用？

A6：医学可以说是来自于朴素的哲学，哲学思维在医学里相当重要。但科学研究和临床实践不一样，有人是属于非常慎思明辨型，适合做基础性的科学研究。有人是以解决实际问题为导向的，适合做临床大夫和生物器械研发。在这个过程中不同哲学体系支撑你不同事业的落脚点。目前，我们国家做医学科学的学者有几类。其中一类人员，有资金、有人力、有资源、有设备，应用工具化的技术体系进行工厂流水线般的工作，抓住世界什么热就做什么，这样可以出多篇论文，这种旧式技术体系和经费保障的科学研究，我羡慕但不是很赞赏。我很赞赏靠智慧靠思考，有自己的哲学观点，应用少量经费开展工作，做出来的科学发现有原创性、引领性，真正令同行有敬意，这样的成果不知道哪天就能开辟或者引领一个领域的发展，而且在一个领域始终地坚持探究、细耕深挖，系统性研究成果成体系，最终上升为一个学术观点，甚至最后成为一个学说，发展成为一个小理论，成为一种学术思想，发展成为一个学派，这是我个人尊崇的科学家品格和研究风格。当然，人各有志，世界是并存发展的，不同类型的科学家聚在一起才能够形成学科的齐全和百花齐放，自己坚持自己的风格并终生追求至上至善的境界，但要懂得欣赏和包容与己不同的科学家的风格与观点。哲学和医学是相通的，有一本专门的杂志就叫《医学与哲学》，发表了很多相关论文，希望对同学们了解医学发展有所帮助。

Q7：请问理工科的学生如何读医学研究生？

A7： 有很多医学专业是与理工科交叉的。我们有一个生物医学工程研究所，过去很多医院眼科的B超是这个研究所研发的。每个医院都有一个医疗仪器科，过去更多的是检验、维修、咨询进口的一些设备。但现在越来越发现，特别是三甲医院，大城市的医疗卫生机构，医学设备越多，越需要这样的人才。大型的医学设备很多很多功能还没有被开发出来。需要"生医结合"的人，特别是理工科的人才到医院来进行配合，合作起来开发一些设备。医工交叉这样的学科在我们国家还是相对薄弱。我目前担任中国生物医学工程学会理事长，学会有一万两千多会员，从心脏起搏到透析、从生物材料到医用手术机器人等，包罗万象。现阶段有一个新的技术叫"光遗传操作"，对于脑认知研究是突破性的。这个技术是结合光学与遗传学手段，精确控制特定神经元活动的技术。研究认知的相关医学设备，包括提高智力，有太多太多的仪器设备可以去做。非常希望能和大家一起见证医工科学的融合发展。

Q8：人造材料可以改造身体，那您认为是不是全部的人体器官都能被人造？

A8： 这是一个理想，但实践起来难度非常大。比如大脑如何去造？还有我们说的人造肝脏，其实并不是造成肝脏形状。肝脏的功能是解毒，造出来一个机器能够行使解毒功能、代谢功能，就叫人造肝脏。人造心脏也不是要造一个看起来形状相似的心脏，其实是造出泵血功能。所以说整个人体并不是能全造出来，但这是人类的一个梦想。我们都希望干细胞再生医学能够给人类健康带来巨大改变，就像壁虎尾巴一样，肢体断了马上就能够再生一个出来。对于人体器官全部功能的重建还需要走很长的路。但其实未必非要造人造器官，如果基因编辑技术在伦理上通过了，将来对异种器官改造与异种移植有巨大的推动作用。比如心脏移植，毕竟捐献的实效性要求很强，猪的心脏和人的心脏个体差不多大，于是有很多人研究猪心移植到人体。但随着科学的发展尤其是生命科学的发展，认识到一些重大的隐忧，其中的隐忧就是猪这个物种我们并不是很了解，其基因组测完了之后发现有一些潜在的逆转录病毒的拷贝在它体内。如果移植到了人体，人体从未接触过，没有免疫功能加以抵御，一旦发生整合后会不会产生新的对人类造成伤害的病毒，甚至会不会产生新的传染性疾病？欧洲和美国严禁做临床试验，所以现阶段还没有批准上临床的。但基因编辑技术出来后就很方便了，我们可以把具有潜在危险的逆转录病毒片段完全突变掉，改造成没有危险性的异种器官。而且过去异种移植最重要的难关是免疫排斥，将免疫排斥位点定点地改造清除掉，这些技术突破将有可能使异种移植成为现实。

Q9：请问怎样能使老人不痛苦、有尊严地离去？

A9：这涉及医学伦理和过度医疗的问题。总的来说，让老年人不痛苦地、体面地离开这个世界是医学界一直在讨论的事情。特别是老年人越来越多，不能自理，例如脑中风之后生活不能自理等，确实是很大的社会问题，需要我们一起努力去解决。现在开始有称之为护理机器人的项目在开发中，也有很多老年性疾病药物正在研发之中，如何提升老人生活质量，还是有很多工作可以做。我想，衰老是个必然的生命过程，衰老伴随疾病是自然规律，如何有效应对老龄化社会的医疗服务是个大命题。希望能依靠科技进步，让每个老人都能幸福地生活着并最终有尊严地离去。

Q10：面临着实习，请问如何自主地选择科室？

A10：从未来发展的角度来说，学习阶段培养兴趣很重要，全面学习更重要。在实习阶段应该多了解各个科室，不要偏就一个科。当然要保持自己的兴趣，兴趣会决定你对职业的热爱。八年制的医学院学习使你有充分的时间思考，特别是后期在医院时间比较长，要保持开放的心态去获取知识、增强临床实践能力。此外，成才的路有很多条，看你如何选择。对于很多重要的科室，比如手术量大、手术难度大、收入高的骨科、心胸外科等，往往这些科室大而强，人才相对集中。但比如耳鼻喉科等专科，小而专，在目前医疗界崇尚专家有特色和水平的背景下，选择专科也有很大的发展空间和机遇。前段时间我国做的先天性耳聋的筛查，人工耳蜗的研制，就是耳鼻喉科临床医生和生物学工程专家一起合作完成的，这就是专业选择与事业突破的范例。总之，全面学习很重要，同时要保持兴趣，在选择的时候要平衡地考量，看在国内环境下哪些科更需要加强，这意味着你加盟之后可能有更大的发展空间。

我的回答到此结束，谢谢大家！

附：中国医学科学院 北京协和医学院简介

中国医学科学院（下称院）成立于1956年，是我国唯一的国家级医学科学学术中心和综合性医学科学研究机构。北京协和医学院（下称校）由美国洛克菲勒基金会于1917年创办，是我国最早设有八年制临床医学专业和护理本科教育的重点医学院校。医科院与医学院实行院校合一的管理体制，医科院为协和医学院提供雄厚的师资和技术力量，协和医学院为医科院培养高层次的人才，相互依托，优势互补，教研相长。院校设有18个研究所（以及5个分所）、6所临床医院、6所学院、1个研究生院。

院校拥有一大批在医药卫生领域经验丰富、学术水平较高并做出杰出贡献的著名专家、教授。现有中国科学院和中国工程院两院院士25人，国家海外高层次人才引进计划（千人计划）入选者23人；"长江学者奖励计划"特聘教授、讲座教授24人；国家杰出青年科学基金获得者46人；国家高层次人才特殊支持计划（万人计划）科技创新领军人才9人，百千万工程领军人才2人；百千万人才工程国家级人选56人；国家级、省部级有突出贡献中青年专家123人；享受国务院特殊津贴专家581人；国家高层次人才特殊支持计划（万人计划）青年拔尖人才1人；国家级高等学校教学名师1人；北京市高等学校教学名师8人。国务院学位委员会委员1人、学科评议组成员7人（其中3人为学科评议组组长），博士生导师801人，硕士生导师1050人。

协和医学院坚持小规模招生、高层次培养、高质量输出的办学宗旨，在长期的办学实践中，凝练出"坚持医学精英教育、实行高进优教严出、注重能力素质培养、强调三高三基三严、开放办学博采众长、传扬优良文化传统"的办学特色。我校是首批具有博士学位和硕士学位授予权的单位。学校获批国家"双一流"建设学科4个，现有一级学科博士授权专业点8个、一级学科硕士授权专业点3个，是国务院学位委员会自行审核博士学位授权一级学科点和硕士学位授权一级学科点的委托学位授予单位。现有一级学科国家重点学科2个，二级学科国家重点学科8个，国家重点培育学科1个。可分别授予医学博士、理学博士（哲学博士）、医理双博士、工学博士、医学硕士、理学硕士、工学硕士和管理学硕士等学位，每年授予博士学位人数位居全国医学院校首位。现有各类在校生4988人，其中研究生4113人占82%，本科生784人占16%，专科生101人占2%，呈典型的"倒金字塔"结构。多年来为国家培养了大批优秀的临床医学家、医学科学家、医学教育家、护理学家和医政管理学家，为我国医学教育、医学科学研究和医疗卫生事业的进步和发展做出了积极的贡献，在国内外享有很高的声誉。

院校科研实力雄厚，医学科研包括基础医学、临床医学、预防医学、药学、中西医结合以及与医药学有关的生物、物理、化学等学科，覆盖了医学科学各领域。拥有5个国家级重点实验室、31个省部级实验室、转化医学国家重大科技基础设施（北京协和医院）和3个国家临床医学研究中心获批建设、6个博士后科研流动站以及12个世界卫生组织合作中心。

院校拥有6所直属医院（北京协和医院、阜外心血管病医院、肿瘤医院、整形外科医院、血液病医院和皮肤病医院），病床6480余张，集综合性医院和专科医院于一体，在心血管疾病、恶性肿瘤、血液病、疑难皮肤病、遗传性疾病、器官再造、自身免疫性疾病、内分泌疾病等重大疑难疾病的诊治方面达到国内领先和国际先进水平，形成了国内外闻名的医疗、教学和科研紧密结合的医疗服务体系。众多著名医学专家是院校高超医疗水平的集中体现，他们是国家医疗保健委员会、国家医学考试委员会、中华医学会各专业委员会的核心力量，也是我国医疗新技术、新标准的倡导者和开拓者。

周忠和　　中国科学院院士

　　　　　　中国科普作家协会理事长

1965年1月生,江苏扬州人,著名古生物学家。1986年毕业于南京大学,1999年获美国堪萨斯大学博士学位。现任中国科学院古脊椎动物与古人类研究所研究员,全国政协常委,中国科普作家协会理事长,《国家科学评论》副主编,以及《中国科学》等多个国内外学术刊物的编委。2010年当选为美国科学院外籍院士,2011年当选中国科学院院士。2015年分别当选发展中国家科学院院士和巴西科学院通讯院士。曾担任国际古生物学会主席。

　　长期从事中生代鸟类与热河生物群的研究,研究发表了40多种新的鸟类化石,在早期鸟类的系统发育和分类、分异辐射、飞行演化、功能形态、胚胎发育、繁殖行为和生态习性等方面取得了若干发现和成果。此外,还在热河生物群的综合研究等方面有较大贡献。2003年获首届中国科学院杰出科学成就奖,2000年、2007年获国家自然科学奖二等奖,2016年获得何梁何利"科学与技术进步奖"。此外,还发表了大量的科普作品,担任新版《十万个为什么》(古生物卷)的主编。

科学第一课
KEXUE DIYI KE

我们的好奇心都去哪儿了

同学们，大家好！

非常高兴能够来这儿给大家做报告。我今天选择这样一个题目：好奇心。这也算不上一个正式的报告，算是我的读书报告，也可以说是我多年来自己学习或者工作过程中的一些感受，实际上也是我很好奇的问题，这些年我通过自身的经历和看过的一些书，讲来和大家共享。

一、什么是好奇心呢？

可能大家对我这个题目也觉得奇怪，说我们的好奇心都哪里去了，大家觉得我们都有好奇心啊。但实际上我们的好奇心确实也在不停地丢失。那么好奇心是什么呢？它不光是我们人类所特有的，也是人类与动物共有的一种思维活动，同时表示对一种事物特别注意的一种情绪，也代表一种求知欲，更主要是一种探知欲望，即喜欢探究不了解的事物的一种心理状况，或者一种情感行为。一般认为好奇心是我们人类认知世界的主要驱动力。没有了好奇心，我们就没问题；没问题，我们就很难去深究，我们的社会就很难一步步向前推动。

我今天的这个报告大概有不到40张的PPT，我大体讲以下几个方面的内容。

第一点，为什么要有好奇心？有好奇心是好事还是坏事？好奇心太多了是不是会出问题？

第二点，我们的传统文化对好奇心的压制。最近几年我也经常看一些历史书，老是在思考这样一个问题，也就是说我们的传统文化里面是否存在对我们的好奇心不利的因素。

第三点，简单说一下如何保持好奇心。

孔子很早就说过：知之者不如好之者，好之者不如乐之者。这句话说得很早，但是我感觉过了2000多年很多中国人都已经忘掉了。2000多年过去了，我们更加强调对知识的理解和掌握，更多的是给大家灌输知识，而不是强调对知识的喜好。所以我觉得这句话应该可以简单定义为，我们为什么要有好奇心？我们学习知识的目的是什么？我觉得学习知识是一件快乐的事，知识服务于人类进步，我们应该在快乐地追求知识中获得帮助。好奇心首先是科学研究的需要，中国科学技术大学培养未来的科学家，我们大家学的是科学和技术。为什么说好奇心是科学研究的需要呢？

居里夫人说过"很多人都说我很伟大，很有毅力"，我想这确实都没错。但居里夫人很谦虚，她接着说"其实我就是特别好奇，好奇得上瘾"。其实，生活中没有什么可以畏惧的，本来就是我们应该认识的，没有什么是值得恐惧的事情，这是好奇心的真谛。本来我们对很多事物好奇，但是后来我们为什么又停止了这个好奇的过程呢？因为社会往往会让你觉得你的好奇是没用的，你的好奇可能是不好的，所以大家停止了探索。爱因斯坦是大家公认的20世纪最伟大的科学家。前几年我看了一本关于爱因斯坦传记的书，建议同学们可以看一看，看看这个伟大的科学家成才的背景，不仅仅了解他的个性，而且要知道爱因斯坦生活的时代，他的社会生活环境，为什么在那个环境里面才能成就大业。大家知道爱因斯坦原先生活在德国，后来才去了美国，这是一个历史的转折。为什么美国吸引了爱因斯坦，吸引了一批世界前沿的伟大科学家，成就了美国一个世纪。所以我觉得科学历来都不是一个单纯的科学问题，它和它所处的社会的环境、人文的环境是密切相关的，所以中国科大"复兴论坛"讲传统文化和中国问题，我觉得确实是非常好的一个选题，当然我讲得可能不是很好，但是我觉得这是值得大家关注的问题。

李政道也曾说过好奇心非常重要，我们搞科学离不开好奇心，道理很简单，只有好奇才能提出问题、解决问题，这就是说不仅仅是一个简单的好奇的问题，实际上你只有对一个事物，对一个现象，对一句话，一个老师对你说的事情，你首先要好奇，老师说得对不对？老师告诉我这事儿是真的假的？然后你听到或者看到一个现象，它是怎么发生的？为什么要发生？在哪里发生？这实际上都是我们好奇的问题。如果缺少好奇心，你就会觉得你看到的事情都是理所当然的，你就不会进一步去深究。科学研究本来就是为了探索新知，我们要创新，所以好奇心事关问题的提出。爱因斯坦还说过：提出一个问题往往比解决一个问题更加重要。因为解决一个问题也许只是数学上或实验上的一个技巧问题，而提出新的问题，从新的角度看问题却需要创造性的想象力，而且标志着科学的真正进步。我觉得爱因斯坦说出了科学研究的真谛，而这个在中国的传统文化里面恰恰是比较缺乏的。

我们从小到大，在学习的过程中，更多的是一种对知识的接受，我们也许做题目的时候会形成不同的答案，但是很多时候是有标准答案的，我们大家很少提出独立的见解，我们的老师往往也喜欢同学们按照老师说的去做。所以，我们进入大学以后，尤其是我们大学毕业进入社会、进入了我们研究的领域之后就不仅仅是解决问题。解决问题相对还是比较容易的，当然也不见得都是很容易，但在我们的传统文化里，往往过于强调记忆和对知识的掌握，而不是一个创新挑战和问题的提出，所以我觉得好奇心和提出问题实际上是一对孪生姐妹。好奇心不仅仅适用于科学研究，不管大家以后从事什么、学什么专业，好奇心都是一切创新的源泉。

培根说过"知识是一种快乐，好奇则是知识的萌芽"。刚才给大家讲了，如果没有好奇心就提不出问题，提不出问题就很难在原来的基础上进步。罗素说过，长盛不衰的好奇心以及热烈而不带偏见的探索，使古希腊人在历史上获得了独一无二的地位。约翰逊也说：好奇心是智慧富有活力的最持久、最可靠的特征之一。所以，好奇心确实是非常重要的，不仅是对于科学研究，实际上对于我们人类的一切活动，好奇心是一个最基本的元素。由于好奇心获得的重大科学发现或者发明的例子很多很多，我只举一个例子，就是从电报机到电话的发明。这个电报的发明者摩尔斯，他本身不是学电的，我了解的情况就是说他是在一次游船上，看到有人在展示实体电磁体的功能，通电以后磁场会加强，所以当时很好奇地问了展示者一个问题，他说：电传播的速度有多快？人家说很快，所以就这样一个好奇和疑问，留在他脑海里面。他本来是一个画家，很喜欢画画，从此以后呢，他去琢磨电学，那么经过了十多年自学的努力，最终发明了电报。他利用电流一断一停一动这样的一个功能，发明了电报机和电码。当然有了电报机才有了后来的电码。而发明电话的人也不是这个领域的专家，更不是大学专业出身的，实际上是一个研究聋哑语的老师叫贝尔，大家都知道贝尔实验室吧。他在电报的基础上琢磨怎么样才能把我们声音转换为电码然后传递给对方。贝尔首先有这样的一个好奇心，他就觉得能不能把这个声音直接传递过去。其次呢，贝尔有一定知识的基础，因为他是研究聋哑语的，对声音的产生有一定的了解或者说有一定的研究，他觉得声音是通过声带的颤动而发出，就从电报基础上联想到能不能在这个基础上发明电话。所以我觉得贝尔发明电话首先还是有一定的专业基础，不是其他人都能发明的。其他人肯定也很好奇，贝尔有一定的基础，然后他以强烈的好奇心，一种使命感，也经过了努力，后来又专门去学电工，最后终于发明了电话。从电报到电话发明的过程，你就会发现好奇心在伟大的发明中起到重要的推动作用。当然在这个推动力的基础上，需要大家认真学习，努力地学习专业知识是必不可少的。我们的聪明程度不亚于西方，但是为什么中国最近几百年很多方面落后了，到今天我觉得我们依然还是落后的。大家看到国家的GDP感觉很了不起，实际上在文明和整个科技各个方面，我们还是落后很多，这种落后很大程度上是受历史因素的影响，但是文化的因素实际上也起到一个主导的作用。

我还想举一个例子，跟我的专业有点关系。达尔文，大家都知道是进化论的鼻祖。我们做古生物、进化生物学研究的，实际上吃的都是达尔文的饭，没有达尔文，我们现在就没饭吃。可能很多人觉得他是生物学家，实际上他是一个知识非常渊博的人，他是生物学家，也是著名的地质学家、博物学家。可能同学们不太了解，他怎么又变成地质学家了？实际上达尔文不仅是地质学家，而且是一位很优秀的地质学家。因为达尔文时期，现代科学划分为很多分支，包括地质学、生物学，实际上是刚刚开始形成，达尔文赶上了这个时期。最重要的一点我觉得达尔文是一位对科学、对自然充满好奇心的人。他的父亲一开始是让他学医的，但他对学医不感兴趣，面对解剖吓得要死，动手能力也不是很强，因为每个人不可能是万能的，所以他经常逃课跑出去看动物，去采集矿物的标本，达尔文的好奇心得到了满足。短暂的好奇心我们每个人都有，能保持长期、持续的好奇心，然后创造条件满足你的好奇心，去探索，对成就一个人的事业是非常重要的。达尔文后来经过叔叔的帮忙有了机会搭乘"贝尔格"号航行世界，在这个船上他学到了很多知识,同时他的老师里面有生物学家,也有地质学家。他自己曾坦言说《物种起源》这本书里面有一半的思想是来自于地质学家。赖尔是英国的地质学之父,大家知道英国地质学之父也是世界地质学之父,因为当时的地质学是在英国诞生的,所以有人把达尔文也称作19世纪的比尔·盖茨,因为他是大学没上完,即从事自己喜欢的一个专业,并取得很大成就的人,我非常佩服达尔文的毅力,因为看了他的这本书,有些思想也许不是达尔文首先提出来的,但达尔文通过非常翔实的资料、严密的推理,通过他这本书,让大家接受了生物进化这样一个学说,所以没有他渊博的知识是不可能达成的,而渊博的知识,首先来自于强烈的好奇心。

但是有一点我觉得有点讽刺意味,达尔文是一个纯粹爱好科学的人,得出了生命自然选择和生物进化这样一个伟大理论,这个学说传到中国的时候就变味了。龙漫远教授是芝加哥大学一位著名的进化生物学家,他曾经在一篇文章里面说过:原本是一种科学理论的演化论(进化论),从19世纪末20世纪初开始化身为中国人救亡图存的指导思想和政治口号。大家都知道了,我们中国人都相信进化论,但是实际上我相信我们很多人对进化论其实都不太懂。进化论本来是一门自然科学,但很遗憾的是我们最早引进的是社会达尔文主义,就是把自然科学简简单单地用到社会学的领域里,这是不一样的。我们的先贤们想借助达尔文的学说唤醒民众当然是有意义的,但是很遗憾,经过了这么多年中国老百姓对达尔文的了解实际上是片面的,我们知道的就是"适者生存",但是"适者"生存并不全面。我们听说的更多的是生存竞争,弱国无外交,但是这和达尔文的进化学说不是一回事。从这个例子就可以看出来,中国文化里面存在一定的功利性因素。看到国外一个学说,我们只是片面地采用了其中一部分我们认为是对我们有利的东西。

好奇心的例子很多,我再讲一个例子,就是上个月我们《中国科学:地球科学》的编委会在兰州开了一个会议,其中有一个论坛,请来不同专业的学者来介绍克拉福德奖(Crafoord Prize)地球科学奖获得者的获奖经历。大家都知道诺贝尔奖,知道它授予化学、生理学或医学、物理学等领域,还有和平奖、经济学奖和文学奖。但是从事地球科学、数学、天文和其他生物学的很多人是得不到这个奖的，很多学科不是诺贝尔奖的范畴，因而瑞典皇家科学院后来设立了一个新的奖项，就是专门奖励诺贝尔奖几个科学领域之外的学科，每隔几年，地球科学领域才会有一个获奖者，所以这些获奖者实际和诺贝尔奖是一个层次的，但是我们国内宣传很少，大家并不清楚。我们开了一天的会，就是请每一个人去介绍一个伟大的地球科学家，他为什么会获得这个奖？他们的成长经历是怎样的？

从这十多位伟大的地球科学家的经历来看，我们与会的人得到一个结论：好奇心是他们的共性特征。当然每个人有自己的个性，有的人善于团队合作，有人喜欢单枪匹马，但是这些学者对于科学研究都有好奇心。开始说了我今天的报告题目叫"我们的好奇心都去哪儿了"，简单地说就是我们缺少好奇心。在与外国人的交往中我们发现他们的好奇心确实比我们强、知识面比我们宽，我们在思维和思考方式方面确实有些差距，所以我才想到说说我们好奇心去哪儿了。

我发现一个有趣的现象，我们在很小的时候往往这个好奇心会强烈一点，但是我们长大了，我们所谓成熟以后好奇心就会减弱一点。所以有了"童言无忌"的说法，什么意思呢？就是小孩嘛大家觉得说错话没关系，你们长大了怎么会还这么说呢？为什么从小到大会出现这样一种个性的差异？我想到的唯一的解释就是受我们的文化影响，教育和社会环境对一个人的成长是有很大关系的。我找了一些词，比如说刨根问底、求知若渴、天真无邪、喜闻乐见、打破砂锅问到底等，大部分好像是形容小孩的，或者说我们的孩子们更多具备这样一些优点，但是用这些词来形容一个大人，大家可能觉得比较奇怪，或者是很少说的，所以我们小时候肯定也有很多好奇的问题。我小时候比较好奇地球为什么是圆的？我们生活在地球的上面会不会掉下去？其实我们小时候哪能懂得地球重力的问题，小时候会好奇月亮究竟有多大？

讲到我们的传统文化，大家经常会看到大量歌颂传统文化的文章，但是我觉得有些人是在利用这样一种继承传统文化的借口来否定外来的东西，掩盖我们传统文化中的问题。

我记得今年年初的全国政协会议上，一名无党派人士的发言就是关于传统文化的，主题是要区分传统文化中的精华和糟粕，就是说我们不要笼统地认为什么都要继承。我这里面列举的都是我觉得不好的，好的我就不说了，大家都知道

我们中国人谦虚，我们的家庭和睦，我觉得这是中华民族尊老爱幼的优良美德，还有和谐等，这些确实是我们传统文化的精华。但是我们传统文化里面有很多因素，是阻碍科学的诞生、科学发展的，当前可能也是阻碍中国的创新的。这些问题如果我们不把它提出来我觉得实际是不利的。譬如说，中国人性格是很含蓄的，同时也是很保守的。我们中国人为什么非常迷信等级，这种等级的身份不是天生就有的，而是后天强加的。中国人受到2000多年封建专制的影响，注重等级和礼仪，以此来维护封建专制，那个时候的教育自然是不希望大家来质疑权威，不希望大家有冒险的精神，采用的是"愚民政策"，文化无非是一个历史、政治、社会各方面综合的一个结果，我们可以从多个方面找原因。

传统文化中，中国人还有一个特点，就是特别顾面子，要面子没问题，懂得廉耻是好事，但是有时候不愿意承认错误就有点过分地要面子了。还有我们有时候过于讲情义，从《三国演义》的桃园三结义中就可以看出，中国人注重义气，但过分地宣传这种"义气"，实际上是和现代的法治精神相违背的。

很多封建的残余一直遗留到现在，比如说人情关系、走后门、行贿、受贿等，我觉得都和两千多年的封建社会影响有关系。封建的专制文化体系里是不鼓励好奇的，不鼓励好奇当然就不鼓励探险，也就不鼓励创新。孔子说：君子欲讷于言而敏于行，提倡少说多做。但西方不是这样的，人的语言反映了你的思维习惯，不仅要善于行动，更要善于表达。我们做研究的，把研究做完了还要发表论文，我们要参加学术会议。我们很多中国学生到了西方以后感受到的第一个文化冲击就是说我们太谦虚，我们不善于表达出来。到了西方以后，要学会表达，要善于让更多的人了解我们自己的成果，在与同行的交流、争论中获得新的想法。我们有时候会碍于面子，很难做到像老外一样，直截了当地提出问题和观点，会通过很多含蓄的方式表达出来。

我年轻的时候，当时有几个国外学者在Nature上发了文章把一个恐龙化石说成是一只鸟，后来我就写文章去反驳，当时还觉得挺自豪。文章发表在国外的一个专业刊物上，这是我第一次在国外刊物上发表文章，现在想想觉得还是有趣，第一篇文章便是和别人吵架，但我们后来都成了好朋友，这几个老外每次来中国的时候都要到我这里坐一坐。在这个过程中也认识到中西方文化的差异，只要你是认真做科研，这些老外会更加欣赏你，觉得你是一个有想法的人。通过这样一个例子，我就更加确信，要获得西方人的尊敬，就不要畏首畏尾，要敢于质疑。

刚刚和大家说过我是一名全国政协委员，所以我们会经常交提案。今年我交的一个提案是和交通有关的，我发现行人和车辆右拐总是存在矛盾，行人过十字路口时很少有右拐的车辆给行人让行，这是明显不符合交通规则的，但是没有处罚措施。为什么要说这个问题，因为我觉得中国人有时候过于讲人情，我们受到传统文化中某些旧有观念的影响，骨子里觉得开车的都是有钱的，所以行人应该避让一点，就像古代看到官员的车要肃静一样。在中国传统文化中好奇心、探索欲、创造力、新鲜事物等词汇往往不是正面的，它和另外一些词汇紧密相连，即不安分、破坏性、颠覆。我们提倡沉默是金、闷声发大财、只可意会不可言传、言多必失、祸从口出。确实我国历史上有很多因言获罪的案例，所以说要有好奇心，提出问题，说出真相，是需要一个开明、民主的环境的。

二、如果没有好奇心会有什么结果？

没有好奇心，知识面就会越来越狭窄，有了好奇心才会去钻研，才会学到更多的知识。好奇心的对立面就是冷漠，好像什么都事不关己，这也从另一个层面导致了公德的缺失。老人倒在地上我好奇了，好心去帮忙，然后就倒霉了，所以导致了"事不关己，高高挂起"、"多一事不如少一事"。

还有一个问题，杨振宁先生说中国文化是一种抽象的分类、归纳，并达到"理"，缺少自然哲学与逻辑推理，而现代科学讲究的是逻辑的推演和归纳，所以这一点导致了我们的落后，这也是东西方哲学的差异。西方哲学是一种很严谨的逻辑推理，而在传统的中国没有。中国人相信权威，相信媒体，相信祖上的东西，封建思想认为祖制不可变。还有一种就是随大流、从众心理，而不是以逻辑思维进行分析，我们往往被一些不合逻辑的因素所左右。

清朝时期的传教士史密斯就曾从一个旁观者的角度写了当时中国人的缺点和优点，当然更多的是缺点，比如说没有时间观念和精确意识，不遵守时间，喜欢说大概的数字，不精准，还有缺少公德心、好面子、猜疑心重、缺少诚信等。这些问题到现代社会来看也没有完全改正过来。我们的公众最大的问题就是缺少

独立思考的能力，经过书、广播、电视等媒体的宣传，我们就觉得某个人是个权威、专家。专家也是某个领域的专家，换个领域或许还没有普通大众了解，但由于大众通常迷信权威，因而认为他说的都是正确的。

还有中国文化为什么这么讲究功利？有人说是中国贫穷文化导致的。有人做过统计，公元前300年到1911年，中国历史上发生了比较大一点的旱灾1352次，水灾1621次，当然还有其他天灾人祸，王朝的更迭，战争等，所以总体上来说太平的时间不多，很多时候老百姓是很辛苦的，是贫穷的，因而养成了吃苦耐劳的性格，特别讲究实际，讲究学以致用，学的东西没用就不要学了。比如说这个东西能当饭吃吗？我们打招呼也是问别人吃过了没。同样有人说祖先崇拜才是中华民族真正的宗教，由于过分的崇拜祖先，我们缺少了面向未来的精神。我们经常说孔子曰、孟子曰，喜欢引经据典，但是那个时候的言论现在真的对吗？功利性或许也是中国为什么没有产生现代科学的原因之一。

美国物理学会第一任主席、美国著名的物理学家 Henry Augustus Rowland 1883 年写过一篇为科学呼吁呐喊的文章："如果我们只注重科学的应用必定会阻止它的发展，那么要不了多久我们就会退化成像中国人那样几代人在科学上没有进展。因为他们只满足于科学的利益，而根本不去探求其中的原理。这些原理就构成了纯粹科学，或者叫基础科学。中国人知道研究火药的应用，如果他们用正确的方法探索其特殊应用的原理，他们就会在获得众多应用的同时发展出化学，甚至物理学。因为只满足于火药能爆炸的功能，而没有寻根问底，中国人已经远远落后于世界的进步，以至于我们现在将这个所有民族中最古老、人口最多的民族称为'野蛮人'。"这段话大家听着很刺耳，虽然是1883年的言论，但我们的功利心并没有因为时代的进步而显著地消逝。

说到中国的传统文化还不得不提到科举制，科举制度扼杀了人们对自然规律的探索，把人的思想固定在古书和名利上面，学而优则仕成为人们的追求，最显著的便是明朝开始八股文的兴盛。

从这些历史中走出来，我们再来看看当下的现实，某种程度上我们的评价体系有功利性因素，学习目标也有些功利，同样我们的科学也是被要求冲击各种奖项，科学管理过分行政化等。

可见，我们的好奇心会受到文化和许多现实因素的制约，但要从事科学的事业，我们需要保持自身纯净的心态，不要过于功利。曾任哈佛大学校长的陆登庭说："如果没有好奇心和纯粹的求知欲为动力，就不可能产生那些对人类和社会具有巨大价值的发明创造。"这句话告诉我们，好奇心是我们的学习和科研不断前进的动力。好奇心是人类的天性，对自己所不了解的事物觉得新奇而感兴趣，充满新鲜感，是个体寻求知识的动力，好奇心是创造性人才的重要特征已是不争的事实！此外，好奇心和你的知识积累也是有一定的关系的，为什么是贝尔？为什么是研究聋哑语的老师发明了电话？这也启示我们不光要好奇，更要注重知识的积累，拓宽自己的知识面。

最后，陈寅恪先生提出独立之精神、自由之思想，我认为这应该成为大学学习的精神。同学们进入大学后要有自己独立的思想，我认识的中国科大老师很多都是很有独立思想的。希望大家在中国科大的良好氛围里都能永葆好奇心！

韩启德　　中国科学院院士

北京大学前沿交叉学科研究院院长

1945年7月生于上海,浙江慈溪人。中国科学院院士,发展中国家科学院院士,美国医学科学院外籍院士。1968年毕业于上海第一医学院医学系,在陕西临潼多所医院任临床医师。1982年获西安医学院病理生理学专业硕士学位。1985年赴美国埃默里大学药理系进修,后在北京医科大学(北京大学医学部)从事教学科研工作。长期以来从事分子药理学与心血管基础研究,在α1肾上腺受体(α1-AR)亚型研究领域获重要成果,1987年在国际上首先证实α1-AR包含亚型,后系统研究α1-AR亚型在心血管的分布、功能意义以及病理生理改变。

曾任北京大学常务副校长兼研究生院院长、医学部主任,第十、十一届全国人大常委会副委员长,欧美同学会·中国留学人员联谊会会长,中国科学技术协会主席,九三学社第十一至第十三届中央委员会主席,政协第十二届全国委员会副主席。现任中国科学技术协会名誉主席,北京大学前沿交叉学科研究院院长。

科学第一课

医学不仅是科学

昨天，我参加了中国科学技术大学生命科学与医学院的成立仪式。在我印象中，中国科大是一所特别好的大学，这个"特别好"有两重含义：一重是Extremely Good，指整体出类拔萃；另一重是Excellent Specially，指在某些特别的方面非常出色。建校至今，中国科大孕育了优秀的学校文化，它不求全，但专攻的学科都做到行内拔尖，培养出了一大批优秀人才，产生了一批世界领先的科研成果。昨天上午，我应邀担任生命科学与医学院顾问委员会主任，自此心里对中国科大也有了一份责任。今天，我来作这个报告，也感到特别高兴。这个"特别高兴"同样有两重含义：一重是Extremely Happy，这是我第一次来中国科大作报告，感到十分荣幸；另一重是Happy Specially，我没有想到，赶在平安夜的报告还能迎来这么多听众，也为大家的积极踊跃而感动。

今天报告的题目是"医学不仅是科学"。至今还没有人能够准确定义医学，因为十分困难。按照大众的理解，医学就是了解人体、促进健康的一门学问，包括理论的提出和验证、知识的积累和分类、技术的发明和应用，等等；研究的对象也不限于人体本身，还包括人体对气候、微生物等外界环境的反应，等等。但医学不仅包含这些，下面我会详细作一些解释。

先来看一看医学发展的历程，我总结了一张示意图（图1），按不同时间、不同地域的特点，用四条线分别代表传统医学和现代医学、西方和中国。其中，蓝线是传统医学，红线是现代医学；细线是西方，粗线是中国。在轴心时代，传统医学在东西方几乎同时形成，成为一门系统化的学科。在希腊，以希波克拉底为首的医学探索者，把人体归纳成由血液、黏液、黄胆汁、黑胆汁四种成分组成，成分间的平衡决定着人的健康状况，决定着人体对环境的适应能力；在中

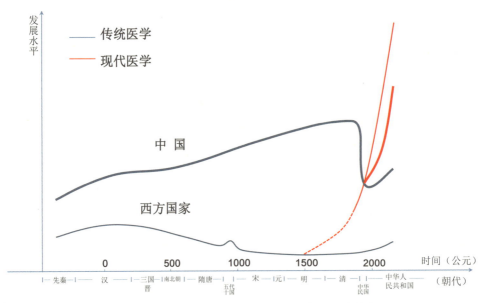

图1 传统医学与现代医学在西方发达国家与中国的盛衰变化

国,先秦时期就已有《黄帝内经》这样的著作,诞生了扁鹊这样的传奇人物,阴阳五行、脏象脉象等经典理论都已出现。在西方,到了罗马时期,盖伦通过继承和发展整体的、注重观察的、符合哲学逻辑的医学理论体系,大大拓展了医学知识和技术;在中国,到了汉朝,"医圣"张仲景完成了传世之作《伤寒杂病论》,华佗用茵陈蒿治疗黄疸,发明麻沸散用于麻醉手术,把传统医学推向高潮。自公元5世纪以后,东西方的医学发展出现分化。西方进入中世纪,传统医学发展受到宗教神学的阻碍,水平一路下滑,仅在9世纪到12世纪的阿拉伯世界有过一次小幅回升,但是总体始终一蹶不振;在中国,传统医学的水平不仅一开始就高于西方,而且一直不断延承和发展,只是到了民国时期,随着现代医学的传入,曾一时否定自身的中医传统,致使发展水平小幅下降。西方一直到15世纪,随着现代科学的出现,现代医学短时间实现跨越式发展,且理论方法完全不同于传统医学。但是,直到19世纪后叶第二次工业革命时,现代医学才真正与医学技术紧密结合,推动面向公众的医疗服务发生根本性的变化。在中国,传统医学下滑的同时,现代医学很快得到接纳,特别是新中国成立后,再到改革开放40年来,现代医学疾速发展,发展速度甚至超过西方,但是总体水平还较落后。这就是传统医学和现代医学发展的历史沿革。

下面，介绍现代医学的三个属性，包括科学属性、人文属性和社会属性。

一、现代医学的科学属性

由于时间限制，我不能全面回顾现代医学的历史，只介绍几个有代表性的时间节点。

1543年，维萨里的《人体的构造与机能》与哥白尼的《天体运行论》同年出版，维萨里的这本著作的面世标志着解剖学发展已日趋完善。17世纪，以哈维为代表，对循环系统的研究既发现人体存在与肺相关的小循环，也证明血液在体内反复循环，动脉和静脉之间是连通的。借助解剖学，针对人体生理功能的大量研究不断取得成果，逐步形成了生理学。18世纪起，人们开始进一步研究患病人体的结构和功能是如何改变的，于是病理学应运而生。莫尔加尼通过解剖尸体研究疾病在相应器官的表现，由此建立器官病理学。随着科学仪器，特别是显微镜的发明以及技术的进步，人们发现器官是由组织组成，且从组织层面能够找到病理原因，组织病理学应运而生。人们再进一步发现，组织是由细胞组成的，病理研究对象因此转向细胞。19世纪，魏尔啸发表《细胞病理学》，认为凡病都要在细胞层面找到形态学依据，奠定了现代细胞病理学的基础。现在，为确诊某些疾病，需切取样本做细胞病理学检查，病理诊断也被认为是临床诊断的金标准。之后，除对人体的结构、功能以及病理变化深入研究外，人们通过培养和观察微生物，还发现了病原微生物和疾病间的具体关系，微生物学得以构建，其代表人物是巴斯德和科赫。接着医学对人体抵抗疾病的机制进行研究，就产生了包括体液免疫、细胞免疫的免疫学，其最主要的应用就是疫苗的发明，从牛痘开始，发展到抗疽疫苗、狂犬病疫苗等繁多种类。医学的另一项突破是遗传学，从孟德尔总结出杂交豌豆性状遗传规律，到摩尔根将果蝇遗传表征与内在染色体变化联系起来，种系传承的奥秘因此得以破解。随着1953年DNA双螺旋结构的发现，以及分子生物学的飞速发展，现在的学者们甚至提出疾病分类要按照基因及其表达的改变、蛋白质的变化来分析，也就产生了精准医学的概念。这就是整个现代医学从整体到分子的发展脉络。

现代医学从16世纪起步，到19世纪后叶，都仅是一门学问，并没有直接应用于治病救人。在西方，尽管生理学、解剖学、病理学、微生物学等医学科学已发展到相当高的理论水平，但在临床方面却没有什么大的变化，治疗疾病仍然依靠传统医学的排汗、放血、通便等手段。到了19世纪，西方也只有汞剂一种药。那时的手术既没用麻醉剂，也没有消毒剂。谁来做手术呢？当然不是Medical Doctor，而是Surgeon。Surgeon现在是指外科医生，那时则是指整骨师或理发师这些手艺匠人，从事完全依靠经验且上不了台面的手工活。反观中国，一直到清朝末期，都有非常发达的传统医学治疗疾病，效果也很好。直到第二次工业革命后，西方现代技术突飞猛进，并很快运用到了医学，首先就是医学影像学的诞生。1895年伦琴发现X射线（X-ray，俗称X光），第二年就拍摄了人体第一张X光片。一个多世纪之后，新技术能够不断加大X光的功率，并且和计算机技术结合，借助三维扫描运算输出立体图像，这就是CT技术。同位素技术也不断发展。C^{14}等进入体内后，血液循环越丰富的地方就会聚集越多，借此观察到癌症病灶。综合同位素、PET和CT等技术的PET-CT，将组织与肿瘤物重叠比对，可以辨识定位病变，即便前列腺里小到直径几毫米的肿块都可以被发现。

现代技术推动医学发展的第二个方面，是药物学和制药业的发展。青霉素的发现是大家耳熟能详的例子。20世纪20年代青霉素被发现，二战时才真正实现工业化生产，但其实30年代磺胺药等已经普遍应用。此后化学合成、生物合成等制药技术和产业发展异常迅速。美国FDA仅2015年就批准了45种一类创新药上市，目前待审批的药物有4000多种。

麻醉和消毒技术的突破，大大减少了病人的痛苦，降低了术后感染的风险，有力推动外科学极其迅速地发展。体外循环技术的发明，使心脏移植手术成为可能。显微外科从我国1963年上海第六人民医院的断手再植手术开始，真正在临床开展实践并快速发展。外科手术以前叫"开刀"，现在也可以是微创"打洞"、替换器官，甚至定制和创造器官。外科手术越做越精细，病人的创伤也越来越小。

医学与工程学的结合，也取得了多方面的重大进展。比如人造器官，心脏瓣膜每天开闭10万多次，一刻也不能停，现在坏了可以换成人工瓣膜。比如透析技术，可以替换受损肾脏在体外过滤血液中的废弃物，进而长期维持生命。比如辅助生育，1978年英国诞生了第一个试管婴儿，10年后北医三院成功做成中国第一例，现在辅助生育技术已从一代发展到四代，应用十分普遍。再比如干细胞技术，现在已经广泛开展临床试验，甚至可能通过人工诱导产生所需要的新器官。

基因编辑使人类可以有意改变遗传特性，是一项能根本改变医学的技术。2017年，基因治疗实验已非常成功地改造了人体T细胞基因，使其精准识别和消灭癌细胞。在实验中，我们也可以改变有关肥胖的基因，但到底要不要把所有的胖子都变成瘦子，其中的伦理问题值得探讨。

虽然现代医学技术在一个世纪里飞速发展，但我们不能盲目乐观。现代医学对人体认识仍然是冰山一角，在疾病面前时常无能为力。例如，传染病曾经是人类健康的最大威胁，现今由于疫苗与抗生素的发展，防治能力大大增强，大家没有以前那么害怕了。但是实际问题远未得到解决。对艾滋病毒、埃博拉病毒、寨卡病毒等，至今仍未破解疫苗防治问题。即使是非常普遍的流感病毒，每年都会有两种抗原组合的新类型流行。手足口病是相对简单的传染病，居然成了我国发病率居首位的传染病。结核病的耐药问题也越来越突出。在疫苗的帮助下，我国乙型肝炎的感染率逐年降低，但丙型和戊型肝炎感染患者不断增加。20世纪上中叶麻疹发病曾非常普遍，在疫苗发明和普遍接种后基本绝迹，现在病毒又出现新的变种，致使该病开始死灰复燃。所以，传染病不断被人类"消灭"，但又不断产生更新更强的变种。2004年至2013年，我国传染病发病率每年净增5.9%，在非洲等一些经济落后的国家，传染病仍然是主要的死亡原因。我们不断发明出新的抗生素，但随之细菌很快产生新的耐药菌种。这是一个难以解决的问题，因为遗传基因只有在换代时才能改变，人类十几年、二十几年换代一次，而细菌只需要几天乃至不到一小时就能实现换代，所以就适应性而言，细菌远比人强大，对抗生素的产生耐受的速度总比人类发明新的抗生素要快。

在传染病之外，慢性病已成为影响人类健康的主要障碍。其中，癌症是大家最害怕的，也恰恰是发病数量增长最快的。现在人们往往认为癌症不是那么不可战胜，很多已可治愈。我认为这是一种很不全面的观点。癌症治愈的原因，更大程度上是源于诊断技术的提高，很多早期癌症因此被发现，但其中大部分本来就是不会发展乃至恶化的。在先前诊断技术落后的情况下，这些病人都没有被查出，随着诊断技术的进步，更多癌症病例被发现，病情的稳定与好转，都会被认为是积极治疗的功劳，其实不过是发现的数量更多了，所以出现很多癌症被治好的表象，但实际上癌症的死亡率并没有降低。对于癌症的发生机制，医学至今还不清楚。

论全球疾病的发病率和死亡率，目前冠心病与脑卒中是最多的，我国每年10万人中平均有272人发病死亡。此外，精神性疾病成为最沉重的社会负担。以前被认为是神经官能症乃至思想问题的人，现在发现是抑郁症患者。自闭症患儿数量快速增加，对家庭和社会带来极大影响。随着人均期望寿命不断增长，老年痴呆患者数量也越来越多。对此类病症虽有药物减轻症状，但是都无法治愈。

为什么医学科学发展和技术进步那么快，人类对那么多疾病却还是无能为力？一个非常重要的原因，是人体自身的复杂性和不确定性。目前，科学研究还是按照传统还原论的模式，缺乏破解复杂系统的有效手段，存在很大局限。

首先，要还原到什么程度还无法看清。从人体、器官、组织，到细胞、分子、原子，还原不断向下层层递进。结构生物学方法的发展，使人们可以借助最先进的冷冻电子显微镜，直观地看到某些重要蛋白质分子里原子的动态变化，但那还是极小一部分。原子下边还有基本粒子，对它们的深入研究还遥遥无期。量子及量子以下是怎么作用的，存不存在暗物质、暗能量呢？从人体神经和内分泌的调节机制看，现在可以从细胞层面看到信号分子传达信息，分子传导中间的信息又是什么呢？信息是物质吗？这些问题还远没有答案。

其次，还原可以越做越细，但分割得越多，丢失的信息也就越多，再回归整体认识就越难，加上人的生命、生活本身具有随机性和偶然性，致使现代科学至今没有建立重建整体状态的方法。分解以后看到的，即使再清楚也不是人体真实的状态。

人类探索宇宙，看到了太阳系，登上了月球，还准备登上火星。但是太阳系之上有银河系，银河系之外还有无数的星系，现在计算出来宇宙有边界，那边界外又是什么？人类对宇宙的了解还是太少。其实人体也相当于宇宙，其中奥妙远远不止于我们已了解的。观察宇宙和观察人体的区别是，当我们仰望浩瀚星空，会赞叹其壮美辽阔，但不用了解多少天文学知识，就可以在地球上生活得不错；如果对待人体还是如此，只满足眼前看到的很少部分，怎么应对疾病呢？这就是医学的困境。在还未了解"宇宙"的情况下，医生就必须对病患做出处置和应对。

此外，实际临床应用中还会碰到循证困境。即使已有循证结论，也是概率性、统计性的。譬如对某种疾病我们研究得非常透彻，发现表现某些症状的人患某病的概率是95%，通过药物治愈的概率是90%，但是若具体到个人的时候，怎么能保证他不是这里的5%和10%呢，靠什么呢？还得靠医生的经验，从整体观察，甚至依靠直觉。所以就像威廉·奥斯勒所说，行医是一种以科学为基础的艺术。我认为这是一个非常好的总结。

医学的发展，还需要更多医学技术前沿领域的交叉研究，特别是对复杂系统的研究，以及更精微程度的研究。至少从目前看来，医学发展要突破现代科学自身的瓶颈，还不能完全依靠实证与量化分析的方法，仍然需要汲取传统医学的有益理念。现在，我隐约看到一束曙光，那是基于互联网和大数据基础上的人工智能技术，可以大大增强医学对还原性研究结果的综合能力，也使大量经验性观察的结果得到最快最全面地收集、评判和应用，为传统医学和现代医学的结合提供了一个可行路径。在现代科学研究模式存在局限的情况下，新的技术工具有望重拾传统医学的整体观和经验性方法，重塑现代医学甚至产生新的医学。

这些正是医学的科学属性。

二、现代医学的人文属性

医学的人文属性，主要体现在三个方面。

第一，医学的价值既有客观标准，又有主观标准。客观上，现代医学飞速发展，已经大大延长了人均期望寿命，显著提升了人们的生活质量，对生产力、经济和社会发展也产生了巨大的推动作用。但主观价值判断与客观价值判断并不平行。随着经济社会的快速发展和医学技术的飞速进步，人们对医学的期望越来越高，主观标准发生很大的改变。就像罗伊·波特在《剑桥医学史》中的总结："在西方世界，人们从来没有活得那么久，活得那么健康，医学也从来没有这么成就斐然。然而矛盾的是，医学也从来没有像今天这样招致人们强烈的怀疑和不满。"不是吗？现在对医学的不满情绪，竟然比两百多年前靠排汗、放血的落后时代强烈得多。这就是医学的人文因素带来的。

第二，医学既需要治疗疾病又需要照护心灵。心理因素在健康中发挥着非常重要的作用。统计研究表明，50%的癌症病人有抑郁性心理障碍，解决得好与不好关系到预后。做检查时，如果发现肺部阴影等可疑病兆，哪怕医生说只有1%的可能是肺癌时，普通人会如何应对呢？很多会选择切除求得心安，却很少考虑开刀可能带来的副作用。因为不治疗很可能死亡，但治疗的副作用也会带来痛苦。在医疗过程中，对病人给予心理关怀是非常重要的。例如，近年来不孕症患者越来越多，其中一些人的检查结果完全正常，当大夫告知他们生理上没问题后，很多"病人"回去很快就怀孕了，因为解决了心理问题。说到底，人为什么如此恐惧疾病？一是怕死，二是怕痛。但如果看透了死亡，又有办法免除疼痛，那还有什么好顾虑呢？所以，医学肯定实现不了长生不死，但一定要减少人的痛苦。安抚痛苦是一种人文关怀，但目前对现代技术的过分依靠和盲从，以及技术至上观念的影响，让医生忽略了倾听和安慰，拉大了医生与患者之间的心理距离，这也是人们对医学不满意的很重要因素。

第三，医学是有边界的。目前，医学已被赋予了过度的使命，存在日趋"生活化"的倾向，如整容、壮阳、植发、变性，等等。以性别倾向为例，现在有研究发现，每个人的性别倾向都会在从0~1的量度中占据不同的位置，处于0.3~0.5时，就很可能被认为是病态，甚至不得不做变性手术。这些生活问题现在也交给医学处理。前不久还有科学家宣称，人类不久后将彻底解决衰老问题。这其实是白日说梦，即使把目标定为彻底征服疾病，也是不符合客观规律的。

现在医学另一个倾向，是把危险当作疾病治疗。最典型的例子就是高血压。前不久，美国心脏协会和其他多家机构联合宣布了高血压诊断的新标准，把收缩压超130毫米汞柱、舒张压超80毫米汞柱的情况称为高血压，把收缩压在120至130毫米汞柱之间的情况叫作血压偏高。尽管新标准没有涉及用药建议，但带来的实际结果是驱使更多人服药。随此标准变化，美国的成年高血压病人比例由32%增长到46%，即全美竟有近一半的人成为高血压病人。有证据显示，高血压导致心脏病、脑卒中发病率大大提高，十年发生风险率升高3倍。把血压降至标准以下，可以降低30%的发生风险率。实证表明，像美国这样的发达国家，在发现、治疗高血压病人方面加大力度，降低血压水平，可以有效地降低心脏病和脑卒中的发病率。因此医学界做出规定，高血压必须要知晓、治疗、控制。在我国，高血压人群十年冠心病和脑卒中发生风险率为5.6%，按降血压可降低30%的发生风险率来算，即可将风险率降至3.9%，其实际意义是，100位高血压者服用降压药物控制血压，十年内减少不到两个患者，但超过98个人的药物是白用的。发病不发病与用药无关，这个方法真可谓"宁可错杀一百，也不漏放一人"。那么血压到底在多少范围内才算是标准呢？去年美国有一项实验的结论是必须降到120毫米汞柱以下。从统计曲线来看，高血压标准当然是越低越好，但还要考察边际效益。2012年有一项实验发现，如果把高血压标准分别提高10毫米汞柱，冠心病和脑卒中的发病人数变化并不大，但可以减少全世界1亿人服药。然而，现在的方向恰是相反，要把标准都降低10毫米汞柱，造成高血压"病人"数量大大增加。我的结论是，高血压只是一种危险因素，但还不够危险，医学还要集中力量去发现更危险的因素，或者在高血压人群中区别出真正危险的亚人群。

我认为，慢病患者越来越多的根源，在于人类的生物进化跟不上文明进步的速度。一方面，人类进化直立至今已经有200多万年，但脊柱仍未完全适应直立状态（所以人到中年以后都会感到腰酸背痛，脊柱出现各种毛病）；智人完成认知革命至今已有7万年，但至今人类的脑容量没有发生多大变化。另一方面，工业文明发展至今才几百年，但人类的生活方式却发生了根本性的变化。几百万年来人类靠天吃饭，忍饥挨饿、耐暑抗冻是常态，所以身体里有很多对应的基因。现在，人类吃饱吃好已基本不是问题，却养成了偏油、偏咸、偏甜的饮食习惯；栖居环境也愈加舒适，冷了有暖气、热了有冷气，几百万年进化而来的基因还来不及适应这样疾速的转变，所以身体进化远远不能适应文明进步，这正是现代慢病快速增长的根本原因。改变现状只有两条路：一是充分享受现代生活的便利，但最后很可能患上慢病；二是适应现代生活的同时改变不良起居方式，比如不要吃太饱、坚持运动等。还有一个非常重要的因素，就是现在人的寿命得到了大大的延长，很多情况下，所获慢病只是自然衰老的表现。因此，大家要放松心态，正视人都会得病、迟早要离去的现实。

总之，人们对现代医学的不满，不是因为她的衰落，而是因为她的昌盛；不是因为她没有作为，而是因为她不知何时为止。人们因成就而生出傲慢和偏见，因无知变得无畏，因恐惧而变得贪婪，常常忘记医学从哪里来、是如何走到今天的，缺乏对医学目的和要到哪里去的人文思考。

三、现代医学的社会属性

现代医学的社会属性是一个非常有争议的问题。说得笼统含糊，大家不会有不同的意见；但说到具体问题，各种观点的争论又会非常激烈。

第一个观点，医学与其他诸多社会因素紧密相关，共同影响健康（图2）。有文献提出，目前医疗服务只能解决8%的健康问题。具体数字也许很难量化，但我可以确定的是，医疗服务在整个健康领域只能解决非常少的问题。疾病的产生，除医疗卫生服务外，还与生活方式、生活环境、社会环境、经济环境、基因遗传等因素联系紧密。新中国刚成立时，人均期望寿命仅为35岁，时至今日已达76岁，同时期医学进步的速度显而易见，也在其中发挥了较大作用，但最根本的原因还是经济的发展、社会的进步、生活的改善，当然还有疾病预防体系的建立。这一点已成为共识，不用费时多讲。

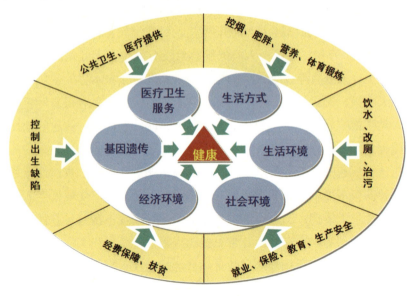

图2　医学与诸多社会因素紧密相关

第二个观点，医学技术发展引发社会伦理问题。由医疗技术发展引发的医疗费用快速增长，超过社会和个人的承受能力。以我国为例，卫生费从1994年的1761亿元增长到2014年的2.5万亿元，增长了20倍，年均增长16.2%，远远超过

GDP的增速。其中，68%源于政府财政支出与社会支出，医院发生的费用占卫生整体费用的62%，多数费用都是花费在了生命终末阶段。

医学技术的发展方向也在影响医疗资源分配、总体效率与社会心理。享受医疗资源的程度，受身份和社会地位影响，加剧了社会不公。比如癌症靶向药物是一项非常先进的技术产品，但价格昂贵使得只有少数人能够享用，这时它所带来的社会问题是我们不得不考虑的。再以药品研发与生产为例。医药工业产值已占部分发达国家GDP的15%，成为支柱产业；我国目前仅占4%，但增长速度非常快，年均增长率达21.8%。新药的研发成本非常高。平均5000~10000种化合物中只有250种能够进入临床前期，其中又只有5种能进入临床试验，最终只有1种能成为上市药品，还不一定能获得市场认可。有研究表明，一项创新药的研发平均耗时10年、耗资10亿美元。相信未来随着技术的发展，药物研发周期会缩短，成本也会降低，但目前为止，成本过高导致新药售价难降。同时，药品销售也产生巨大效益，全球医药企业前十名中有五家企业市值超过1000亿美元，销量最大的药品年销售额在百亿美元以上，未来五年全球的处方药市场还要以6.5%的速度增长。在资本驱使下，性价比不合理的新药以及变相新药大量上市。以降血压药为例，我国21世纪初有一种非常好的抗高血压药物上市，叫北京降压0号，现在一天用量的价格也就是一元多。此后，国外大药厂不断有新降压药上市，价格几倍、十几倍的增长，至今也没有很好的临床研究证明这些药的疗效更好，但现实情况是后者不断挤占前者市场，尤其是三级甲等医院大多用此类新药。原因出在什么地方，背后的社会根源是什么？这些都值得我们推敲。

更值得警惕的是，资本正在浸淫学术。美国医学杂志曾有一项关于幽灵作者的调查——什么叫幽灵作者呢？它是指受药厂委托，在著名刊物上发表预先炮制好的论文，借此影响临床治疗的知名学者。有调查显示，竟有7.8%的医学刊物论文出自幽灵作者。默克制药公司的万络事件曾轰动一时。该药因被发现存在多种心血管副作用而下架，但在上市前曾有数十名幽灵作者收取酬金在权威医学杂志上发表署名为知名学者的论文，随后都被揭发出来。今天，这样的丑闻仍有可能换装重演。当药物临床试验成为产业的时候，背后资本的驱动力也逐渐揭下面纱。所以，医学技术正在沿着用更昂贵的治疗方法，治疗更少数人疾病的方向发展。这就是医学的社会属性。

我认为医学不仅是科学，这并不是排斥科学，而是为了更好地发展科学、利用科学，更好地掌控技术的方向，不忘医学初心。要牢记医学是情感和人性的表达，首要目标是保护人类自身生活和生产能力，根本目的在于维系人类自身的价值。

问答互动环节

Q：请问以后有了人工智能的诊断后，医生这个职业会消亡吗？

A：非常好的问题，也是我现在十分关心的问题。我认为，人工智能可以节约医生很多精力，甚至可以在一定程度上替代一些对技能要求不高的职位。但要完全取代医生，则要面对两个问题。一是医疗人工智能的设计，必然少不了高明医生的投身参与，二是医学不仅仅是科学和技术的集合，也需要情感的表达和维系。大家想一想，是愿意向机器人讲述病情，还是愿意向温情脉脉的医生倾诉感受，是愿意医生用机器人的平调回答，还是根据你的情绪积极回馈？当然，将来人工智能也可能拥有情绪、展现情感，医生因此会部分被代替。然而，人工智能可以接收、探索、分析和积累知识，但不可能拥有人类的直觉、医生的直觉。所以，我觉得从更高层次、更远的视角来看，人工智能代替不了医生，但会不断抬高医生执业的门槛，不断提升医疗服务的水平。

刘庆峰　科大讯飞创始人、董事长
语音及语言信息处理国家工程实验室主任
中国语音产业联盟理事长

1973年2月生,安徽泾县人。1990年考入中国科学技术大学,在校期间在语音合成等领域做出多项关键技术创新;1999年,博士二年级创立科大讯飞;2008年,科大讯飞在深交所上市,成为全国在校大学生创业首家上市公司。中国科学技术大学兼职教授、博导,全国大学生创新创业联盟首任理事长,第十届、十一届、十二届、十三届全国人大代表。

长期坚守"让机器能听会说、能理解会思考"的产业理想,带领团队创建的科大讯飞公司在语音与人工智能核心技术研究和产业化方面都做出了突出成绩。2003年、2011年,科大讯飞两次荣获"国家科学技术进步奖",2005年、2011年两次获得中国信息产业自主创新最高荣誉"信息产业重大技术发明奖"。先后获得全国优秀科技工作者、科技部"十一五"国家科技计划执行突出贡献奖、"中国青年五四奖章"、何梁何利"科学与技术"创新奖等多项荣誉;且2013年和2017年分别当选为第十四届中国经济年度人物、十大经济年度人物。

科学第一课
KEXUE DIYI KE

智能语音与人工智能的今天和我们的创业

亲爱的各位同学，非常高兴见到大家！

看到你们，我就想起当年我们来到中国科大的场景。我刚才到了学校以后，就跑到郭沫若给我们题写的"理实交融"的碑前面看了看，这四个字体现着中国科大的精神，能有幸到中国科大来读书是非常幸福的事情。

最近很多人说，人工智能时代到来了。从科大讯飞的产业发展历程中也可以看出，语音技术和相关产业越来越受到社会关注，可是为什么当年全国那么多高校在做——最典型的，我1990年到中国科大来，1992年王仁华教授就把我们挑选到"人机语音通信实验室"，那个时候不仅中国科大在做，清华、北大也在做，中国科学院其他院所也在做，社科院语言所也在做，当然还有很多其他的大学在做——但为什么只有科大讯飞做出来了？我说最核心的就是因为有中国科大的精神。

所以，每次到学校来我都要看看"理实交融"这个碑，还有那两头牛顶着的地球仪——最早其实叫扭转乾坤，现在科大讯飞把这个雕塑搬过去，我们叫它"顶天立地"，因为学校这边叫"孺子牛"——表现学校的思德精神，但是我们更多看到的是，一种在科大讯飞早期创办的时候，就要在核心高科技领域中代表中国在全世界赢得话语权的精神。

今天我特别高兴有这个机会跟各位同学分享，主要想说说两方面，首先是智能语音和人工智能技术今天到底发展到什么状况，然后跟大家分享一下我们在人工智能时代对于创新创业有哪些体会，最后再留些时间进行交流。在开始之前，我们先看一段新闻联播。（播放语音合成的"新闻联播"：热烈欢迎各位同学参加大一新生"科学与社会"研讨课）

这则新闻充分说明了我们中国科大影响力越来越大，总书记来了可以上新闻联播，大一新生的活动也要上新闻联播。当然这一段不是真新闻，是我们语音技术合成的，机器模仿了主播李瑞英和康辉的声音。其实我们现在的语音合成可以模仿任何人说任何声音。当年总书记来，先看了一段我们的新闻联播，他后来很惊奇地问我们：你叫他们录的啊？我告诉他这是语音合成的，可以模仿任何人说任何话。英文我们也是全世界第一了，科大讯飞的英文语音技术超过了美国和欧洲，印度人说的印地语我们也是全球第一。总书记非常高兴地说了四个字："这个厉害！"所以，后来很多媒体报道用的标题就是，"总书记说，这个厉害"。

No.1 一、浪潮与风口：我们处于什么样的时代

我们言归正传，首先说说人工智能产业的最新进展和趋势。这里想和大家分享一下，当前我们处于什么样的时代。应该说，现在信息产业、网络、各种终端越来越深刻地影响到我们每个人的生活、每一个企业的产业发展以及我们地方政府的行政办公等。而这依赖于整个产业的发展、突破和变革。

我们可以看到，今天属于IT发展的第六次浪潮：第一次是计算机面世，当时我们这样大的一个会场只能装得下一台电脑，那时候是电子管时代；后来到了小型机，我到中国科大读书的时候，还能见到小型机；然后到个人电脑、PC开始面世；继而到了互联网、Internet电脑的时代；现在是以手机为代表的移动互联网时代；再往后，全世界公认的下一个信息产业的浪潮就是万物互联——所有设备都能联网，都能交互，都具备理解和预测并做出相应判断的能力。将来我们的手机可能不再是这样一个完整的形状，可能我们的眼镜、手表、胸针、项链都会变成一个通信终端，各种穿戴式设备无所不在。我们早晨起来直接说："打开窗帘，煮杯咖啡"，窗帘和咖啡机就会自动运作，回到家里之后空调就自动打开，诸如此类还有很多。智能家居时代的到来，包括车载环境下的很多应用构成了我们在万物互联时代的主要特点。在第六次浪潮过程中，有一个非常重要的产业推动力，就是人机交互技术在后台的推动。

2005年之前，全世界最牛的公司就是微软，它的传奇就是把人机交互从字符界面变成了图形界面。乔布斯回归苹果以后把触摸做到了极致，iPhone、iPad最

核心的就是极致的触摸带来全新人机交互体验。再往后发展，万物互联时代有两个特点：第一是越来越多的设备没有屏幕了，第二是越来越多的设备需要在距离我们比较远的情况下进行操作。在万物互联时代没有屏幕、远场或者移动情况下，什么会成为主流呢？回归到我们人跟人交流的根本状况，就是以语音交互为主。在全世界公认的万物互联时代——以语音为主，以键盘、触摸、手势等为辅助的时代正在汹涌澎湃的到来，这是未来3~5年就能看到的大趋势。

在2015年的全球互联网报告——互联网女皇玛丽带着科技界、投资界和产业界做的报告中，花了将近1/3的篇幅介绍人机交互、介绍语音，认为语音技术已经不再是简单的计算技术，而是一个人机交互的入口。每一次工业革命、产业浪潮都会带来终端数十倍以上的提升，也都会随之形成一批伟大的公司。应该说，以语音为入口的人机交互所形成的全新产业将会成为全球的焦点。

第二个大的趋势就是人工智能，大家知道2017年全国两会期间，人工智能首次写入了总理的政府工作报告，"一带一路"国际合作高峰论坛上，习近平总书记专门指出了人工智能产业发展对于整个社会生产、生活方式所带来的巨大的突破和变革。应该说，现在人工智能已经成为最热的话题。

图1

2016年3月15日，AlphaGo战胜著名棋手李世石。10月12日，美国总统办公室发布了两份重要报告：《为人工智能的未来做好准备》和《美国国家人工智能研究与发展战略规划》。2017年5月，AlphaGo战胜围棋天才柯洁。同年7月，国务院印发《新一代人工智能发展规划》，将人工智能上升为国家战略。2018年5月10日，白宫首次召开人工智能专题会（图1），特朗普也强调：发展人工智能,只加油不设限。在我国,2018年人工智能再次被写进政府工作报告。习近平总书记在十九大报告中指出,要贯彻创新发展理念,把发展经济的着力点放在实体经济上,推动互联网、大数据、人工智能和实体经济深度融合。人工智能迎来时代和政策双重机遇,前景广阔。

今天人工智能浪潮到底是个什么样子?其实在1956年达特茅斯会议上,一批顶尖的数学家、物理学家、计算机专家和通信专家已经联合提出了人工智能的概念,他们其中很多人后来都获得了图灵奖、诺贝尔奖,这其中包括信息论的创始人香农、当年最有名的数学家明斯基等,他们共同发起了第一次人工智能会议。在1970年,第一代人工智能神经网络软件已经可以证明《数学原理》这本书上绝大部分的原理。所以在1970年,明斯基就预言,未来十年人工智能的智力水平将达到人类的平均智商水平。正是因为他给出的对未来的展望,便开始了用数学原理证明第一代人工智能能否做这些事情的尝试;也正是因为他才发现了第一代人工智能网络还是有很大缺陷的,主要是它收敛性的缺陷,这导致了第一次人工智能冬天的降临。他在《感知性》这本书中专门写了这些相关的内容,这就是人工智能的第一次浪潮(图2)。

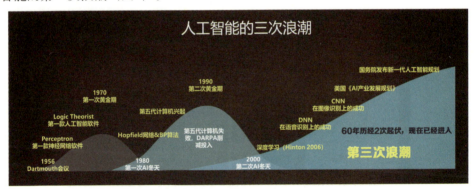

图2

第二次人工智能浪潮是1984年。霍普菲尔德神经网络提出以后,人工智能具备了记忆功能,由此可以用历史等数据来推演未来。人类因此提出了雄心勃勃的第五代计算机计划。第五代计算机计划就是人工智能计算机,随后1990年达到高峰。到了2000年,第二次浪潮又开始破灭,原因还是因为两条:第一是算法的收敛性,第二是后台支撑机器的运算能力不足。

智能语音与人工智能的今天和我们的创业

那么，现在就到了第三次浪潮，很多人问这一次是真正的大潮将至，还是再一次低谷的前奏呢？我今天可以和大家说，第三次大潮已经是实实在在的到来了。这个浪潮究竟会有多高，我们现在还不知道，但是它一定可以在越来越多的领域改变这个世界。我之所以这么说主要是因为：第一是移动互联网的发展使得前端有源源不断的数据可以送达后台供人工智能网络学习和迭代，以前的大数据由于没有互联网实时快速的网络传输，并不能做到实时更新；第二是云计算带来前所未有的计算能力，能够足以支撑各种人工智能网络，使得各种人工智能算法的收敛性得到解决；第三是2006年提出了深度学习的基本方法，后来又做了很多的创新，在中国，科大讯飞第一个将深度学习网络用在语音识别上，讯飞在2011年发布了第一个语音云平台，讯飞在2010年发布了第一个语音云平台，宣告手机语音听写时代的来到；AlphaGo下围棋，其实它的后台也是深度学习算法在围棋方向训练和学习大幅度进步的结果。也就是说，移动互联网、云计算以及人工智能算法本身的突破使得第三次大潮已经到来。现在人工智能如何改变世界，并不是从科普或预言家的角度来判断，而是踏踏实实地回归到数学上，回归到现代计算机和通信网络上，看他们现在可以解决什么问题。

在这三次科技浪潮的过程中大家所提到的人工智能，很多时候业界会把它分成强人工智能和弱人工智能。但汉语本身就是相对比较模糊的，也就是说到底什么是强、什么是弱很难区分。理论上会煮饭的自动电饭锅在50年前也是强人工智能。在今天我们怎么区分呢？

科大讯飞的讯飞研究院在五年前给人工智能做了一个界定，并且得到了业界的广泛认可。我们把人工智能分为三个阶段，第一个阶段是机器运算智能，让机器具备存储运算的能力，我们在《最强大脑》这样的栏目中可以看到，对于人类来说非常惊讶的能力其实对于机器人来说并没有什么困难。就运算智能来说，1997年IBM的"深蓝"战胜国际象棋大师卡斯帕罗夫，当时运算智能是指机器可以把国际象棋的所有可能性全部运算一遍并且做到预先推演，因此只要它运算得足够快，它就可以找到相对最合适的路径，从而战胜人类。

第二个阶段就是感知智能，也就是机器能听会说，能看会认，通过各种传感器可以看到红外线、紫外线，可以察觉超声波、次声波。现在前排同学可以看到，我讲话的时候，旁边的屏幕上可以同步把语音转写成文字——这就是"讯飞听见"技术，这个系统于2015年12月在北京国家会议中心全球首发。在此之前语音转写技术都是人对着机器的，比如对着手机说话，是人和机器的交互模式，而像这样的大会、演讲、报告或者开会时候把语音转成文字，难度会相对大很多，但是讯飞做到了。不仅如此，它还可以对不经过任何训练的人做到95%以上的识别准确率，甚至可以通过后台云计算的海量运算资源所提供的最优算法，在单机条件和保密环境下做到95%以上的准确率，这些目前只有科大讯飞能够做到。在2015年底的科大讯飞的年度发布会上，为了对比它和人类的差距，我们请了5位北京速记公司的优秀速记人员到现场，并且请了公证员做现场公证。在现场我们告诉速记员，如果你们现场转写出来的大会发言文稿准确率能够超过机器，就可以得到10万元奖金；如果超不过机器，只要你是五个人中的第一名，就可以得到5000元奖金。结果不只是我的讲话，包括与会的所有嘉宾演讲内容在内，机器的平均准确率在95%以上，人工转写最高的一个只有80%，最低的都不到60%。像我这样的一个小时的讲话，如果事后我们用人工来记录、把它形成会议纪要大概需要七个小时。外交部部长王毅在各种大会小会中表扬科大讯飞，他说他在亚洲司当司长的时候，要求一次会谈后必须三个小时内给出简报，但是后来发现只要会谈时间超过两个小时他们根本做不到；讯飞听见可以极大提升会议记录的效率，现在外交部也已购买了这套系统，供内部使用。有了讯飞听见，今天晚上报告结束之后，现场工作人员对少数错别字进行修改，三个小时的报告，只要大概5分钟，所有汇报内容都可以梳理出来。我也跟咱们中国科大的书记和校长说，我们会捐一套系统给学校，以后同学们再听课，就不用记笔记了……确实，记笔记一定程度上会干扰对老师板书的理解和思考。

此外你只要点击转写过的文字，对应的录音和录像就全部出来了。如果拿录音笔或者用手机录音，基本上99%的人录完了都不会再听，因为找到关键位置很麻烦。用听见就不一样了，录完后，同样的文字就可以显示出来。目前，这套系统在中宣部、最高人民法院、最高人民检察院、安徽省政府，以及2017年和2018年全国两会、政府工作报告网络直播等重要部门和场合进行了广泛应用。2017年5月举行的2017中国国际大数据产业博览会开幕式上，该系统提供了全程中英文双语实时转写字幕，这是全球范围内首次在国际大型会议上启用中英文双语实时转写字幕。

"讯飞听见"为什么叫听见,就是所有原来只可以听的内容,现在用眼睛都可以看见。半小时的新闻联播只要3分钟就可以看完,你可能只感兴趣中间那一段,比如关于新闻联播播中国科大新生的这一段,点进去看那十秒就可以了。所以它可以极大地提升我们的现场效果,这叫感知智能,把语音直接变成文字。但其实这里面已经具备了一部分的自然语言理解。大家可以看到,转写是先出一个快速的结果,等它发现一句话讲完之后会自动进行修订,修订正确率是90%以上。总体来说,它就是基于对整个篇章和句子的理解来修订,这是第二个阶段,感知智能,也就是让机器能听会说、能看会认。

第三个阶段是认知智能,就是让机器具备能理解、会思考的能力,具备推理学习相关逻辑和知识的综合表达能力,这是人工智能的下一个阶段。大家都知道AlphaGo下围棋超过李世石、柯洁等顶级棋手,这是认知智能中非常重要的应用。它跟"深蓝"下国际象棋最大的不同是什么呢?围棋是千古无重局,AlphaGo学习了三千万盘对弈以后获得了围棋的基本规律,当一些新的局面出现的时候,它可以自动判断,然后通过决策网络给出判断结果,对一些未见到过的对弈,机器可以给出比人更好的决策,这就是现在认知智能给我们带来的惊喜。这个方法谷歌用在了围棋上,我们已经把它用在很多其他的领域,人工智能计算在后台都是相通的。

二、突破与进展:让机器能听会说、能理解会思考

下面我们就来具体介绍当前人工智能技术到底发展到什么程度。

首先,关于语音技术,万物互联时代人机交互是最主要的形式,也是人工智能非常重要的承前启后的技术。语音交互技术主要包括语音合成——我们刚才看到的模仿中央电视台新闻联播主播的声音就是语音合成的,机器可以合成任何声音。

第二是语音识别。现在我们一听口音就知道是刘庆峰在讲话还是其他人在讲话,这就是声纹识别,这对国家安全利益非常重要,原来我们国家有指纹库和DNA库,但是这两个库中的数据都是接触式的,只有声音,声纹是非接触式的,并且在这个领域西方一直对我们是禁运的。2008年,科大讯飞在公安部组织的测试中获得全球第一名,公安部门也在科大讯飞建立了公安部有史以来第一个

体系外的部级重点实验室，现在这个成果已经大规模使用，也得到了习近平总书记的高度赞扬，获得了军队科技进步一等奖。

还有语种识别，一听语音就知道是英语还是汉语，知道是安徽人、湖南人、广东人……这两个结合起来，就相当于给机器装了一个人工的耳朵。G20会议期间，如果有大量敏感地区的人在西湖周围集聚，那公安局就要提前派驻，它可以做到自动判断，这一点非常有用。

第三就是自然语言理解，我们有了嘴巴——语音合成，有了耳朵——语音识别，还需要可以思维的大脑，就是自然语言理解。这三者合在一起就可以形成人和机器之间的能听会说，这个技术发展到什么程度了呢？

在1998年我代表中国科大参加国家"863"比赛——语音核心技术比赛。那个时候国际组织和国家"863"专家组对语音合成的效果会定期评测，5分是满分——代表中央广播电台播音员的水平，4分是普通人说话的水平，但是要说得很标准很流畅。1998年，中国科大建立的语音合成系统在业界引起了很大轰动，是因为那个时候我们达到了3分的门槛，而今天我们已经把中文做到了4.5分，这是全世界唯一超过普通人说话的语音合成技术。

说到讯飞创业，为什么说扭转乾坤那两头牛我们特别有感觉？因为创业的时候中国语音市场全部是由国际巨头控制，微软中国研究院——现在已经升格为亚洲研究院，李开复就是这个研究院的第一任院长，是做语音的专家。他三年前参加科大讯飞的发布会，说终于看到了语音识别的希望，他认为三大难题讯飞已经解决了两个，第三个正在入场。我们的团队当年甚至是微软第一批想要吸引过去的人。微软、IBM在1997年就推出了风靡一时的语音识别软件，还有英特尔、摩托罗拉、东芝和松下等。

1999年之前中国语音市场全部由外企供给，像中国科大、清华大学、中国科学院和中国社科院相关专业的优秀毕业生几乎无一例外全部出国或者到外企。王仁华教授是中国科大第一个动员研究生参加学术研究的，也是第一个让本科生进入实验室的。当我还是大学生的时候，实验室的师兄，好多当年都是省状元和全省前三名的，毕业之后全部出国。语音是文化的基础和民族的象征，所以这个时候很多人说中国被人掐住了咽喉。

1999年我们创业——六名中国科大的在校学生提出豪言，说中文语音技术必须由中国人做到全球第一，中文语音产业必须掌握在自己人手中。现在我很高兴地告诉大家，到2018年科大讯飞已经19岁，我们已经抢回中文主流市场70%的份额。这个中文主流市场包括公安、教育、金融、电信等，其中70%的收入拿了回来。但是科大讯飞敢于叫科大-讯飞，是因为我们在创业第一天的目标就不仅仅是中国。1999年我们定了两个目标：第一，要做产业领导者，我们成为No.1，中国科大人创业一定要做行业领袖；第二，100亿是未来最起码的目标。画了这两个圈后我们说，科大讯飞要成为全球最大的中文语音技术提供商，未来将是全球最出色的多语种技术提供商。虽然我们今天不断拓展，从智能语音到人工智能，但大目标、大方向十九年来一天都没变过。

我们从2003年起就开始做英文语音技术。2006年，科大讯飞第一次代表大中华区参加国际语音合成大赛——暴风雪竞赛，这个比赛是美国卡内基梅隆大学主牵头，日本、欧洲联合发起的，2006年第一次有大中华区的队伍参加比赛，我们第一次参赛就成为最大的黑马，囊括了第一名。

那一次结果出来以后，美国语音界非常震动。2007年再比赛时，所有人都盯着科大讯飞，当时的中国科学院院长路甬祥到科大讯飞来时，原话说："今年你们能拿全球前三名就是中国的胜利，就是中国科学院的胜利。"我很高兴地告诉大家，从2007年一直到2013年，我们连续七年都是全球第一！

不过大家想问，为什么是到2013年，后面是不是就不行了？其实2014年、2015年国际组织说我们不比赛英语了，因为讯飞已经做得很好了，我们比印度人说的印地语。2014年大家都以为应该是印度的研发机构会获得全球第一，但是我很高兴地告诉大家，2014年、2015年继续是科大讯飞全球第一名。

再到2015年，暴风雪竞赛又回归比赛英语，但是要比小说风格的英语。这个比赛怎么做的呢？由播音员录2000到3000句话，所有系统从这些话中训练出一个语音合成系统，可以合成任意文章，然后进行比较。结果2015年、2016年、2017年连续三年的暴风雪竞赛，科大讯飞均获得全球第一。2018年的比赛结果7月刚刚出炉，科大讯飞在全部十个测评项目中获得九项第一，在自然度、相似度等重要指标中显示出较明显的优势。我们可以看下2017年的数据，科大讯飞不仅再次获得全球第一，而且在全世界唯一达到4分，4.8分是美国播音员的水平，4分是科大讯飞，全球第二名只有3.6分（图3）。（英语合成语音演示）

这是机器念出来的，我估计在座各位，比它口语好的不多。

我给大家看这个，是因为这使我们中国的发烧友和语音合成用户很兴奋，说终于有一项全世界都不得不用的技术。2013年APEC会议上的一个贸易和创新国际论坛，科大讯飞被邀请作大会报告，会上我们演示完英语语音合成，很多参会嘉宾都来找我们，说这个英语语音合成比他们读的还要好，这代表了未来国家英语的水平，我们中国用户享受着全世界最好的技术。我们再看一下最近有一个名人是怎么说的。（音视频播放）

图3

奥巴马显然没有为我们站台，这个也是模仿他的声音。我在硅谷的时候不光把它播放给我们中国科大校友听，也播放给那些老外听，他们都以为那段英文是奥巴马说的。现在我们的技术不光可以说英文，同样可以用他的腔调来说中文。还比如导航软件中，林志玲、罗永浩等的声音也是利用我们技术合成的。给大家讲一个真实的故事，我们员工到了台湾给志玲姐姐录了一下午的声音，就有了现在上千万人用的高德导航里林志玲的声音。全国两会期间，我到中央人民广播电台录节目，那个美女主持人说，在这个软件里林志玲录了那么多声音给大家来做导航，我说是我们语音合成的，她大吃一惊；另外一个帅哥主持，说他买了高德导航的软件，当时要一百多块钱，当天下班回到家他没有停车，又开了30多公里，就为了听志玲姐姐给他导航……

这是真实的故事，说明我们已经做得惟妙惟肖。现在全世界范围内模仿各种声音的软件，就属讯飞技术最好，大家有兴趣可以下载一个APP叫"讯飞配音"，现在语音合成已经可以配音了，只是我们现在考虑到安全因素，担心会有社会诈骗出现，所以没把这个技术完全开放出来。但讯飞配音上已经有很多商品和厂家用我们的技术来做配音，甚至越来越多的学校和教育机构开始用在听力资源上，因为原来大部分听力材料都是预先录好的，它需要一些最新的时政新闻，要组合出一套听力卷子很难，现在北京已经有很多学校用我们的语音来合成听力试卷。

以上是关于语音合成的，那么语音识别呢？国际上有一个非常重要的比赛，就是万物互联情况下的语音识别技术。万物互联，没有屏幕，设备离我们几米之外，2015年在谷歌进行的语音识别比赛就是面对这种场景，远距离、噪音、多人讲话场景下的国际比赛。具体分了三个场景，一个就是单麦克风，我今天对着的这个麦克风其实就是一个单麦克风，如果我把嘴巴偏离比较远，识别率就会下降。第二个是双麦克风，可以左右摇头，准确率不受影响。第三是六麦克风，360度几米之外随时随地说话。这三个指标，我们都是全球第一名，而且在六麦克风上大幅刷新了历史纪录。而且比赛的是英语，是在谷歌举行的，我们中国人拿到全球第一。2016年9月科大讯飞再次夺得CHiME-4国际多通道语音分离和识别大赛三项冠军（图4）。

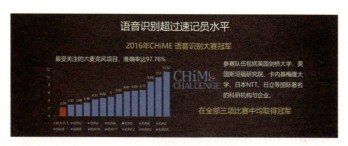

图4

目前，语音识别已经在国家最重要的一些活动中，比如说APEC会议、九三阅兵、G20会议上都成功地使用，也获得了军队科技进步一等奖，就是在国家的关键战略领域也做出了贡献。

近几年，全国两会有一个非常重要的举措，也是我们中国科大对国家的贡献：以前总理作政府工作报告对外都是直接视频直播，但是从来没有过配字幕的，我们看看现在是怎么做的。（现场演示）

大家看，所有文字全部配好了。因为移动互联网下有越来越多的场景或者很多情况下我们不方便听声音，比如有些时候不能干扰别人，还有三千万人听不见声音。现在全世界都没有一个新闻联播可以直接配字幕的,为什么?因为现在字幕都是靠人工录入的,只有预先录好的节目才可以有字幕。可在全国两会上,我们可以直接配上字幕在网上直播出来,对总理的口音我们可以做到99%的准确率,个别细微的地方修改一下能够直接发出去。这个技术对我们整个会议来说有非常大的帮助。

当年习总书记在中国科大先进技术研究院第一站就看了科大讯飞的技术,非常高兴地说"超出预期",后来在咱们东区座谈会结束以后,总书记跟我聊了很长时间,重点就提到了翻译技术——其中一个是面对国家"一带一路"的汉维翻译、汉藏翻译,这些都很有意义。另外,每年我们出国人数已经有1亿多,我们说"中华民族伟大复兴",如果中国14多亿人都不能跟世界自由交流,民族影响力就不可能展现出来,所以翻译技术对国家太重要了。现在国际上定期有比赛,一个是国际口语机器翻译测评大赛IWSLT(图5),一个是由美国国家标准技术研究院组织的叫NIST国际翻译大赛(图6)。在2014年之前的比赛中,汉英翻译都是日本人全球第一,英汉翻译都是美国人第一。那么自2014年以来,科大讯飞改写了这个历史,此后的比赛科大讯飞都是全球第一。

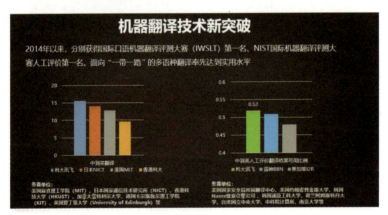

图5

现在这个技术发展到什么程度了呢?大家出国,吃饭、购物、问路、点菜、砍价等日常交流和使用的需求都已经可以实现,并且基本上达到了英语六级的口语水平,未来还将达到英语专业八级水平。

下面重点来讲下这款翻译机,网友都称它为"出国旅游必备神器"。2018年

4月20日讯飞推出新一代人工智能翻译产品讯飞翻译机2.0，可实现中文与33种语言的即时互译，覆盖了出国人群80%以上的语言场景；新增加方言识别功能，咱们说四川话、河南话、东北话、粤语，它都能进行很好地识别和翻译；还支持11种语言的在线拍照翻译，能在离线状态下进行中英、中俄互译，俄罗斯世界杯期间，就有很多朋友带着它前往观赛和旅游。

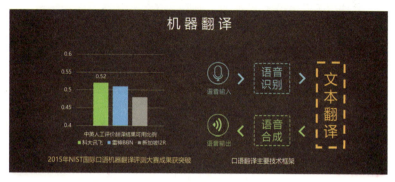

图6

我们的翻译机走进过白金汉宫，现场准确翻译了我和约克公爵安德鲁王子的对话，王子对讯飞翻译机高度肯定。另外，在萨洛尼卡国际博览会举办的活动中，希腊总理阿莱克斯·齐普拉斯莅临讯飞展台，亲自体验了翻译机，当听到翻译机准确、即时地给出翻译的结果后，希腊总理对翻译效果大加赞赏。2018年博鳌亚洲论坛年会上，讯飞翻译机成为官方指定志愿服务翻译机，很多嘉宾都体验并点赞我们的人工智能技术。在2018年7月第七次中国—中东欧国家领导人会晤期间，李克强总理出席"中国—中东欧国家地方合作成果展"，自掏2999元现场购买了讯飞翻译机，以"国礼"相赠保加利亚总理鲍里索夫。

还有一个例子是在参加CES 2018回程的飞机上，我们遇到一位企业家，他见到我就表示感谢，因为他并不熟悉英文，但通过讯飞翻译机他能自如地与外国人进行交流。我2017年在财富全球论坛参加答谢晚宴时，遇到了广药集团董事长李楚源，他说，在向外国人推荐王老吉的时候，都是"左手王老吉，右手翻译机"。而今，我们和国际电信联盟签订战略合作协议，讯飞翻译机也将"服役"联合国。

另外，科大讯飞在图像识别和阅读理解领域等人工智能相关技术领域也取得多项国际赛事的全球第一。2017年科大讯飞分别在医学影像领域权威赛事LUNA评测、自动驾驶领域国际权威评测Cityscapes中刷新世界纪录（图7）。

图7

在认知智能方面，我非常认可微软高级副总裁沈向洋的那句话："真正代表未来人工智能的全球领导者，一定是最先突破了自然语言理解的机构和公司，这样的公司是最权威的。"SQuAD就是一个在国际上具有极高权威度的赛事，在自然语言理解领域无出其右，它由斯坦福大学牵头，谷歌、Facebook、IBM、微软等全球知名机构参加。从去年7月到现在，科大讯飞三次刷新SQuAD全球纪录，并且让机器在给定文稿、阅读后答题的准确率高出一般人，这是非常大的突破。可以说，科大讯飞在人工智能最核心的、被誉为"皇冠上的明珠"的认知计算领域，又取得了令全球瞩目的成果（图8）。

图8

由于时间关系，就不再展开讲解。下面就给大家简单看一下我们典型产品的

演示，讯飞输入法、灵犀语音助手（包括翻译），等等。好，有请我们的工作人员。（工作人员演示典型产品）

各位同学好，首先来介绍下讯飞输入法。请各位同学和我一起来认识一下，在这个界面上我们可以实现手写和拼音的输入，还能实现手写和叠字，比如连写，这几个字叠在一块写，中间没有任何的停顿，这个也是我们业界排名第一技术的体现。讯飞输入法可以实现一分钟输入400个字，可以看到在我们界面上有一个麦克风的标识，它可以语音转文字，也就是把我所说的话转成文字然后展示在这个界面上。（输入法语音识别演示）

我补充说明一下，这个输入法不用做任何口音训练，所有人免费下载使用后准确率大约都是98%以上，现在累计下载量已经有六亿，不仅是下载量领先，也是口碑最好的输入法。不只是普通话，它还支持几十种方言。（讯飞输入法方言识别与汉英互译演示、灵犀语音助手演示）

大家看到的这种翻译有三项关键技术，一个是语音识别，要准确识别，这是第一步，在这个方面讯飞是世界第一。第二是识别文字以后，从文字到文字的翻译，科大讯飞也是全球第一。第三，译出英文或者中文以后再把它读出来，超过4.0分，也就是超过我们的普通人，这也是讯飞独家的技术。所以真正的在国际上实现口语到口语之间的翻译，我们最有机会，这也是为什么"一带一路"国家那么重视，一定要通过科大讯飞来做这样一个多语言的平台，其实在这中间有很大的创业和发展空间。

（灵犀语音助手演示）我们后台有数百万首正版音乐，基本上你想听的音乐，它都能够随时点到。这个输入法和灵犀在各种应用商店都可以免费下载的。（互联网电视助手演示）

这套系统现在三大运营商都要准备作为他们家庭系统的标配，所有主流电视机厂都开始采用我们的方案，而且几百块钱就可以带回家。只要家里有网络，所有电视就都可以看大片，而且还包括了很多儿童益智类玩具的应用。

我们再看看音箱，这就是我说的几米之外可以用语音唤醒的音箱。这款音箱在中国智能音箱的排行榜中，一度销量第一，而且超过第二名到第十名加在一起的总和，我们来简单的感受一下。（叮咚智能音箱演示）

看刚才演示的时候，大家都很兴奋。其实这样一些应用，已经在各个领域不断涌现。下面我就想再跟大家分享一下，为什么我们说以后的手机形状可能变化。我们可以看到，刚才打电话、发短信、听音乐、查航班、看股票等只要说话就行，根本不用看屏幕，可能百分之八九十的场景下只需要有声音就可以了，因为声音是立体式传播的。因此，当偶尔需要看大片的情况再把这种折叠的或者卷曲式的屏幕打开，或者投射到空中去看，这就应该是未来整个移动终端的场景。

刚才讲的智能家居，都是我们无需用手触控的情况下直接用语音来交互。有了人机交互语音技术，我们如何做到进一步认知，能理解会思考到什么程度，给大家再做一下分享。

科大讯飞在人工智能领域，提出人类的认知革命就是让机器具备人类的推理和学习能力，我们在2014年推出讯飞超脑计划，使机器不仅能感知，还能理解和推理（图9）。这其中有两个支撑，一个是语音及语言信息处理国家工程实验室，另一个是类脑智能技术应用国家工程实验室。中国科学院曾由刘伟平书记带队，很多相关院士和专家到科大讯飞来开现场研讨会，因为科学院要给总书记做一个关于人工智能的报告，也确定未来科大讯飞将会作为中国科学院在人工智能产业化方面以企业为主体的产学研合作的主要载体。

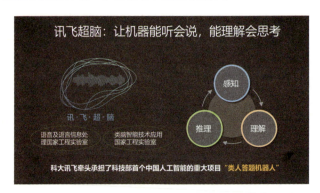

图9

我们提出未来人工智能首先通过人机交互，使得前端源源不断的信息可以送到后台被学习，后台人工智能的能力可以通过这个交互方式不断得到迭代和反馈。就跟人类的认知一样，从语言开始，人机交互以语音和语言为主要方式，其他方式来补充，再加上知识的管理。比如，今天我们的会议通过讯飞听见转写就是典型的知识管理的方向，否则今天讲话几小时的录音都是非结构化的数据，每个人必须从头看到尾,才能找到自己关心的内容,后台知识系统是没法自动学习和训练的。而通过人工智能把各类原来没法进行结构化的信息结构化,就能够自动学习和训练。

另外还有推理和学习。全世界的公司早期是用什么进行表征推理和学习的呢?用图灵测试。它怎么测?比如这是一个机器,我们现在把帘子拉起来,同学们来交流,如果是机器跟你对话,你以为是人,它就通过了图灵测试。但今天图灵测试越来越被认为很难判断人工智能的发展。那么到底怎么评价人工智能?后来国际上人工智能顶尖科学家越来越认可一个非常重要的测试,就是高考。第一因为题目是涉密的,第二高考是选拔行为,所以美国华盛顿大学的图灵中心就在研发这个考试机器人,目标是未来通过美国高中生物考试,能够达到大学的录取要求,这是美国的。日本定了一个比较远的目标,说2021年要让机器人考进东京大学,大家知道东京大学目前在亚洲还是排名第一的,日本高考900分,东京大学录取分数线大概是600分,现在机器差不多能考到300分。他们的主设计师叫新井纪子,曾经专门到讯飞来交流合作。

中国在2014年启动的第一个人工智能重大专项,也是由科大讯飞总牵头的。国内60%与自然语言理解相关的人工智能专家都在这个专项里,我们也做类人答题机器人,希望未来机器首先能考上一本,一百个人考前二十名。大家知道机器考及格很容易,因为记忆能力强,考上三本就不容易了,得比一半人强,考上一本就得超过80%的考生,未来让机器人考上清华、北大、中国科大,就是我们的目标。在这个目标中,机器就得具备推理学习和知识表达能力。

在认知智能常识推理方面,国际上有个非常重要的比赛,被认为是用来代替图灵测试的,就是国际认知智能测试(Winograd Schema Challenge)2016年、2017年科大讯飞连续获得这项比赛全球第一,这充分证明了我们的国际领先地位(图10)。我举个比赛的原题给大家看一下。题目说,爸爸没法举起他的儿子,是因为他很重,请问谁重?机器判断说是儿子重。如果爸爸没法举起他儿子,是因为他很虚弱,请问谁虚弱?答案是爸爸虚弱。这个问题看起来很简单,对吧?科技界和人工智能界有时候把它称作"六龄童测试"。我们知道人类从出生开始到了六岁、七岁应该上小学了,之前我们在社会生活中,自然而然地形成基本的推理和知识能力,对机器来说这是非常难的事情。对人类来说比较痛苦的是上学之后的那些知识记忆的过程，而对机器来说达到六龄童档次的推理能力就是一个重要门槛。

图 10

2015年年底还有一个重要的比赛叫作KBP比赛，测试的一方面是在海量信息中的有效支持和发现。2015年10月13日美国白宫发布了人工智能国家战略，11月15日美国国家标准技术研究院组织了这次比赛。大家可以看到这是其中的一道题目。"美国大选期间，特朗普炮轰杰布·布什，说伊拉克战争就是你哥哥的错。"机器需要自动判断出所有的地名、国家和人名，还要知道"你哥哥"其实指的就是美国前总统乔治·布什。这个比赛是英语、汉语和西班牙语3个语种同时比，科大讯飞是全世界第一名。这些在国际顶尖舞台上的认知成果，真正证明了我们中国人在人工智能领域已经不仅仅是一个科普、科幻或者带有所谓先知角度的感性判断，而是在踏踏实实做理论创新。

我想说的是什么呢？当机器具备了前面的基本推理能力，它就可以在一个又一个的领域学习人类知识；当机器具备了在海量信息中的知识发现能力，我们大量的数据库——无论是我们日常互联网上产生的、还是各行业中的数据，都有可能被使用到人工智能领域，所以推理能力和海量信息的知识发现能力是当前人工智能真正进入使用阶段最重要的两项内容。

三、应用与改变：人工智能究竟如何赋能社会

围绕这些能力的突破，我给大家讲一个最实用的成果——机器自动阅卷。
我刚才讲的高考机器人，在日本，已经在数学物理的选择和填空题上达到了

日本考生的平均水平，但是最难的是什么？是自然语言理解，是阅读理解题。

科大讯飞牵头中国类人答题机器人，研发就集中在这个最难的领域。2015年春节我们做了一件让业界非常惊喜的事情，我们在上海的四、六级考试中心，让机器跟专家比，批改四、六级作文。

一开始四、六级考试中心主任坚决反对，认为机器怎么可能比人改卷子准。后来教育部考试中心的主任说"试一试"；专家组严阵以待，他们联合起来把规则说清楚，然后联合改了500张样卷；改完以后专家组再分别改其他几十万份卷子，机器就从这500份卷子中去学习，只要告诉这个是作文，那个是分数，机器自己找后台的数据，学完以后改剩下的卷子。你们知道结果是什么吗？当机器跟人改的分数不同的时候，把它们挑出来，不告诉到底是机器改的还是人改的，提交人工专家组联合评卷，90%都是机器准确，所以四、六级专家组的组长现在成了讯飞的铁杆粉丝。

后来又有人说，改中国学生的四、六级作文也不代表技术真正顶尖，"有本事能改高考语文作文"。2015年7月我们在江苏省高考语文作文上做了验证，机器照样超过人类专家；年底又在湖南省研究生考试上做了验证。

教育部考试中心还和科大讯飞成立了有史以来第一个联合实验室，因为考试中心是涉密部门，题目要保密，不能让外面去做各种各样的押题，这个实验室专门还给中央领导作了汇报，最后获得同意。教育部说如果没有主观题批改的公平公正性，高考改革就是失败的。那人工智能能做什么？如果不能保证每一次出题题目难易程度的公平性，高考多考一年也会失败。大家知道关于难易程度的公平公正性，托福、GRE和雅思是怎么做吗？它们是埋题。比如做了120道题，只有100题算分，还有20道题是拿来给以前教练做，这在中国是不可能的，所以只能提前用人工智能预测考题的难易程度、匹配程度的公平性。

上面两件事情都是全世界独一无二的难题，都是因为有科大讯飞才有机会把它解决。我们已经取得非常好的成效，所以才和教育部考试中心成立了联合实验室。

这件事情跟AlphaGo下围棋最大的区别在两个方面。围棋学了3000万个棋谱开始跟人类对决，我们很多情况下没有那么多内容，我们学500多张卷子，围棋是规律相对可循的，而作文是开放思维，所以有了技术的突破，就是我刚讲的推理能力和海量知识的信息发现能力，我们就可以在一个又一个的领域让机器学习顶尖的专家知识，从而达到一流专家水平，超过90%普通专业人士。

所以，现在人工智能代替的已经不仅仅是简单重复劳动，它代替了很多复杂脑力劳动，包括博士毕业生才能干的活。你们知道今天在美国，最焦虑的是哪两类人吗？一类是华尔街当年百万美金年薪的基金经理，高盛在纽约的交易所原来是600个交易员，现在有多少人？两个。一类是律师，现在IBM的技术已经在美国前十大律师事务所开始使用，人工智能就是这么迅速地改变这个世界。

2015年我们的年度发布会叫"AI复始，万物更新"，就是说人工智能60周年一甲子又重新开始。2016年我们的发布会叫"人工智能+共创新世界"，因为人工智能已经可以进入一个又一个的行业；2017年发布会的主题是"顶天立地，AI赋能"，意味着我们核心技术坚持"顶天"、产品应用要"立地"，人工智能可以赋能开发者、成就科学家。所以全国两会上我给李克强总理汇报时，我说今天我们原来提的"互联网+"应该升级到"人工智能+"的时代，而人工智能已经不仅仅是个概念，我一开始就跟大家说，到底第三次浪潮起来以后会不会再落下去，关键要从数学和计算机的基本原理看它能解决什么问题。而核心是什么？是应用。现在光有核心技术还不够，人工智能改变世界要有最好的核心技术，还要把最好的专家和行业数据结合起来。谷歌的围棋软件当时收购了英国的实验室，而这个实验室的创始人是英国的棋类天才，他在9岁的时候就是英国整个11岁以下棋类协会的主席了；台湾有一位围棋专家叫王世杰，他懂人工智能又懂围棋，加入这个实验室三年以后机器就开始下围棋；我们的机器改作文也是花了两年时间学习，现在才可以做到。人工智能改变世界不是一个算法就可以，一个算法就好像一个很聪明的小孩子，一定要有著名的数学家、著名的物理学家、著名的医学家教它，它才能成为各个领域的专家。所以核心技术、行业专家和行业大数据这三要素结合起来，才能够真正实现对世界的改变。我们现在提出"人工智能+"，在医疗、教育等领域正在一步步走向我们的生活。

给大家举几个典型例子。一个是人工智能+教育，现在人工智能技术最大的作用，不光是批改语文和英语作文，它还可以自动判断数理化学科中作业、单元考试和毕业会考等题目错在什么地方，分析知识点的薄弱环节。

我想各位同学可能都有经验，在高三很多时候一天的题目刷下来你发现好像都会做。我记得当年高三数学老师跟我们说，如果今天所有题目都会做，你千万别得意，这一天你白过了，因为一点都没进步。我们现在分析出来的两个改善因素，第一方面是老师上课，头天布置的作业，差不多要第二天晚上才能改，第三天才知道学生课上得怎么样；我们预习以后可能很多知识点已经掌握了，老师不用再课上讲了，但他也不知道。用人工智能技术，学生的作业交上去，预习完题目，第二天老师上课就知道哪些内容不用讲，哪些内容要重点给大家复习提醒。

在合肥八中、总理母校举办的观摩研讨会，校长和名师一千多人过来到现场观摩。学校把45分钟一堂课分成三段，前15分钟，老师根据人工智能自动判断全班同学头一天的作业和预习情况，来进行集中讲解；中间15分钟，每一个同学根据我们所给的训练，做的题目都不同，第一道题是一样的，第二题第三题马上就区分开；最后15分钟，人工智能自动告诉老师哪些知识点需要强调。这样老师现在一堂课可以做原来两到三堂课才能做的事情。另外还有蚌埠二中，教育部分管部长到蚌埠二中去考察，学生班主任说用讯飞的人工智能技术，原来45分钟的课现在只要15分钟，后面半小时做拓展训练，因为同学们都会的不用讲，个别人不会的课后通过微课单独讲，不用浪费所有人的时间，这是其一。

其二，每个孩子回到家的作业都不一样。我们做了分析，可能在座的各位都有亲身体会，回家做的作业，50%以上实际是无效重复训练，可是老师不知道你会不会，你也不知道会不会，只有做完了才知道原来我会。现在人工智能可以自动判断，每个同学的作业都不一样，当你会做这个题目而且足够熟练时，就不用再去做了。成绩稍微差一点的同学，如果花一天的时间都做不出来的题目，也不用伤他自尊心，因为会给他提供难度合适的题目。千百年因材施教的话题，因为人工智能的自动判断开始实现。

另外，我还想举个简单例子。以前老师上课，如果二元二次方程做错了，你看十遍可能仍然不理解；但是现在通过人工智能就可以分析，是二元二次方程的概念没掌握，还是一元一次方程都没掌握，也就是说第五层楼出了问题可能是因为第二层楼的基础没有盖牢，那样的话光看第五层楼也是没用的。所以我们觉得人工智能在这方面对中国教育的意义至关重大。

我们的合作学校，比如北师大附中，北京最好的学校之一，通过人工智能辅助教学，一学期语文科目学生的成绩提升了15%。大家知道对于好学生，语文要提高是很难的。黄冈中学用了讯飞的系统以后，通过高一一学年的使用，学生的作业时间下降30%。我们目标是要下降50%，成绩提高的同时课外活动时间提升50%、锻炼的时间提升了50%，身体就好很多，学习兴趣也同步提升，教育部对此非常感兴趣。所以我们跟人大附中签署了战略合作协议，跟北师大附中以及全国的百强校中的68所都开始进行合作，其中很多是当地省份排名第一第二的学校。目前科大讯飞有13000多所合作学校、服务师生8000万，2017年有14位高考各省的第一名为讯飞教育产品的深度用户（图11）；人工智能+教育的产品帮助学生减少32%的学习时间，课外活动时间提升了50%，实现个性化精准教学，所以我觉得这件事情是真正可以实现因材施教梦想的（图12）。

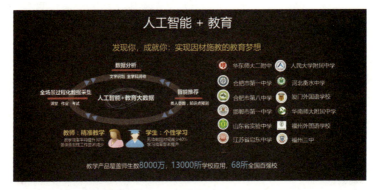

图 11

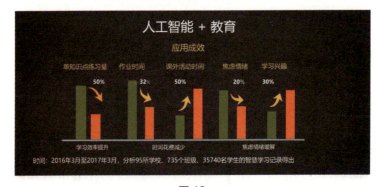

图 12

第二个是医疗。我先给大家举一个在东京大学医学院的例子，因为现在人工智能在医疗中的应用是美国和日本最发达，尤其针对癌症。这个例子是IBM的沃森电脑在癌症诊疗中的例子：东京一个60多岁的患者，开始被医生诊断为骨髓性白血病，其实根据他当时的症状，大家都会得到这个结论，可是最后怎么用药都不对；然后用沃森系统自动在2000万份癌症研究论文中去查找，十分钟就得出结论，而且这个结论一得出，对症用药就有效果了。从这件事情来看，最顶级的癌症专家也不可能记住2000万份研究论文，所以现在对这些罕见病的诊断，人工智能已经明显比人强了。

但是我想告诉大家的是，讯飞今天在医疗中瞄准了一个更大的问题，就是在一线全科医生奇缺的情况下，人工智能怎么做——那就是更通用的全科医生。

我们第一步是用人工智能研读医学影像。2015年7月科大讯飞跟安徽省立医院共建医学人工智能实验室，2016年4月份跟协和医学院·中国医学科学院共建了人工智能实验室。我们用机器来看医学影像，比如说看肺病、肺部结节，已经比很多一线医生都要强。大家知道中国最好的呼吸科在广州医科大学附属第一医院，因为钟南山院士在那里。院长告诉我，一般他们好的医生准确率大概是95%，现在我们做到了94.1%，超过很多的一线医生。

我们现在跟协和医院合作，机器已经开始学习所有医学博士所需要的专业书本知识，然后学习相关论文和大量的病例。2017年我们的机器人参加了国家执业医师资格考试笔试，拿到456分，不仅超过360分的分数线，而且在所有考生中名列前5%，也就是说如果一半考生通过，我们在通过的考生中也是十里挑一的。这个在全球第一次参加并通过国家执业医师资格考试笔试评测的机器人，2018年3月2日已正式上岗，已完成辅助诊疗超过1000人次。作为"全科医生"，不仅有自然语言理解的功能，还要有后台基于医学人工智能的逻辑和推理才能看病。它已可以看一两百种常见病，达到了基层资深全科医生的平均水平（图13）。

2017年8月份，国家卫计委和安徽省依托科大讯飞的技术成立了中国第一个人工智能医院。首先解决的是全国发病率最高的肺癌和女性发病率最高的乳腺癌的智能辅助诊断和质检服务。我们还与安徽省立医院共同打造了安徽全省的人工智能辅助诊疗中心，目前已接入全省50家医院，每日在线实时提供人工智能辅助诊疗服务，未来将服务安徽省全省105个县级市、县区；在合肥市，我们与合肥滨湖医院打造了合肥市市级人工智能辅助诊疗中心，为全市基层医院和医疗机构提供服务，让人工智能真正在医疗领域中施展所长，为民造福，这就是人工智能对医疗实实在在的帮助。

图 13

之前国家卫计委为此专门请我去给所有处级干部讲课，现在卫计委提出"三个一"——以后每个家庭要有一份电子病历、有一张医保卡，希望每个家庭要有一位家庭医生。以前这是不可能的，现在用人工智能就有望做到。以后去看病会是什么场景？我们的社区医生、县级医生，包括一般的城市医生，在问诊的过程中机器同步听诊，当医生开处方之前，机器会给出参考，就是对于患者刚刚描述的病情包括后台影像数据，中国最顶尖的医生碰到这个情况会怎么判断，这个地区最近碰到类似情况别人是怎么判断的，在医生开处方之前机器也会开个处方，校验完后拿出来。这样一定意义上就使得一线的普通医生具备了随时随地有个协和医生在旁边帮他的效果，对整个中国的分级诊疗有前所未有的帮助。

在政法领域，最高人民检察院检察长曹建明请我去给他们做了一次报告。大家都看过《人民的名义》对吧？这个电视剧可能很多人都追了，这里面一个最大的成果是什么？不光语音提升了检委会的效率、审讯过程的效率等问题，更重要的是，现在我们可以使用人工智能辅助量刑。检察官在量刑的过程中，只要告诉我们碰到的情况，用语音告诉从网上出来的数据等，机器就会自动分析这个情况对应的法律法规是哪几条、最近的判例是什么，犯罪人大概要关多长时间、要赔多少钱。这个事情我们做了几例验证，他们认为很靠谱。2017年，我们做了全球首个刑事案件智能辅助办案系统，尝试了4类刑事案件；下一步要做到70多种，同时向民事、商事和行政类案件扩展，首批完成6大类8个案由，目前已在上海各试点法院上线。近年来，科大讯飞与最高人民检察院签订战略合作协议，共建智慧检务创新研究院，这不仅是国家级"检察科技智库"，也是开放性的"产学研用联合创新平台"，和行业性的"应用实验孵化中心"。科大讯飞承担"公正司法与司法为民"科技部重点专项项目建设,研发"法院超脑"平台。

大家可以看到人工智能正在进入到一个又一个的行业,只要有顶尖的专家和行业数据,我们就可以把专家能力大规模复制,超过普通专业人士。所以现在很多医学博士一毕业,看病的水平根本比不上人工智能学习后的结果,这就是今天的现状。

在这个现状下,全世界都很着急,一方面人工智能公司认为我们的机会来了,也有很多人说会被这个时代淘汰掉,我们会被人工智能替代掉。埃森哲的一份报告说2035年人工智能会让12个发达国家经济增长翻一倍,甚至日本软银的孙正义提出来一个孙正义公式,说GDP现在是美国排第一,再往后是中国,再往后是日本。大家说为什么?孙正义说关键是日本的机器人多,软银一家就有3000万个机器人,一个机器人24小时不用休息,相当于9000万劳动力,所以他说机器人的数量和质量决定了GDP的排名。

还有一份报告是《科学》杂志在2015年2月份做的一个预测,说到2045年,全世界50%的工作会被人工智能替代,而在中国这个数据是77%。也就是说,每4个工作未来会有3个被人工智能替代,这就是今天大家所面临的挑战。

根据我们的最新进展,根本不用等到2045年,人工智能就会代替今天的工作,但是人工智能应该创造出更多的机会给每个人。全国两会期间我提出过多条关于人工智能的发展建议,包括源头创新、产业生态标准、法律道德伦理、人文方面等等。我们率先提出"人工智能+"时代的到来,又率先提出不仅人工智能要加行业、还要有人工智能加个人。这是什么概念? AlphaGo和李世石下围棋之前,我们就预测AlphaGo一定会大比分获胜,因为机器本身的学习能力我们太清楚了,它能看到30步之后,在给定时间的围棋中它一定会比人做得好,我们人类跟机器下围棋比较输赢没有意义。以后有意义的是两件事,一个是机器跟机器下,一个是每一个围棋专家带着一个人工智能的机器助手再去PK,日本的围棋专家带着孙正义的机器人、中国的专家带着科大讯飞的机器人PK,这是更有意义的事。每个人都有一个人工智能的助手(图14),就像我们有一个玩具叫阿尔法蛋,这是我们讯飞玩具公司做的,曾经广州的中小学科普知识大赛,大赛的前三名组成一个天才少年团,跟阿尔法蛋对决,主持人去提各种科普知识,最终阿尔法蛋以90分比70分的成绩战胜天才少年团,我后来就跟他们说,这是大势所趋，但最重要的不是我们的天才少年跟阿尔法蛋来比赛对科普知识的理解，而是每一个天才少年都要带一个个性化的阿尔法蛋，将来去做原来老师和家长根本想象不到的创新成果，这才是未来。

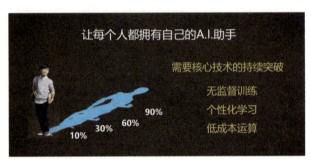

图 14

科大讯飞现在把人工智能开放给了88万多的创业团队，将来要开放给每个人，让每一个现代人都站在人工智能平台之上，使得人工智能就像我们今天的电和水一样，打开开关就可以用、水龙头拧开了就可以享受。人工智能做到这个份上，每个人就可以不被时代淘汰。

这就是讯飞提出的人机协同机制。可能今天一个人工智能助手只能帮你做5%的事，一年后就能帮你做50%的事，三年以后可以做90%，五年以后99%的工作都由它来做。你做什么？是来做最有创意的、最有艺术化创造性的、最需要决断的事情。所以人工智能今天代替的不仅仅是简单重复的劳动，它同样把我们从痛苦的脑力工作量中解放出来，让我们人类做更有创意的事情。就像凯文·凯利提到的，包括霍金说的，未来100年人工智能会把人力替代，其实关键取决于我们现在的顶尖科学家和顶尖公司在人工智能领域是怎么想的。

美国发布了人工智能国家战略之后，《纽约时报》发表了一篇综述性文章——《中美之间的"军备竞赛"》。文章认为人工智能应该上升到军备竞赛的高度，哪个国家未来在人工智能领域拥有全球话语权，哪个国家和民族就会占据未来的领导权。这篇文章中专门列出了科大讯飞，说美国人都以为美国的科技是遥遥领先的，其实这个局面正在改变，提到"有一家低调的中国公司"，它的很多技术已经做到了超越，指的就是科大讯飞，这是《纽约时报》的综述性文章。

我们再看一下MIT发布的全球十大技术突破，排名第一的是强化学习，就是人工智能。在中国科大讯飞排第一，第二是阿里巴巴，然后微软、百度等，当然我们是和中国科学院一体的，这个排名可能不够完整，但至少证明麻省理工的技术评论是公正的，第一绝不收钱，第二评完我才知道。更值得一提的是，2017年6月27日，《麻省理工科技评论》（MIT Technology Review）发布了全球50大最聪明企业榜单，科大讯飞首次上榜，名列全球第六、中国第一。这充分说明科大讯飞的技术已经在国际上有了很好的影响力（图15）。

2017年底又传来好消息。11月，科技部公布首批国家新一代人工智能开放创新平台名单，科大讯飞入选，明确将依托其建设智能语音国家新一代人工智能开放创新平台。2017年12月，首批认知智能国家重点实验室落户讯飞，在面向未来的人工智能认知智能领域，科大讯飞承建的是目前全国唯一的实验室（图16）。

图 15

图 16

所以，今天作为中国科大的同学，当我们提到人工智能的时候，更多要考虑在这个时代，将来在研究生和博士阶段我们会看到什么机会。人工智能在中国是非常有机会的，麦肯锡2015年发布的中美创新能力对比，提到以前科学研究水平中国是低于美国的，工程研究中国也弱于美国；但是以客户为中心的方面中国是比美国强的，比如淘宝、微信，效率提升方面中国也是超过美国的。美国发布的人工智能国家战略中，专门列出来在人工智能领域中国的研究很多方面至少在论文发表上跟美国是同样优秀的。另外更重要的是，人工智能是应用驱动，我们说应用是硬道理，所以现在这个领域，中国和美国是同步进入无人区。我们已经站在全世界最强的位置，而且最强中的三要素：行业数据、领域专家加上人工智能核心技术，技术方面我们在全球领先，中国的人口数在全世界是绝对领先的，我们有很多独特的数据，且能辐射到第三世界国家和周边。所以我们认为人工智能对我们每一位同学来说，机遇和空间在未来十年到二十年的学习和研究中都是前所未有的，在中国科大读书，我们就有可能在研发领域跟美国顶尖学校同步进入无人区，这是时代的机遇，也是一个非常重要的任务。

四、创新与创业：人工智能时代的机遇和使命

前面说的是关于人工智能的一些进展和趋势，再跟大家讲讲对创新创业的体会。

首先跟大家说一下关于人工智能的生态体系，因为我们讲的是"人工智能+"，所以在各个领域要有专家和数据。科大讯飞今天为全行业提供AI公共能力，而且通过能力汇聚数据，并且可以在数据驱动下自我进化，包括"监督训练"、"半监督训练"和未来我们要做的"无监督训练"的自我进化，形成产业生态，这是我们的平台。讯飞的一个战略是把平台开放出来，让所有的创业者可以基于我们人工智能的优势，即我们的用户交互界面来做各种应用。2015年4月份总书记来的时候，我们的人工智能平台上以语音为主包括其他人工智能的功能，总用户是6亿；而截止到2018年6月30日，讯飞开放平台开发者团队数量达到88万，覆盖终端数19亿，日均调用46亿次，增长很快。更重要的是什么呢？每天的使用量一个人用一次叫一人次。当时总书记上午看完，下午又跟我沟通，他很高兴，说

这已经是一个生态、一个产业。而且这些都是实名认证的创业团队，这个团队中包括了智能硬件机器人等，形成了很好的创业生态，我们看到这些创业者的创业过程中，有很多东西可以跟大家分享。除了数据，平台能力也在不断提升，目前在平台上我们已提供78项能力、解决方案也增加到29项；2018年5月，我们发布了AIUI3.0，现场让四个开发者用这个平台来开发应用，结果他们一个小时就完成了，原来可能需要几个月的时间，这说明在平台之上开发者效率得到极大提升。

对于大学生创业，我觉得我们也是给中国科大争光，因为全中国在校大学生创业第一家上市公司就是科大讯飞。1999年出了一本书叫《挑战盖茨神话》，挑选了全中国20个最顶尖的创业团队，清华有三家；科大讯飞2008年上市，在全国大学生中是第一家，全中国大学生创业的上市公司一直到2015年才有第二家。所以从这个角度说咱们中国科大的学生不只是研究做得好，创业也是全中国最一流的。当时我们在合肥是一个民房起步，租了3室1厅的房子，很破的一个地方，然后从七八个人到十几个人开始创业。

现在中国成立了大学生创新创业联盟，因为国家已经把双创提到了前所未有的历史高度，团中央给总书记汇报以后，成立了这个联盟，科大讯飞成了首任理事长单位，这也表明了我们中国科大在创业中的地位。

因此，我想特别跟大家说一下我们对创新创业的几个理解。第一是，今天我们大学生创业，解决就业只是目的之一，我觉得中国科大既然有扭转乾坤这样一个雕塑在，我们的同学们要做的就是全世界最有影响力的、或者说在某个行业和特定领域真正具有话语权的创新。所以创新的关键在于我们所做的创造是不是能够掌握价值链的主导权，而不仅仅是一个点子简单地做了一个商业模式创新；一定是能够无论从商业模式创新引导，还是掌握用户、掌握市场，包括在源头技术上的突破，都要掌握话语权、主导权，这是创新的核心和关键。

第二，科大讯飞成功的一个关键点是我们建立了以企业为主体的产学研合作体系。除了在中国科大有实验室，在清华、浙大、哈工大包括加拿大约克大学、美国罗格斯大学都建立了联合实验室，还和美国麻省理工学院、美国加州大学伯克利分校、美国普林斯顿大学以及首都师范大学、复旦大学成为合作单位，我们要在全球范围整合源头技术和各种资源。所以大家看到这两头牛顶着地球是我们的主标志，我们本来准备叫它扭转乾坤，后来一想我们已经扭转过乾坤了，改叫顶天立地：顶天是源头技术国际领先，立地是大规模产业化，这是讯飞的使命。

另外特别想跟大家说，中国科大的创新创业要走源头技术创新，一定要知道这条路绝对不是一帆风顺的，它有客观曲直的规律。所以在2008年上市的时候，我们就用了当年中国科大校园《课桌文学》上的一句话，叫"走着弯曲的直线"，这个是技术成熟度模型，大家有时间、有兴趣的可以去翻开来看，看它十年，就会对国际上的最新技术的发展有一个感觉。今天每一项真正在全世界有影响力的技术成果，无一不通过这样一个曲线：早期是概念导入期，然后开始往上走，进入到梦幻期；这个梦幻期是所有人、所有媒体都关注的；然后风险投资都进来、创业者都进来，几乎无一例外都要进入泡沫破灭期，在这个中间大量创业者失败，大量风险投资血本无归，坚持下来的人会进入到成长成熟期。所以很多时候，当我们处在上升高点的时候，千万不要以为我们已经到了成长成熟期了，我们还要坚守这样一个过程；当我们处在这个顶端的时候，千万不要过于乐观，很快还要经历一个泡沫破灭的过程，只有你坚守下来才能最终成功。所有今天有影响力的技术成果无一例外都是这样，大家一定要记住这样一个过程。

我们最近经常在内部分享哈佛教授说的，凡是立马可成的事都不是什么大事。比如说潘建伟做的量子研究，讯飞的语音等，要想做一个有前瞻性、未来能够改变世界的事情，就要有这种坚守的精神，也许一开始被人追捧的很高，但要学会忍受过程中可能受到泡沫破灭的打击，依然能坚守下来。

科大讯飞一步步走到今天，今年5月，中国上市公司市值管理研究中心发布的"十年市值长跑冠军榜"显示，在上市时间满10年的1571家上市公司中，除去被借壳、被立案、大起落和涨势不持续的样本后，市值10年增长10倍以上的上市公司仅9家，科大讯飞位居榜单第二。我们认为我们的爆发期还远远没到，这是第一个曲线。

第二个建议是，大家有时间、喜欢创业、关注创新的，可以看看《跨越鸿沟》。这个曲线段表示什么呢？早期的是发烧友用户、极客用户，就是说一个新东西在实验室做出来，可能很多人似乎看了以后感兴趣，来的人本身就是感兴趣的人，这是发烧友；千万不要把发烧友用户感兴趣当成产业已经成功了，这个时候可能只能支撑几十万到一两百万的销售收入，只是让你感觉到有一群人跟你志同道合。到了早期用户，可能从一百万、两百万用户做到一两千万，但也绝没有

智能语音与人工智能的今天和我们的创业

爆发起来。绝大部分的创新创业包括上市公司中,有一半以上的创业都还是处于这个早期用户阶段,真要做到像阿里、腾讯、华为这样的企业,需要跨越一个鸿沟。那这之后是什么呢?是实用主义用户。这个实用主义用户就是3到5年前微信的用户群,当时他们觉得它有用马上就用了;实用主义用户被打动,才可以进入到产业的爆发期,支撑上百亿、上千亿的收入,支撑一个百亿规模市值的上市公司。然后是保守主义用户,或者说叫跟随型用户,一两年、两三年、三年之内才用微信的就是跟随型,别人都用,自己不得不用,再不用就觉得被时代淘汰了,这是保守型用户。到了保守型用户,这个产业基本上进入到成熟期,就要开始下一轮创业了。所以一定要看到,跨越这个鸿沟的核心是对技术方向的前瞻性理解和全力以赴的投入。

当然创新的基础是团队。我们早期最核心的创业者到现在为止还非常稳定,2003年建立的17人的总监以上的团队,除了一个试用期之外,16个人到现在为止没有一个离开。2008年讯飞上市,30个人以上的总监以上团队到现在为止也没有一个离开,这在全中国可能是独一无二的。原因我觉得就是三条,第一是我们有共同奋斗目标和价值观,第二是有很好的机制,第三是有一个充满亲情和激情的创业文化。这个文化非常重要,而文化的核心就是行为方式。就像《亮剑》里面说的,一个部队的军魂取决于它的第一代领导人,这种文化的凝聚作用非常之重要,这是我想强调的。

对于各位大一的同学,有两件事情我特别想跟大家说,一是说我们的心态问题。柳传志专门跟我分享过一个理念叫"鸵鸟理论":大家看到两只小鸡,知道这两个小鸡怎么想吗?这只小鸡肯定想,它比我小太多,它太小了。每个小鸡都会认为对方太小,根本不值一提,自己很厉害。然后,当另外一个小鸡变成火鸡的时候,那个小鸡才会觉得火鸡跟我差不多大,直到它成为鸵鸟,小鸡才觉得,哇它真的比我大。

我们给每个新员工分享小鸡理论或者鸵鸟理论,是因为它真实存在于每个人内心。我们往往把自己的优点看得更大,把自己的同学、室友、同事的很多优点忽略,我们很多时候都把自己高看了一眼,把别人看低了一眼。这是大一学生一定要注意的,也是中国科大人特别要注意的。所以我建议大家始终记住这一条,只有真的有一个谦虚的心态,才能获得大家的帮助,才能够做大事。

另外一个要说的就是大局观。这个例子不知道大家有没有听过：三个农民工砌墙的故事。说的是有一个记者在工地上看到了三个农民工在砌墙，记者就去问他们，你们在干什么。其中有一个农民工说我在砌墙，还有一个农民工说我在盖大楼，另外一个农民工说我在建造人们的生活家园。再过十年这个记者再去看这三个农民工，那个说在砌墙的还在继续砌墙，那个说在盖大楼的已经成了设计师了，那个说我在建设家园的成了他们的老板。

今天同学们到了中国科大，一定要知道今天选的专业、选的行业、干的事情在整个中国科大是处于什么样一个地位，在全中国是什么样的，在全世界是怎么样的。加入到一个社团或组织，要知道干的事情和单点的创新对全局的意义是怎么样的，这个时候才有更大的激情去做局部创新，才可以获得更多的资源在交叉学科中进行探索。所以大局观是我们每个同学在大一就应该养成的习惯。只有更谦虚的人才能够得到更多的帮助，只有心中有大局的人，才能够在同样的舞台上脱颖而出。心态和大局观是我们中国科大学生在这个舞台上更需要提醒自己去培养的能力，要让我们自己从人手到人才直到未来变成人物，这两种心态决定了我们未来的高度、人生的高度。

另外我也想强调战略自身的意义，科大讯飞从成立第一天起就强调要做一个职业化的大公司，用长期、整体战略来发展，而不是赌博机遇来挣钱。而且不仅仅要设计具体的产业目标，当年我们说要成为全球最大的中文语音技术提供商，再到全世界最出色的多语种技术提供商，那是我们最早的目标。可就算做了全世界最出色的多语种技术提供商，又怎么样？一定要看到自己对这个时代的意义。在讯飞为什么有这么多的创业者能够留下来？当年中国科大BBS上跟电子计算机相关的版面有八个版主，六个在讯飞，包括中国科大首任的黑客版版主、首任的Windows版版主，这些人现在都还坚守的科大讯飞，是因为大家看到的不光是科大讯飞做成了上市公司、获得了社会地位，更重要的是我们的事业也许真的影响了中国的未来、影响了世界的未来。舞台一天天地变大，也就有持续的奋斗目标，这是凝聚人心的关键。

所以，讯飞现在明确的使命是要让机器能听会说、能理解会思考，用人工智能来建设美好世界；也设了近期、中期和长期的目标，是未来希望能够代表中国参与全球竞争，成为用人工智能改变世界的伟大公司，这是我们的使命和愿景。

此外，任何公司、任何班级、任何个人都要有使命愿景和价值观才能走得远，科大讯飞专门梳理了价值观，这中间我们的企业价值主张是成就客户，与众不同的特质是创新和坚守，此外还有员工职业标准等。

那么，讯飞在这个大时代的历史使命是什么呢？第一是为了少年儿童的快乐成长、开心学习、为了每个家庭、每个人都能有更好的未来，因此我们对教育、医疗这些事关每个家庭未来的领域情有独钟，要用我们的技术助力因材施教、健康中国；第二是为了中华民族的文化传播和国家的信息安全，我们觉得这是国家使命；第三是为了人类和人机信息沟通无障碍，大家看到我们做翻译产品，我们做跟手机的很多交互，业界第一个做到基本能用的就是科大讯飞的技术。以前看过一些视频，维吾尔族的乡亲去找我们援疆的医生看病，因为语言不通没法沟通，但是现在用了我们的翻译系统，头疼脑热什么的马上能现场解决；中国人出国，也能用翻译机和全世界说着不同语言的人民进行沟通交流。这些就是实实在在解决少数民族地区的一些问题、解决人类语言大互通的问题。

当然中央领导也很关注，大家都非常认可未来语音带来的人机交互的革命性产业机会，以及人工智能带来的巨大机会。在李克强总理主持的座谈会上，我就明确提出来，人工智能必须上升为国家战略。这不是一个企业、一个行业的事，而是涉及我们中国在未来的创新、创业过程中是给全世界打工还是能够掌握全球主导权。我们高兴的看见，2017年7月，国务院印发了《新一代人工智能发展规划》的通知，提出到2030年人工智能理论、技术与应用总体达到世界领先水平，成为世界主要人工智能创新中心，也进行了总体部署、明确了重点任务，这是说明人工智能已上升为我们的国家战略。

最后想跟大家再说一下，今天我们从大一开始先是学习开放的知识、打基础，往后当我们确定了我们的人生方向或者大体确定某一个阶段方向的时候，就一定要专注这件事情，这是《华为真相》这本书中说到的。20世纪90年代初深圳房地产泡沫、股票泡沫起来的时候，当地几乎所有的高科技公司和大公司都去搞房地产和股票，只有华为任正非不为所动。他的一句话很简单，说：我认为未来的世界是知识的世界，不可能是泡沫的世界，所以不为所动。讯飞，今天我们绝不做房地产，也不去炒股票，我认为未来是从语音到人工智能的世界，跟这个不相关的绝不要浪费我们的时间和精力，所以一定要坚定地聚焦在战略方向上。

这句话是2006年乔布斯在斯坦福大学的毕业典礼上跟同学们分享的，我给大家听一下：

When I was 17, I read a quote that went something like: "If you live each day as if it was your last, someday you'll most certainly be right." It made an impression on me, and since then, for the past 33 years, I have looked in the mirror every morning and asked myself: "If today were the last day of my life, would I want to do what I am about to do today？" And whenever the answer has been "No" for too many days in a row, I know I need to change something.（乔布斯斯坦福大学演讲视频）

这段话是什么意思呢？简单一点说就是把生命中的每一天当成是最后一天，你终将成功。我们很多时候说，我们的生命如果只剩最后一天，肯定得跟自己的亲人、心爱的人在一起对不对？但是如果是学习生涯的最后一天，你最想干什么事？我们从1999年到现在创业19年了，我每天在想的是如果这是我产业生涯的最后一天应该干什么事，我就应该整天去干。

所以如果有一天你们创业了，有了初始成功，一定要坚持两条：可要可不要的荣誉坚决不要，除非为了企业发展必须要有的；可参加可不参加的社会活动尽量都不要参加，企业家做企业家的事情。如果不是回到中国科大来，其他地方我坚决不去，就因为我们时间有限，必须把有限的时间用在主要的方向上，把每天当成最后一天来看。如果每天都这么想，三个月可能没有差别，三年五年一定比同龄人成长得快很多，团队一定比别人的核心竞争力锻造得要强很多倍。人生成功的理念从大一开始就要有，当然大一可能很多同学还不知道自己要干什么，这没关系，我们先打好基础，中国科大就是讲求打好数理基础；未来人生成功最关键的是远见和坚持。

这句话送给大家：你所清楚预见的、热烈渴望的、真诚追求的，都会自然而然地出现。我们希望科大讯飞能够为未来的人工智能改变世界做更大的贡献，中国科大有了人工智能语音技术和量子技术，能够在全世界拥有最强的话语权和影响力，也希望各位同学能够踊跃加入到人工智能改变世界的伟大历史进程中来，用人工智能建设美好世界。

谢谢大家！

问答互动环节

Q1：为了将来能向人工智能领域发展，请问本科阶段应该更注重哪方面知识的学习？

A1：我觉得现在人工智能有两个主线条，一个主要的方向就是基于深度神经网络，就是DNN这种算法，它是基于用数学统计建模的办法来做，所以首先在本科要打好数学基础，很多东西是数学家去做。第二个主线条是人类大脑神经元的传导机制，从脑科学的角度往前。这两方面都是相关的，我觉得往这个领域发展首先要学好数理基础，有必要用更广阔的视角去看那些人工智能最新进展报告等，使我们对这个产业发展的应用有感觉。因为未来等你们进入到创新的角度，最有可能的是把人工智能技术跟某个特定的、有意义的领域结合形成行业创新，所以做好这种准备我觉得很重要。

Q2：讯飞是不是一帆风顺，请问你们面临过的最大的挑战是什么？

A2：当年我们创办科大讯飞的核心其实是想走产学研相结合的道路，我当时是实验室的大师兄，本来也想出国，1998年拿了科学的最高奖学金，就是特别奖，也在国际汉语处理大会拿到最佳功能奖。当时看到语音技术可以迅速产业化，而那时候如果出国我就要加入到别的老师团队里面去，更重要的是，我觉得这个产业发展对国家的意义很大，中国科大当时也给了很好的机制，作为一个研究生我就带着十几个人的团队做研究。那时中国科大创新的机制很给年轻人机会，研一的研究生就可以带十几人的团队，这种机会使很多创新想法可以迅速实现，这是我当时觉得必须要留在国内的原因。而留在国内不做产业化是不可能的，因为没办法给同学们好的待遇。有人、有钱，买了设备才能形成自我迭代，我最早的梦想是打造中国的贝尔实验室。我早期是总工程师，后来因为大家觉得做创业尤其是源头技术创新，必须对未来技术有把握能力、有战略眼光。我好不容易挽留下的那帮中国科大师弟们，他们说你不当CEO我们就都继续出国，所以我最后当了CEO。但是后来让我改变想法的是当我做了CEO以后，把国内语音最好的中国科大、中国科学院声学所和社科院语言所从源头技术上整合起来，我们发现研发进度比原来快了很多，迅速形成全球第一。我才发现一个CEO能干的事比一个总工程师大很多。《南方周末》的头版头条曾介绍科大讯飞，当时的原话就是：原来做研究就相当于神枪手，越打越准，当CEO相当于元帅，如果说中国语音产业这场仗要打赢，一定要有元帅出来指挥成千上万的神枪手朝同一个方向射击。

其实，从那个时候开始慢慢地就对做CEO找到感觉了，开始往前走，一路摸爬滚打过来的，但是真正的本质是一样，都要创新。

Q3：请问科大讯飞名字的由来。

A3：1999年讯飞是叫IFLY，I代表infomation，IFLY就寓意我要飞翔，所以最早叫讯飞。为什么叫科大讯飞？1997年讯飞改制以后我们到证监会去，本来有两个选择，一个叫讯飞科技，一个叫科大讯飞；去之前我倾向于叫讯飞科技，因为我们认为一个公司不可能长期带着学校的名字，但是1997年我一到证监会去，我原以为叫科大讯飞，中国科大的公司去会被高看一点，结果当时因为其他的一些原因，证监会一看是中国科大的，立刻戴着有色眼镜看我们，所以当地天下午从证监会一出来，我们就定下来叫科大讯飞，我们要让中国科大做产业做成全中国最好的高校。讯飞现在做得越大，我们越不轻易把"科大"去掉。所以我一直很认可母校说的：今天你以中国科大为荣，未来中国科大以你为荣，现在我多少为学校做了一些贡献，中间的情结非常非常重要。

Q4：请问您如何看待大学生休学创业的？

A4：作为中国大学生创新创业联盟的理事长，首先我觉得千万不要为了创业而创业。有一句话叫"什么季节开什么花"，只有当你有不可遏制的创业冲动的时候，再去创业。想清楚看明白，为了创业而创业往往经历不了中间的艰难就会失败。每个人创业，无论是休学创业、大学生创业还是社会创业都要对自己负责，对家人负责，对员工和社会负责任，所以一定要想清楚。我觉得国家应该给大学生休学创业提供条件和平台，给那些真正有不可遏制创业冲动的年轻人提供舞台，就像中国科大开创少年班一样。当然创业有两种，一种是自己牵头创业，还有一种是我们加入一个充满希望的创业团队、创业公司，这也是创业。所以大家在休学创业上还是需要谨慎的。

Q5：如果人工智能战胜了人脑，那到底谁才是人工智能呢？

A5：AlphaGo的胜利是人类的胜利，人工智能还是由人类产生出来的，从目前看起来人工智能还不具备人类的创造力和艺术细胞，人工智能主要是在专业知识和有客观规律可寻的领域中，可以代替专业人才，可以做得比较好，所以就是我今天刚讲的人工智能加行业、人工智能加每个人，每个人站在人工智能的平台之上就能成功。以后每个家庭可能都有不止一个机器人，每个孩子都有机器人老师，每个老人都有机器人保姆，每个家庭都有机器人医生，可能是机器人的形状，也可能是阿凡达的形状或者茶杯的形状，也可能是无所不在的后台虚拟软件系统，什么形态都不重要，关键是它的规则是人工设定的。历来全球有两个观点，一个叫AI，一个叫IA，一种是认为人工智能代替和威胁人类，另一种认为人工智能是帮助人类提升能力。科大讯飞是坚定不移地站在人工智能帮助人类建设美好世界这些事情上。所以我的结束语叫人工智能建设美好世界，而讯飞的使命是用人工智能建设美好世界，强调正面的价值观。

Q6：请问怎么平衡家庭和事业之间的关系？

A6：人生在事业中能够走得更远，一定是有良好的家庭关系。很多创业的事情要做成不是一蹴而就的，短期可做成的都不是大事，而长期的成功，如果没有一个稳定的家庭、没有良好的家庭的氛围，其实也是很难做好的。要做人生的赢家，一定是事业和家庭都要兼顾好。

对于怎么看待爱情？我觉得这就是同样一个逻辑。爱情是非常重要的事业推动力，是鼓励你前进的力量。大局观，应该就体现在事业和家庭之间的大格局，可以放在全行业中去考量。

只有拥有健全的人格和人生观、价值观，才可以得到家庭的认可，才能得到所在单位组织的认可。我记得我曾在中国科大的毕业典礼上说，"红专并进"这个"红"，首先看他对自己父母亲好不好，对自己爱人负不负责任，负责任才能把有责任的事情给他做，这非常重要。